U0872101

专用于国家职业技能鉴定

国家职业资格培训教程

四氟化铀制备工

（技师技能　高级技师技能）

中国核工业集团有限公司人力资源部
中国原子能工业有限公司
组织编写

中国原子能出版社

图书在版编目（CIP）数据

四氟化铀制备工：技师技能　高级技师技能 / 中国核工业集团有限公司人力资源部，中国原子能工业有限公司组织编写. —北京：中国原子能出版社，2020.9

国家职业资格培训教程

ISBN 978-7-5221-0798-1

Ⅰ. ①四…　Ⅱ. ①中…②中…　Ⅲ. ①四氟化铀–制备–技术培训–教材　Ⅳ. ①TL213

中国版本图书馆 CIP 数据核字（2020）第 160935 号

四氟化铀制备工（技师技能　高级技师技能）

出版发行　中国原子能出版社（北京市海淀区阜成路 43 号　100048）

责任编辑　刘东鹏

责任校对　冯莲凤

责任印制　潘玉玲

印　　刷　保定市中画美凯印刷有限公司

经　　销　全国新华书店

开　　本　787 mm×1092 mm　1/16

印　　张　12.625

字　　数　316 千字

版　　次　2020 年 9 月第 1 版　2020 年 9 月第 1 次印刷

书　　号　ISBN 978-7-5221-0798-1　　**定　价**　**90.00 元**

网址：**http://www.aep.com.cn**　　**E-mail：atomep123@126.com**

发行电话：**010-68452845**

版权所有　侵权必究

国家职业资格培训教程

四氟化铀制备工
（技师技能　高级技师技能）

编审委员会

主　任　余剑锋

副主任　祖　斌

委　员　王安民　赵积柱　吴秀江　杨永平
王俊峰　霍颖颖　陈璐璐　周　伟
刘士鹏　王　健　李天福　李高建
王小刚　张　媛　张士军　刘玉山
何　石

主　编　贠文江

编　者　牛玉印　王　俊　王　伟　黄灼升
孙玉鹤　朱　坤

主　审　李天福　魏　刚

审　者　王　健　李高建　武廷玉　王　斌
刘文彬　王建平　张　媛

前　言

为推动核行业特有职业技能培训和职业技能鉴定工作的开展，在核行业特有职业从业人员中推行国家职业资格证书制度，在人力资源和社会保障部的指导下，中国核工业集团有限公司人力资源部组织有关专家编写了《国家职业资格培训教程——四氟化铀制备工》(以下简称《教程》)。

《教程》以国家职业标准为依据，内容上力求体现"以职业活动为导向，以职业技能为核心"的指导思想，紧密结合实际工作需要，注重突出职业培训特色；结构上针对本职业的职业活动的领域，按照模块化的方式，分为初级技能、中级技能、高级技能、技师技能、高级技师技能五个等级进行编写。本《教程》中的章对应于职业标准的"职业功能"，节对应于职业标准的"工作内容"；每节涵盖了职业标准中的"技能要求"和"相关知识"的基本内容。此外，针对职业标准中的"基本要求"，还专门编写了《四氟化铀制备工(基础知识)》一书，内容涉及：职业道德、化工制图与化工识图、化学、化工、铀化工、化工工程、化工电仪、化工安全防护与环境保护、全面质量管理、法律法规、计算机应用等基础知识。

本《教程》适用于四氟化铀制备工的初级、中级、高级、技师、高级技师培训，是四氟化铀制备工职业技能鉴定的指定辅导用书。

本《教程》由负文江、牛玉印、王俊、王伟、黄灼升、孙玉鹤、朱坤等同志编写，李天福、魏刚、王健、李高建、武廷玉、王斌、刘文彬、王建平、张媛等同志审核。中核四〇四有限公司承担了本《教程》的编写工作。

由于编者水平有限，时间仓促，加之科学技术的发展，教材中不足与错误之处在所难免，欢迎提出宝贵意见和建议。

中国核工业集团有限公司人力资源部
中国原子能工业有限公司

目　录

第一部分　技师技能部分

第二部分　高级技师技能部分

第一部分　技师技能部分

第一章　二氧化铀氢氟化法生产四氟化铀

学习目标：通过学习，了解流化床技术的相关知识，熟悉流化床技术的特征和相关计算，掌握二氧化铀氢氟化法生产四氟化铀的工艺流程，能够熟练操作氢氟化反应器等主体工艺设备，掌握生产线调试、开车生产、检修与生产管理相关内容，并能够分析、判断和解决二氧化铀氢氟化生产线运行过程中的异常工况和运行故障。

第一节　工艺准备

学习目标：通过学习，了解流化床技术的基础知识，知道氢氟化生产线的工艺流程，熟悉生产线开车前的工艺技术、物料、工具和安全措施等必备条件，掌握氢氟化生产线开车前的具体工艺准备工作内容，并掌握氢氟化生产线开车试生产的关键工艺技术条件。

一、生产准备

1. 流化床技术基础

对于流态化而言，有气-固流态化、液-固流态化和气-液-固三相流态化。从二氧化铀到四氟化铀的生产过程中，目前工业上大都采用干法生产。由于二氧化铀氢氟化法生产四氟化铀是气-固化学反应，气-固化学反应通常采用流化床技术。以 UO_2 为原料通过流态化技术生产 UF_4，属于气-固流态化技术。

在气体的作用下，固体颗粒处于流动状态的现象称为固体流态化现象。

(1) 固体流态化现象与床层状态

在下部安装有分布板的圆筒或锥形筒的设备，内装固体颗粒物料即形成一个床层。当气体自下而上通过床层时，随着气体流速的变化，床层将会出现固定床、临界流化床、流化床和稀相输送床四种状态。

在流化床生产过程中，以上四种状态我们经常遇到，而且常利用这些状态进行操作，并将床层控制在所需要的操作状态。在开车时，床层必然经过临界流化状态；在正常操作时，床层应处于良好的流化状态；当停车前需要将一级床的物料输送到中间料斗时，就要加大一级床的气体流速，使床层处于稀相输送状态，以便将床内大部分较细的物料送向中间料斗。

(2) 流化床的特征

处于流化状态的床层称为流化床。流化床的流化质量好坏是稳定操作的关键,研究一些流化床的典型特征,对正确认识流化床和正确地判断流化质量的好坏是有帮助的。

1) 气-固相充分接触

对气-固各类反应床形而言,我们说流化床中气-固接触最好。因为在正常流化状态情况下,整个床层的所有固体颗粒都处于悬浮状态,每个固体颗粒都浸泡在流化气体之中。我们知道,一个比重和水相同的固体浸泡在水中时,它的所有表面都会充分被水浸润。同样道理,流化床中的每个颗粒都能和流化气体充分地接触,这是把流化床用于气-固反应的良好特征之一。

在气-固化学反应中,由于有充分的气-固接触条件,就加快了反应中的传质作用,因而能加快反应速度,提高生产强度和产品的质量。

2) 返混现象

气体在一个圆柱床内自下而上地流动时,由于床壁和气体的摩擦作用,使床壁附近的流速小于中心部位的流速。对于流化床层来说,由于轴向中心部位的气速较大,所以固体颗粒将在此部位随气流向上流动加快,使得床中心的松密度减小,而在下端床壁附近密度较大的床层将流向中心部位,随气流从中心又向上流动。另外,由于床壁附近的气速小,底端向中心流动时,必引起较大的颗粒向下沉降,这就形成床壁处的颗粒向下流动的现象。在床层的上部,由于中心的向上和周围的向下流动,则必引起中心向周围的流动。这样整个床层将形成返混流形状态,如图 1-1 所示。

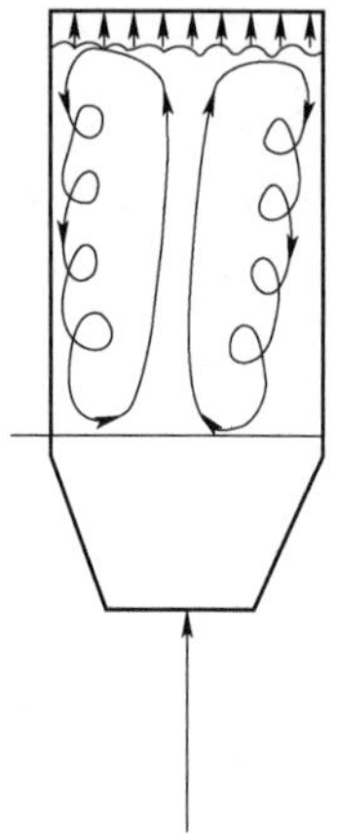

图 1-1　流化床返混流形状态示意图

固体物料的返混是流化床固有的一个特征。这种返混现象使床层温度分布趋向均匀,这对于保持床内某一恒定温度进行化学反应有利。但对于建立一定的温度梯度的氢氟化反应,这种返混是一种不利的因素。

另外,由于床层的返混,带动一部分气体返混,这对于可逆的气-固反应而言,使一部分产品回到反应区,增加了逆反应的可能性,势必在一定程度上影响到转化率,因此,反应产生的气体和产品应及时从床内排出,才对反应有利。

虽然说返混现象是流化床的一个特征,但可根据需要从流化床的结构上和操作上加以改进。如我们需要较大的返混时,可采用较大的气速和具有强烈返混的床型(如圆柱床),当不需要返混时,可采取相反的措施降低返混现象,以适于工业生产的要求。

3) 类似液体特征

流化床的类似液体特征,即当床层处于流化状态时,整个床层具有一些和液体相似的性质,一般称为似液体性能,如比重比流化床轻的物体放在床内会上浮,比重比流化床重的物体则下沉。另外像液体一样具有流动性,可以由料面高的设备流向料面低的设备等。根据流化床的这一特性,就可利用它对生产有利的一面,如串联流化床中,利用它可以从高料面向低料面的流动性质,从一级床向中间料斗溢流送料。但在操作流化床时,也应防止漏洞向外流动喷料,造成生产事故。

4) 气泡现象

对气体流化床而言,存在着稀相区和密相区,二者有一个明显的界面。对于密相区来说,是由乳化相和气泡相所组成。所谓气泡相是由许多大大小小的气泡所组成。在气泡相中,几乎都是流化气体,而几乎没有固相存在(尾迹除外),这样大量的气泡通过床层必将影响到气-固的充分接触和化学反应。因此,了解气泡产生的原因、影响气泡大小和产生气泡量的因素、气泡对反应中的传质传热的影响及生产操作的稳定性等,十分必要。图 1-2 为流化床气泡和乳化相传质示意图。

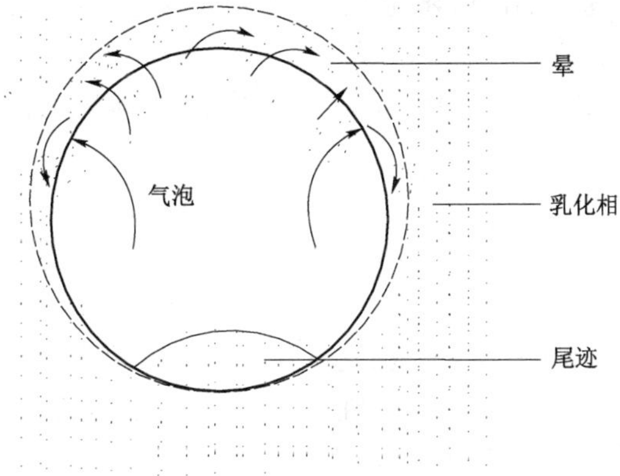

图 1-2　气泡和乳化相传质示意图

气泡产生的原因是超过使床层流化、均匀膨胀的最小气速的气体流量所引起的。当气体的空床流速达到临界流化速度 ω_{mf} 时,床层开始松动,再提高气速,床层均匀膨胀,当气速达到某一值 ω_{mb} 时,床层即开始出现气泡。所以有人把 ω_{mf} 到 ω_{mb} 的床层称为膨胀床,但实际上当气速由 ω_{mf} 增到 ω_{mb} 时,其变化量是很小的,以致可以认为二者是重合的。因此,也可以认为气泡的产生是大于初始速度 ω_{mf} 的气体流量均以气泡相通过床层。而在初始速度 ω_{mf} 以内的气泡流量和固体粒子组成孔隙度较小的、均匀的乳化相(也称连续相)。

由气泡产生的原因可知,在流化床生产中,气泡的产生是不可避免的。因为实际的操作速度要比初始气速大数十倍,而实际上以气泡相通过床层的气量要比以均匀的乳化相通过床层大得多。这就是常说的流化气体大都以气泡通过床层,即形成所谓不均匀的"聚式床",或称为气泡床、鼓泡床等。

气泡通过床层的过程:当气泡刚通过分布板时,以大量极小气泡存在。在上升的过程中,由于床层静压力的下降,气泡自身膨胀变大,然后相邻气泡相互合并、增大,到达界面时破裂。在气泡向上运动的过程中,气泡内的气体,并非是静止不动的,除了内部气体做循环流动外,还时刻和乳化相进行着质的变换。

在气泡上升过程中,内部气体从上部逸出,进入气泡周围的乳化相,而周围乳化相中的气体从底部又进入气泡中,进入气泡内的气体中当然包括反应所产生的气体。这样在气泡周围形成一层气体渗透的乳化相层(如图 1-2 虚线内的一层乳化相),一般称为气泡晕,简称"晕"。另外在气泡上升过程中,底部压强有所降低,因而使周围乳化相的粒子进入尾部被气泡带着一起上升,这部分称为气泡的尾迹。尾迹中的固体颗粒也能和周围进行质的交换。

气泡的晕和迹是气泡相中的气体和乳化相进行物质交换的媒介。一般较小的气泡晕层较厚,说明小气泡完全能够起到气-固的传质作用,但大的气泡、晕层反而薄,也就是说其传质作用就差了。由此可知,在流化床生产中,不是不需要气泡,而是如何改进设备和操作条件,使气泡成为碎小气泡,以提高气-固的传质效果。

另外在气泡上升过程中,尾迹要携带一部分气-固颗粒一起上升,加强了固体颗粒轴向流动混合的作用。这样一方面起到迅速传热的作用,另一方面给可逆反应带来不利,不能建立良好的转化率梯度。

气泡的大小是和很多因素有关的,其中床体的结构,如分布板开孔情况、有无内部构体等,起着很主要的作用。这方面以后还要讲到。另外高床层大流量都易造成大的气泡,这是我们操作时应加以注意的。

大气泡除了影响传质外,还会造成操作的不稳定,引起强烈的振动,严重时形成气节,使流化质量恶化。

5) 气体的夹带现象

在流化床操作过程中,在气流的作用下,床层界面上下波动得厉害,但仍存在一个可以测量的界面,在界面以上虽主要是气体,但仍含有一定量的固体颗粒,只是浓度较稀,所以称它为稀相区。稀相区中固体颗粒主要是流化气体的夹带作用形成的。这种夹带可以从两方面说明:一是固体颗粒粒径较小的一部分,在操作气速下,已达到了它的带出速度,所以被带出密相区;二是在大气泡达界面破裂时,使部分粒径较大的颗粒,飞溅出界面,进入稀相区。这种气流使气泡破裂,将部分固体颗粒带到稀相区的现象,称为气体的夹带现象。

在流化床操作中,气体的夹带现象也是流化床正常的特性之一。夹带现象的存在给流化床操作中的气-固分离带来了一定困难。但只要在设计时对床体的结构采取一定的措施,并安上有效的除尘分离设备,即能达到气-固分离之目的。

气体夹带的大小,主要和操作气速有关,气速大,夹带严重,另外也和气泡大小、固体颗粒度大小有关。过大的夹带将给固体除尘器带来较大的负荷,使操作不稳定。对于操作而言,应尽量避免过大气速操作,以减少气体夹带,减少除尘器设备的负荷,这是对长期稳定生产有利的。

(3) 流化床的几种不正常现象

流化床的不正常现象是指床层流化的不正常现象,它有两层意思:其一,在设备结构合理,操作参数适宜,操作正确的情况下,这些现象一般不会发生;其二,这些现象的出现,对稳定生产起着不良的影响。主要包括沟流、大气泡和腾涌三种情况。

1) 沟流

沟流的特征是气体短路通过床层,使床层形成一条气沟流,沟流一般分贯穿沟流和局部沟流两种。

在实际操作中,可以通过床层压差和入口压力的参数变化、床体振动情况及尾气中原料气体的含量等表现参数加以判断。沟流是流化质量恶化的一种表现,它破坏了气-固的良好接触条件,使部分床层处于固定床状态,因此易形成转化率低,下部反应激烈,导热性能差等现象,严重时可引起床层烧结等严重事故。另外如固定床在送料口处,则易造成送料螺丝卡死影响正常生产的事项。

产生沟流的原因,主要是和床层高径比、分布板开孔情况、固体颗粒粒度及物性、操作气速等有关。在设备结构、床层高径比固定并符合要求的情况下,一般低气速、细颗粒和物料潮湿等情况下易产生沟流。

在生产中产生沟流时,应及时采取措施,加以消除。主要的消除办法是:短时间内大气量向床内吹冲，使固定床层松动流化。

2）大气泡

在流化床操作中，大气泡产生的原因除了和设备结构有关外，过高的床层和过高的气速都能引起大气泡现象。大气泡的表观现象是入口压力和床层压差及料面波动大，床体振动大。

消除大气泡的办法：在操作中稳定操作气速，把料面控制在规定范围；另外，在设备结构上最好采用隔板床，因为隔板能很好地起到破碎气泡的作用。

3）腾涌

腾涌也叫节涌，是大气泡直径大到和床直径相同时，将上层床层向上推，当推到一定高度时，料塞崩裂，大量固体物料向下再一次落入床层内，这种现象被称为腾涌。

腾涌的出现使操作极不稳定，气-固接触条件恶化。长期出现腾涌，则会严重影响产品质量，并造成气体物料的严重浪费。

床层的高径比越大，气速越高，则易出现腾涌现象。腾涌的消除办法和大气泡相同。

（4）流化质量

流化床的一些流化特征严重时，会影响到流化状态。而流化床的一些不正常现象，对流化状态的影响会更严重。对于气-固流化床而言，虽然不能得到像散式流化床那样的均匀流化状态，但通过设备结构的改革和严格的参数控制，可以改善流化状态。流化状态处于什么情况才能满足生产需要，怎样来衡量流化状态的好坏呢？

在实际化工生产中，常用“流化质量”这一指标来衡量流化状态的好坏，一般流化质量是指气-固相混合和接触状态：气-固相均匀混合，充分接触则流化质量好，否则流化质量差，或者流化质量恶化。在实际生产中，气-固相的混合和接触情况是不能直接看到的，它只能从一些监测参数上反映出来。因此我们判断流化质量的好坏，只能根据一些参数的变化情况综合分析后才能得出正确的结论。

大气泡和腾涌的出现、沟流的产生，都将恶化气-固接触状态。因此根据上述不正常现象在参数上的各种表现，如压力、床层压差和料面的变化情况等，即可综合地判断出流化质量的好坏。

既然流化质量指的是气-固相的混合和接触情况，则良好的流化质量，必然提高转化率和产品质量。另外将会降低尾气中原料气的含量。另一方面，良好的流化质量，使操作平稳，能保证长期稳定的生产。流化质量的好坏，主要和如下一些因素有关。

1）小颗粒的物料比大颗粒的物料流化性能好，因此小颗粒的流化数可取几十到几百，而大颗粒则只能取较小的流化数。

2）对相同平均颗粒度的物料而言，粒度分布宽比分布窄的物料流化性能好。

3）气体的比重和黏度越大，则流化性能也越好。比如在氢氟化流化床操作中，N_2 比 HF 的比重大，则用 N_2 流化时就比 HF 流化时流化质量要好（当然也和其他因素有关）。

4）较浅的床层和较低的气速，将会出现较好的流化质量。但过浅的床层和过低的气速也会使流化质量变坏。另外低床层低气速会降低产品质量和产量。

5）设计与选择合适的床型和增设内部构件，如加隔板等，同样能改善流化质量。

总之，在实际生产中，更重要的是严格操作，细心观察各有关参数的变化情况，多方面地综合分析判断流化质量的好坏，遇有影响流化质量的因素应及时采取措施，保证流化床在生产中处于良好的流化质量,是长期安全稳定生产的重要保证。

2. 流化床的流化状态分析和临界流化速度

当气体通过固体颗粒床层时,随着气速的变化,可以出现四种状态的床层:固定床、流化床和输出床三个不同的阶段(临界流化状态和流化状态统属流化床阶段)。由此可知,流化气速在流化床操作中的重要性。

(1) 流化状态分析

对流化床的流化状态进行分析,要先明确床层压力降概念。所谓床层压力降,是指气体通过床层时压力的降低,常用ΔP来表示。床层状态的变化常通过测定不同气速和ΔP值的关系来看出其变化的规律。图 1-3 是气速和压力降ΔP之间的关系图。

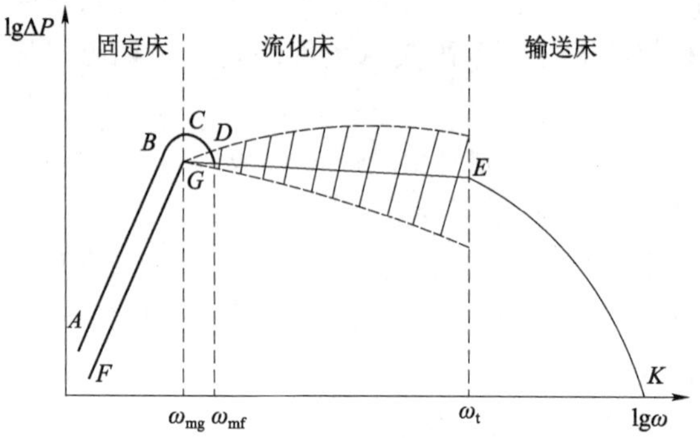

图 1-3　气速和压力降的关系图

图 1-3 中，气速用符号ω来表示，其横坐标用ω的对数值 $\lg\omega$来表示，纵坐标用 $\lg\Delta P$ 表示。

在固定床阶段,随着气速的增加,ΔP值沿 AB 线相应上升。这主要是,在此时气速较小,固体颗粒组成的床层静止不动。气体是从静止颗粒的空隙间流过。在固定床阶段,床层的空隙是不变的,气速的增加,相当于流量的增加,因而使气体通过的阻力增大。

当气速增大到一定值时,床层压降ΔP 值增大到等于单位面积上床层重量时,如达 B 点时,气体则刚好将整床层托起来了。

此时的床层压力降值为:

$$\Delta P = \frac{W}{S} \tag{1-1}$$

式中:W——整个床层重量,kg;

S——床层横截面积,m^2。

此时固体颗粒位置稍有松动,床层开始松动和膨胀,即空隙率开始增大,但此时的床层并未流化。当气速再稍微增加时,ΔP值略有波动。随着气速的缓慢增加,ΔP值出现了 BCD“驼峰形”曲线,当气速增到 D 点值时,全床开始流态化,此时的床层处于临界流化状态。和 D 点相对应的气体流速被称为临界流化速度(也叫初速度),用符号ω_{mf}来表示。在临界流化速度下的床层压降值被称为临界压降值,所谓临界流化速度是使床层开始流化的最小气体速度,一般都用空床气速值表示。

当气速值在增加时,ΔP 值几乎不再变化,即成 DE 直线。此时的床层已处于流化状态,即流化床阶段。在此阶段,气速的增加只使床层膨胀,即空隙增大。因为当床层处于流化床阶段时，气流通过床层所产生的阻力值ΔP，已经把整个床层托起，正像一个人举起一个重物一样，举高举低都是举起一样重的物体，也就是说用的相同的力，所以增加气速，ΔP 值就不再增加了。所以整个流化床阶段的ΔP 值都等于单位面积上的床层重量，而和气速的变化无关。

在实际生产中，由于气泡的产生、合并、上升和破裂，使床层压降值会有不同程度的波动。但良好的流化质量ΔP 的变化只能在一定范围内进行，如图 1-3 中的阴影部分。而其平均值应为 DE 直线，而且随着气速的增加，可能出现ΔP 稍微偏高的现象，这主要是床壁效应和离子之间碰撞拥挤所产生的阻力值稍偏高的原因。但这种偏高，除非气速变化特大时，在ΔP 的参数中是看不到的。

继续增加流化床的气速，床层将继续膨胀，空隙率不断地在增大。当气速增加到刚好使固体颗粒随气体流动时(即 E 点)，则固体颗粒开始被气体带出床外(在没有过滤器时)和 E 点相对应的气速称为颗粒开始带出速度，当气速增大到 K 点，所有固体颗粒均匀地充满容器，随气速而流动，这时床层界面已不存在。如果没有气体过滤器，则固体颗粒将被气流全部带出设备，在不加料的情况下，床内将成为只通过气体的空床，在继续加料时，加进的物料将随气流一起输送出去。所以 E 点到 K 点的气速被称为颗粒带出速度，也称为气体输送速度，用符号 ω_t 表示。实际上从 E 点开始，颗粒已开始带出，所以从 E 点到 K 点随着气速的增加，空隙率越来越大，则ΔP 也随着降低。

由上面分析可知，对于流化床的操作，流化气速是很重要的一个参数，它的变化可以使床层处于三个阶段。所以，准确地选择并严格地控制操作气速，对于流化床的正常生产是十分重要的。但要正确地选择操作气速，就必须先正确地确定临界流化速度ω_{mf} 和颗粒带出速度ω_t。

（2）临界流化速度的确定

从上面分析可知，气速在临界流化速度之前则为固定床，所以流化床的操作气速必须大于临界流化速度，因此确定临界流化速度的大小就显得十分重要了。

对于某种物料而言，临界流化速度的确定有两种方法：即实验方法和理论计算方法。

1）实验测定ω_{mf}

一般都用小型专供实验用的流化床装置来测定临界流化速度。而且实验流化床大都采用有机玻璃制成，以便观察床层变化情况。实验测定ω_{mf} 的装置如图 1-4 所示。

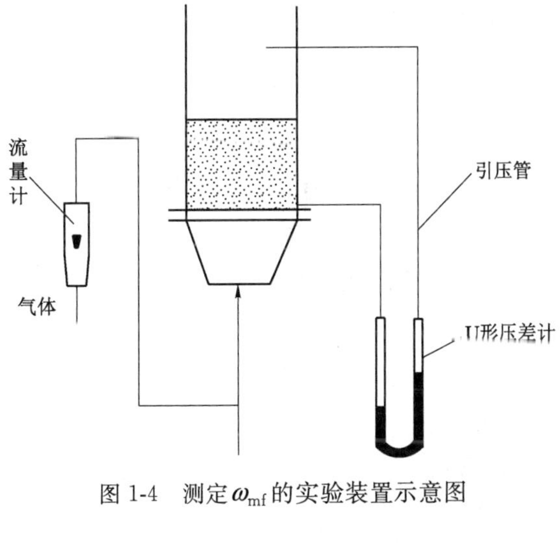

图 1-4　测定ω_{mf} 的实验装置示意图

为了测定的准确性,在许可的条件下,尽量模仿实际生产条件进行测定,如分布板的结构要和生产型相同,而使用物料和气源也应尽可能使用生产中所使用的物料和气源。

在上述实验装置中,逐步提高气速,由流量计每测定一个流量的数值(需经计算),测定一个相应的ΔP值,由此可得出ω-ΔP的关系数据。然后在双对数坐标纸上可给出 $\lg \omega - \lg \Delta P$ 的曲线图。经过反复测定,并通过观察床层变情况,即可较准确地测定临界流化速度ω_{mf}的值。

在反复测定过程中,ΔP 可能有一定的波动,但在大量数据情况下,得出规律性的结果是一般实验的常规。国内某单位用 AUC 热分解料 UO_2在小型有机玻璃实验流化床中冷模实验,测得其临界流化速度在 0.002 5～0.003 5 m/s。

在流化床工艺设计中,往往把实验测得的临界流化速度,与理论计算相结合来相互加以校正,以便得出较为准确的数据。

2) 临界流化速度的计算

临界流化速度主要是由固体颗粒和流体的一些性质所决定的。例如固体的颗粒大,则临界流化速度也大。当床层处于临界状态时,由于它是固定床和流化床的分界点,所以此时的床层阻力和固定床相等。另外由于此时固体颗粒开始悬浮在气体中。因此,固体颗粒的重力一定等于气体的向上浮力和向上流动的阻力之和。根据这些基本概念,通过理论分析和试验研究,总结出了许多有关临界流化速度的计算公式。在此介绍一种常用于工程上的计算公式:

$$\omega_{mf} = 4.08\frac{d_p^{1.82}(\gamma_s - \gamma_f)^{0.94}}{z^{0.88}\gamma_f^{0.06}}\ (\mathrm{m/s}) \tag{1-2}$$

式中:d_p——固体颗粒平均直径,m;

ω_{mf}——临界流化速度,m/s;

γ_s——固体颗粒的密度,kg/m^3;

γ_f——气体密度,kg/m^3;

z——气体黏度,cP(厘泊)。

3) 影响临界流化速度的因素

由计算公式(1-2)可以看到,影响流化速度的主要因素有,固体颗粒大小、固体及气体的密度和流体的黏度等。下面就各影响因素进行分析并举例进行计算。

① 固体颗粒大小的影响及计算

根据公式(1-2),临界流化速度和颗粒平均直径 d_p 的 1.82 次方成正比的数量关系。由此可知,d_p 对临界流化速度的影响是比较大的。

这里必须指出,d_p 是固体颗粒的平均直径。在实际生产中,所使用的颗粒物料,是由各种不同直径的颗粒组成的,其大颗粒和小颗粒之间的直径可能相差很大。所以必须通过筛分后,求出其平均直径的大小。一般根据实际测定的筛分组成,按下式求出颗粒的平均直径 d_p 值:

$$\overline{d_p} = \frac{1}{\sum \frac{x_i}{d_{pi}}} \tag{1-3}$$

式中:$\overline{d_p}$——固体颗粒平均直径;

x_i——固体颗粒各筛分的重量百分比；

d_{pi}——固体颗粒各筛分的平均直径；

Σ——表示总和的符号。

上式中的 d_{pi} 可按算术平均值或几何平均值来计算。

按算术平均值时：$d_{pi} = \dfrac{d_1 + d_2}{2}$

按几何平均值计算时：$d_{pi} = \sqrt{d_1 \cdot d_2}$

式中 d_1 和 d_2 分别为上、下筛分目尺寸。

下面我们通过实例的计算，来熟悉求颗粒平均直径的计算方法。

例题 1：根据国内某单位测定 UO_2 的颗粒度筛分组成，如表 1-1 所示，计算其颗粒平均直径 d_p 值。

表 1-1　UO_2 颗粒度分布表

筛目(目/英寸)	实测开口尺寸/μm	$d_{pi}=\sqrt{d_1 d_2}$ /μm	x_i 重量分数	$\dfrac{x_i}{d_{pi}}$
60	285	533	2.9×10^{-4}	5.44×10^{-6}
80	210	245	3.7×10^{-4}	1.51×10^{-6}
100	156	181	7.5×10^{-4}	4.14×10^{-6}
120	131	143	1.64×10^{-3}	1.15×10^{-5}
140	103	116	6.06×10^{-3}	5.22×10^{-5}
160	94	98	3.06×10^{-3}	3.12×10^{-5}
180	89	91	3.1×10^{-4}	3.41×10^{-5}
200	82	85	1.35×10^{-2}	1.59×10^{-4}
250	66	74	1.04×10^{-1}	1.41×10^{-3}
300	50	58	6.98×10^{-2}	1.20×10^{-3}
320	46	48	5.58×10^{-2}	1.16×10^{-3}
360	42	44	0.157	3.57×10^{-3}
血球计数板测定	42～25	32.5	0.265	8.15×10^{-3}
	25～5	11.2	0.322	2.87×10^{-3}

解：其中：$\sum \dfrac{x_i}{d_{pi}} = 44.50\times10^{-3}$，则：

$$\overline{d_p} = \frac{1}{\sum \dfrac{x_i}{d_{pi}}} = \frac{1}{44.50\times10^{-3}} = 22.47\ \mu m = 2.247\times10^{-5}\ m$$

② 固体颗粒密度 γ_s 和气体密度 γ_f 的影响

从公式(1-2)可知，临界流化速度 ω_{mf} 和 $(\gamma_s - \gamma_f)$ 的 0.94 成正比，而和 $\gamma_f^{0.06}$ 成反比。也就是说，当固体颗粒密度大，气体密度小时，临界流化速度大。这就是当前所谈到的固体颗粒比重大时不易流化，而气体比重大时则易流化。

在进行计算临界流化速度时，UO_2 固体颗粒密度即近似为其晶体密度，一般为 10 960 kg/m³。无水 HF 气体的密度在 300 ℃时为 0.638 kg/m³。

③ 气体的黏度 z 的影响

气体的黏度一般也随温度的改变而改变，对于气体流化床，不同的气体具有不同的黏度。从式(1-2)可以看出，临界流化速度和气体的黏度的 0.88 次方成正比，也就是说气体的黏度越大，则临界流化速度越小。这并不难理解，因为气体的黏度越大，越易将固体颗粒向上带。各类气体的黏度可在有关手册中查到，无水 HF 在 300 ℃时的黏度为 0.024 77 厘泊。

4）临界流化速度的计算举例

通过以上分析，现在用公式(1-2)来进行举例计算，并和实验所得数据加以比较，从而得出较为准确的临界流化速度。

在举例计算前，我们先介绍一个检验公式(1-2)的适用范围和公式的校正系数的问题。在工程计算中，常用一个叫作"雷诺数"来检验和校正公式(1-2)的准确性。雷诺数是流体力学中常用的计算公式，它主要说明流体的流型情况。用符号 Re_t 表示。

在此主要用雷诺数来检验公式(1-2)的适用范围，并根据雷诺数所给的校正系数来校正公式(1-2)计算的准确性。雷诺数值计算公式如下：

$$Re_t = \frac{10^3 d_p \omega_{mf} \gamma_f}{z} \tag{1-4}$$

这是一个没有单位的数群。由此可知，它主要和固体颗粒直径 d_p、临界流化速度 ω_{mf}、气体的密度和气体的黏度等数值有关。

在用公式(1-2)计算临界流化速度时，当计算出 $Re_t<10$ 时，可不必校正。但当 $Re_t>10$ 时，必须根据雷诺数所提供的表 1-2 的校正系数来进行修正。

表 1-2 雷诺数提供的校正系数表

雷诺数 Re_t	10	20	30	40	50	60	80	100	200	500
校正系数 f	0.96	0.85	0.77	0.71	0.67	0.64	0.58	0.53	0.42	0.30

现在我们根据公式(1-2)和公式(1-4)来举例计算在进行 UO_2 氢氟化时，无水 HF 的临界流化速度。

例题 2：根据上面各计算分析得出 UO_2 的平均颗粒直径为 2.247×10^{-5} m，并查得其密度为 10 960 kg/m³，而在 300 ℃时，无水 HF 的密度为 0.638 kg/m³，黏度为 0.024 77 厘泊，试求此时 UO_2 氢氟化的临界流化速度。

解：按公式(1-2)进行如下计算：

$$\begin{aligned}\omega_{mf} &= 4.08\times\frac{d_p^{1.82}(\gamma_s-\gamma_f)^{0.94}}{z^{0.88}\gamma_f^{0.06}}\\ &= 4.08\times\frac{(2.247\times10^{-5})^{1.82}\times(10\,960-0.638)^{0.94}}{(0.024\,77)^{0.88}\times(0.638)^{0.06}} = 0.002\,36\ \text{m/s} = 2.36\times10^{-3}\ \text{m/s}\end{aligned}$$

在本题中所给的参数中，其雷诺数为：

$$Re_{\mathrm{t}}=\frac{10^{3}d_{\mathrm{p}}\omega_{\mathrm{mf}}\gamma_{\mathrm{f}}}{z}=\frac{10^{3}\times(2.247\times10^{-5})\times2.36\times10^{-3}\times0.638}{0.024\,77}=1.366\times10^{-3}$$

由计算可知，$Re_{\mathrm{t}}<10$ 时，则计算出的临界流化速度不加校正。也就是说对本题计算公式(1-2)是适用的。

如果计算后，$Re_{\mathrm{t}}>10$ 时，仍可按计算公式(1-2)式进行计算，但求得 ω_{mf} 值必须乘以相应的 Re_{t} 值的校正系数。

计算临界流化速度的公式很多，不同的研究者从不同的角度出发，就得出不同的经验公式。在此，再介绍一种在工程技术上较为适用的一个公式：

$$\omega_{\mathrm{mf}}=\frac{d_{\mathrm{p}}^{2}(\gamma_{\mathrm{s}}-\gamma_{\mathrm{f}})}{1\,650\mu}\tag{1-5}$$

这一公式较为简单，因为省略了几个较小数值的计算，用一个分母系数值进行全式的修正计算。但请注意，此式比式(1-2)的误差要稍大些。在计算时，雷诺数适于 $Re_{\mathrm{t}}<20$。黏度 μ 的单位为公斤·秒/米^3($\mathrm{kg\cdot s/m^3}$)，在查得黏度为厘泊单位时，再除以 9 810 即变为 $\mathrm{kg\cdot s/m^3}$ 的单位。

例题 3：在例题 2 所给的参数中，试用公式(1-5)进行计算 UO_2 氢氟化的临界流化速度。

解：将所给的有关参数代入公式(1-5)中：

$$\begin{aligned}\omega_{\mathrm{mf}}&=\frac{d_{\mathrm{p}}^{2}(\gamma_{\mathrm{s}}-\gamma_{\mathrm{f}})}{1\,650\mu}\\&=\frac{(2.247\times10^{-5})^{2}\times(10\,960-0.638)}{1\,650\times\dfrac{0.024\,77}{9\,810}}=0.001\,33\ \mathrm{m/s}=1.33\times10^{-3}\ \mathrm{m/s}\end{aligned}$$

根据以上两种计算方法所计算的数来看，公式(1-2)较为接近真实数值。一般认为，公式(1-2)得计算误差约为±22%，而公式(1-5)的计算误差约为±34%。这可由实验测得临界流化速度的数值加以比较说明。用 N_2 作为流化气体，冷模实验测得 UO_2 流化时临界流化速度在 0.002 5～0.003 5 m/s。

国内某单位用小型玻璃床，在常温常压下，用氮气体作为流化气体，以 AUC 分解料 UO_2 为流化物料，测得临界流化速度为 0.003 m/s。据此换算成 350 ℃时，90% HF 的气体流化时，其临界流化速度为 0.002 6 m/s。这和用公式(1-2)计算的 $\omega_{\mathrm{mf}}=0.002\,36$ m/s 非常接近。所以 300 ℃时，无水 HF 的临界流化速度应为：

$$\omega_{\mathrm{mf}}=\frac{0.002\,36+0.002\,6}{2}=0.002\,48\ \mathrm{m/s}$$

以上所用公式计算的临界流化速度，只适用于圆柱形流化床。对于锥形流化床临界流化速度的计算应加以修正，锥形流化床的临界流化速度可按下式进行修正：

$$\omega_{\mathrm{mf\,锥}}=\omega_{\mathrm{mf}}\left(\frac{D}{d}\right)^{2}\tag{1-6}$$

式中：ω_{mf}锥——锥形床临界速度；

ω_{mf}——按公式求出的圆柱床临界流化速度；

D——锥形床底部直径；

d——在临界流化速度时料面处的直径。

公式(1-6)也是一种经验公式,适用应于锥度$\gamma<10°$的锥形床。

应当说明一点,公式(1-6)所求出的临界流化速度增加了一个修正系数$\left(\frac{D}{d}\right)^2$,是指的整个床层都处于临界流化时的速度。而分布板处临界流化速度的计算仍按圆柱床进行计算。

3. 颗粒带出速度和操作气速的选择

操作气速应大于临界流化速度,这是确定临界流化速度的重要意义。那么操作气速有没有最大值的限制呢?这就是流化状态分析时指出的颗粒带出速度问题。

(1) 颗粒带出速度

固体颗粒被气流带走时的气体流速,称为颗粒带出速度。即气速刚好能将固体颗粒向上带走的速度。计算颗粒带出速度的公式很多,在此只介绍两个和我们生产上适用的公式:

$$\omega_t=\frac{d_p^2(\gamma_s-\gamma_f)}{18\mu}\ \ (m/s) \tag{1-7}$$

对于球形颗粒而言,上述公式适用于雷诺数$Re_t<1$的层流区。

当雷诺数$Re_t>1$时,可按下述公式进行计算:

$$\omega_t=\left(\frac{4}{225}\cdot\frac{(\gamma_s-\gamma_f)^2\cdot g}{\gamma_f\cdot\mu}\right)^{\frac{1}{3}}\cdot d_p\ \ (m/s) \tag{1-8}$$

在公式(1-7)和(1-8)中:ω_t—开始带出气速;g—重力加速度,一般取9.81 m/s^2。

公式(1-8)适用于雷诺数$Re_t\leqslant500$的情况。关于雷诺数大于500的情况另有公式计算。

在用雷诺数来检验使用公式的适用性问题时,应按下式进行检验:

$$Re_t=\frac{10^3 d_p\omega_t\gamma_f}{z}$$

在利用上面的两个公式计算带出速度时,究竟选用哪个公式,要具体看雷诺数的大小而定。但计算雷诺数中就含有未知数带出速度ω_t,故一般可先任选一公式,计算出带出速度后,然后再带入求出雷诺数的大小来检验公式的适用性。另外,也可根据所给的固体颗粒平均直径来选用计算公式:一般粒径小于50~80 μm的可选用雷诺数$Re_t<1$的层流区公式,即公式(1-7);当粒径大于80 μm而小于1 mm时,可选用过渡流区的式(1-8)计算;当粒径再大时,就的选用其他公式。作为UO_2的生产和氢氟化而言,一般使用公式(1-7)。

从上面分析和所介绍的两个计算公式可知,影响带出速度的因素主要是固体颗粒的粒径大小,固体颗粒密度及固体颗粒密度和气体密度之差等。一般固体颗粒密度和气体密度相比大得多,所以气体密度影响较小,在计算中可将它们之间的差值$\gamma_s—\gamma_f$按近似固体密度γ_s计算,其误差是较小的。但在固体密度和气体密度之差值$\gamma_s—\gamma_f$较小时可按原公式计算。下面我们举例说明公式的选用情况。

例题 1:在用空气流化沙子的试验流化床中,已知沙子的粒径为80 μm,密度为2 650 kg/m^3,20 ℃时空气的密度为1.205 kg/m^3,黏度为0.018 5厘泊,求在20 ℃时的带出速度。

解:已知:d_p=80 μm=8×10^{-5} m,γ_s=2 650 kg/m^3,γ_f=1.205 kg/m^3,z=0.018 5 厘泊,μ=0.018 5/9 810 =1.886×10^{-6} $kg\cdot s/m^3$,求ω_{t0}=?

将已知条件先代入公式(1-7)：

$$\omega_t=\frac{d_p^2(\gamma_s-\gamma_f)}{18\mu}$$

计算中因为沙子密度比空气大得多,即$\gamma_s-\gamma_f\approx\gamma_s$,所以上式可简化计算为：

$$\omega_t=\frac{d_p^2\gamma_s}{18\mu}=\frac{(8\times10^{-5})^2\times2\,650}{18\times1.886\times10^{-6}}=0.50\ \mathrm{m/s}$$

用雷诺数来检验公式(1-7)是否适用：

$$Re_t=\frac{10^3d_p\omega_t\gamma_f}{z}=\frac{10^3\times(8\times10^{-5})\times0.5\times1.205}{0.018\,5}=2.6$$

$Re_t>1$,由检验可知,不能用层流区公式(1-7)计算,改用过渡区公式(1-8)计算,在计算中同样将$\gamma_s-\gamma_f\approx\gamma_s$计算：

$$\omega_t=\left(\frac{4}{225}\cdot\frac{(\gamma_s-\gamma_f)^2\cdot g}{\gamma_f\cdot\mu}\right)^{\frac{1}{3}}\cdot d_p=\left(\frac{4}{225}\times\frac{2\,650^2\times9.81}{1.205\times18.85\times10^{-7}}\right)^{\frac{1}{3}}\times(80\times10^{-6})$$
$$=(8.14\times10^3)\times(8.0\times10^{-5})=0.65\ \mathrm{m/s}$$

用雷诺数进行检验：

$$Re_t=\frac{10^3d_p\omega_t\gamma_f}{z}=\frac{10^3\times(8\times10^{-5})\times0.65\times1.205}{0.018\,5}=3.39$$

检验可知,所给条件可用过渡区公式(1-8)计算求出带出速度为 0.65 m/s,是正确的。

例题 2:按照上节例题所给的条件,计算其带出速度ω_t=?

解:已知 $d_p=2.247\times10^{-5}$, $\gamma_{UO_2}=10\,960\ \mathrm{kg/m^3}$, $\gamma_{HF}=0.638\ \mathrm{kg/m^3}$, $z_{HF}=0.024\,77$ 厘泊。

将已知条件带入层流区公式(1-7),此时 $\gamma_{UO_2}-\gamma_{HF}\approx\gamma_{UO_2}$

$$\omega_t=\frac{d_p^2\gamma_s}{18\mu}=\frac{(2.247\times10^{-5})^2\times10\,960}{18\times\dfrac{0.024\,77}{9\,810}}=2.463\times10^{-6}=0.054\ \mathrm{m/s}$$

用雷诺数进行检验：

$$Re_t=\frac{10^3d_p\omega_t\gamma_f}{z}=\frac{10^3\times(2.247\times10^{-5})\times0.054\times0.638}{0.024\,77}=0.031<1$$

检验结果:$Re_t<1$,所以层流公式是适用的,计算结果带出速度为 0.054 m/s。

(2) 操作气速的选择

流化床的操作气速选择和确定是相当重要的:操作气速不能低于临界流化速度,以防形成死床(即固定床)。但操作气速大于临界流化速度多少呢?在此引出一个流化数的概念,所谓流化数,是流化床的操作气速ω和临界流化气速ω_{mf}之间的比值,我们用 n 来表示流化数,则表示流化数的关系式如下：

$$n=\frac{\omega}{\omega_{mf}}\tag{1-9}$$

选择不同的流化数也就是选择操作流化速度。对于不同的流化床生产来说,流化数的选用差别较大。操作流化速度的选定,要根据生产上的许多因素,如反应需要的气体量、生产强度、设备结构等,加以分析比较后才能选出一个适当的操作速度。

关于操作气速的上限,一般认为不要超过颗粒的带出速度,也就是说操作气速的选择应在临界流化速度和带出速度之间。这种出发点是针对单个粒子在气流中,当气速大于带出速度时,固体颗粒将被气流带出床外的。这种选择操作气速在实际生产中有些是行不通的,例如,对于 UO_2 氢氟化流化床而言,用 N_2 和 HF 流化时,UO_2 的临界流化速度约为 0.002 5 m/s,而带出速度约为 0.045 m/s,但实际操作气速在 0.2～0.4 m/s。实际操作气速不但大于临界流化速度,而且还远远大于其带出速度。为什么在大于带出速度的操作中,固体颗粒不被带出床外呢?这主要是因为尾气设有过滤器的原因,这是其中的一个重要原因。因为如果没有除尘设备,会有一部分较小颗粒被气流带出流化床。但根据带出速度的定义,操作气速大于开始带出速度时,床层料面将不复存在,也就是说,整个床内(从分布板到除尘器)被均匀的颗粒充满。然而实际生产中,并非如此。如在 UO_2 氢氟化串联流化床中,操作气速采用 0.2 m/s,这是带出速度的 4 倍多。而在隔板单床氢氟化操作中,其操作气速为 0.4 m/s,为带出速度的 8 倍多。

实践经验证明,操作中床层流化界面并没有消失,而是明显地在电容料面计上反映出来,而且用γ仪测量床层料面时,从γ计数仪上清楚地看到密相区和稀相区之间的界面反应,这说明在大于带出速度数倍的情况下,仍能保持床层界面的正常操作。这难道是带出速度的分析计算不正确吗?现在让我们对流化床的颗粒带出问题加以分析说明。

关于颗粒带出速度,是基于单个颗粒在气流中或颗粒均匀地分布在气流中,来进行理论分析计算带出速度的,所以当气速超过带出速度时,颗粒就被气流带出去,这一规律对于床层以上的稀相区是完全适用的,而对于向超过带出速度的空床内均匀地撒落颗粒时也是适用的。但对于原来有一定高度的床层来说情况就不同了。在流化床中,乳化相和气泡相的存在,而且大部分固体颗粒都处在乳化相中,乳化相是一种均匀的,固相密集的气-固相混合物。而在气泡现象分析中已指出,乳化相中,气体的流速近似等于临界流化速度,而多于临界流化速度的气体则以气泡相通过床层,所以在流化床中,尽管操作气速高于带出速度数倍,但乳化相中的气速仍是很低的,因而颗粒不会被带走,这就是为什么操作气速大于带出速度时,颗粒不仅没有被气体全部带出床层,而且带到稀相区的颗粒量也并不十分严重的主要原因。

当然,操作气速大,则颗粒带出量就增加,这主要是:气速越大,则形成的气泡大而量多;特别是大的气泡上升速度较快,尾迹带的细颗粒量大,在达界面破裂时使细颗粒向上飞溅量也大,因而向稀相区的带出量增大。

由以上分析可知,流化床的操作是可以在操作气速超过带出速度的情况下进行的。特别是通常流化床都采用了尾气除尘装置,回收被带出的粉尘。因此,为了提高生产能力,流化床可以采取较高的气速。

对不同的工艺条件,流化床的操作气速可能相差很大。一般在相同的条件下,带出速度为 10～100 倍,即 $\frac{\omega_t}{\omega_{mf}}=10\sim100$。而流化数的选择范围都宽得多,例如,$UO_2$ 氢氟化串联流化床的流化数为 80 左右;而隔板单床的硫化数为 150 左右;石油催化裂化的流化数为 300～1 000。也有流化数低的操作,如醋酸乙烯的生产,其流化数在 2.4～3.0。究竟什么样的条件下选用高气速,什么条件选用低气速呢?

一般对于下列情况，应采取较低的操作速度：

① 在催化反应中，催化剂易破碎而且价格较贵；

② 固体颗粒粒度分布较宽，或颗粒参加化学反应时，其粒度随着反应过程而逐渐变小；

③ 在床内进行的反应速度慢，所需停留时间较长；

④ 反应热不大，对床层和传热面之间的传热速率要求不高；

⑤ 只需要较浅的床层高度，固体颗粒有较好的流化特性，而且在低气速下不易产生沟流现象；

⑥ 床内没有内部构件(即自由床)，流速较大时将会产生大的气泡和较严重的返混，不利于生产要求；

⑦ 固料价格贵重，对粉尘回收严格，生产中要求有较高的直接收率；

⑧ 粉尘回收系统的率不高，或负荷过重，在较高气速时，则会造成固料粉尘损失过大。

以下情况可以适当提高操作气速：

① 反应速度快，需要停留时间短；

② 反应放热量大，需要迅速将热量通过传热而导出；气速高时有利于传热；

③ 床层不需要建立温度梯度，等温条件即能满足反应需要；

④ 粉尘回收系统的粉尘效率较高，而且负荷不重；

⑤ 床内设有内部构件，如隔板等，改善了床内流化质量；

⑥ 对粉尘的回收要求不高，固料价廉，并无毒无害。

以上所列条项，是从物性、反应性及床内结构等的要求，从理论上和流化床的普遍经验总结而成。至于对于某种流化床的某项生产而言，究竟采用高气速或低气速，要全面分析权衡利害才能确定。在确定了的操作气速下，很可能和上述要求的某一项不一致，是完全可能的，这就看是否对生产有利而定。

目前，我国的 UO_2 氢氟化生产和脱硝还原生产 UO_2 的流化床，其操作气速一般在 0.2～0.6 m/s。对于同种生产而言，由于采用的流化床结构不同，工艺流程的不同，其操作气速也相差较大。如 UO_2 氢氟化串联流化床的操作气速为 0.2 m/s，选择了较低的气速，这主要是从以下几点考虑而定的。

① UO_2 粒度分布较宽，一般其粒度在几微米到几百微米的宽度分布；

② 反应后期的速度慢，需要有较长的停留时间，并需要建立一定的转化率梯度，大的气泡易造成严重返混，不能保证产品质量；

③ 采用了内部没有构件的自由床，大气速易形成大的气泡和严重返混；

④ 粒料贵重，要求有很高的铀直接收率；

⑤ 过滤器的负荷较大，大的气速会使系统压力增大，使操作不稳定；

⑥ 由于反应的可逆性，要求有较好的温度梯度和转化率梯度，大气速造成的大的返混对正反应不利。

基于以上原因，在串联流化床的操作中，宜采用较低气速，并在操作中应避免高气速操作。

但同是 UO_2 氢氟化反应，有的厂采用内部设有单旋隔板的锥形单床生产，其流化气速为 0.4～0.6 m/s，采用了较高的操作气速，其主要原因是因为采用了较高单旋隔板内部构件。改善了流化质量，避免了大气泡，减小了床层的返混，因而采用高床层，增加了物料停留时间,保证了产品质量,所以可以采用较高气速操作。

4. 二氧化铀氢氟化生产四氟化铀的床型选择

关于 UO_2 的氢氟化反应我们比较清楚,它是一个可逆的气-固反应,而且反应中放出大量的热。反应的速度和 UO_2 的物理性质关系很大。特别是后期反应困难,这就要求工艺过程应是气-固逆流,并能建立良好的转化温度和 HF 浓度的梯度。对于 UO_4 产品的要求都较严,特别是金属级的要求更严。

根据对工艺过程的要求和多产品的要求,在选择流化床反应器时,必须要求具有气-固逆流,没有返混,稳定流化的活塞流。但在流化床反应器中,具有理想的流化特性的床型,目前还很少见。一般都采用圆锥床作为氢氟化的反应器,但它的返混现象仍然存在,只是比圆锥轻一点罢了。另外,由于反应气体的量是减小的,所以选用较大锥度的床型又不合适,为此目前各国为寻找合适的氢氟化床型都做了不少的研究试验工作。

目前,在氢氟化工艺中常使用的床型是锥形床和圆柱床相结合,并利用双床串联(或固料串联气料并联)的工艺流程。

5. 二氧化铀氢氟化生产四氟化铀的基本工艺流程

二氧化铀氢氟化生产四氟化铀的基本工艺流程如图 1-5 所示。

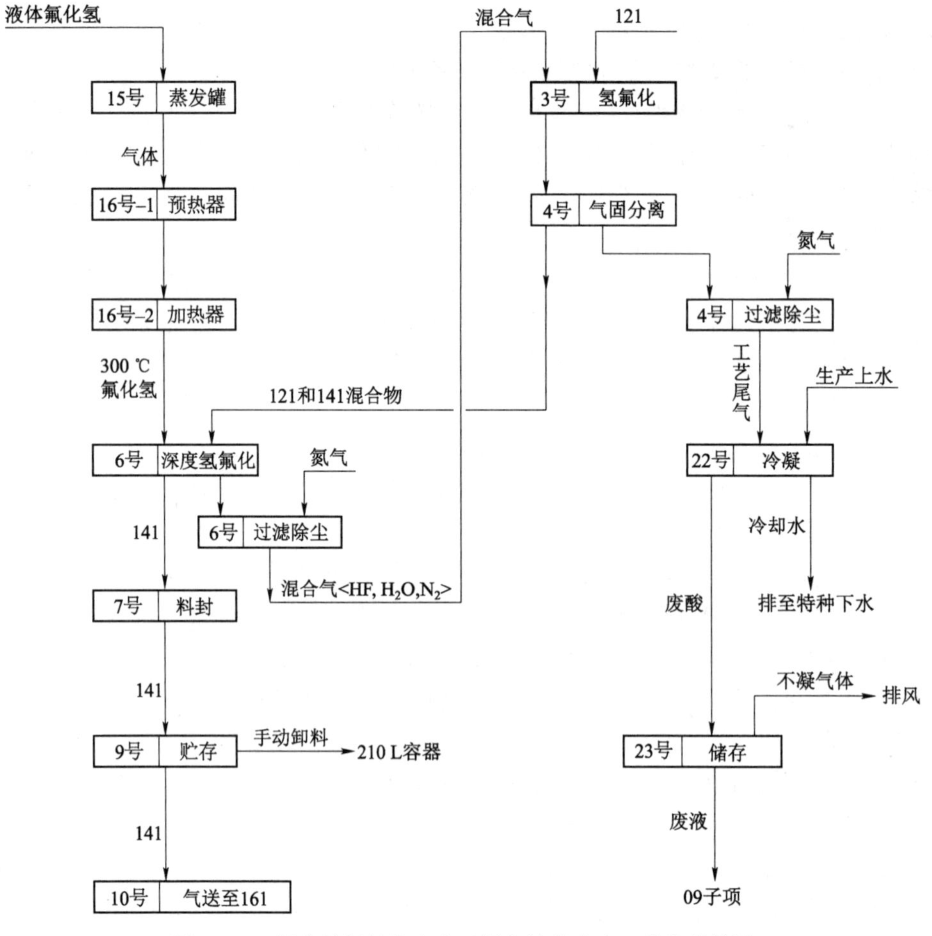

图 1-5 二氧化铀氢氟化生产四氟化铀的基本工艺流程简图

氢氟化生产工艺流程包括氟化氢蒸发、氟化氢预热、二氧化铀供料、氢氟化、四氟化铀产品卸出、尾气处理等主要工序。其中氢氟化是关键工序。

氟化氢蒸发工序提供的无水氟化氢气体经氟化氢预热器预热并进行流量计计量后，再经氟化氢加热器预热，按工艺要求流量进入氢氟化二级床，与来自中间料斗的物料反应，剩余氟化氢气体及反应生成的水蒸气，经二级床过滤器除尘后，由一级床底部进入一级床继续和二氧化铀反应，未进行反应的气体和反应生成的气体进入中间料斗；底卸式料桶(210 L 容器)中的二氧化铀在重力的作用下落入料斗中，通过螺旋输送器推入一级床内，与来自二级床的混合气接触，在流化状态下反应，转化为四氟化铀，然后随气流进入中间料斗，在中间料斗中实现气-固分离：固体物料由螺旋输送器推入二级床，与来自其底部的无水氟化氢逆流接触完成深度转化，在流化状态下反应生成四氟化铀产品，从二级床下部的下料管流入伸缩料斗内，经螺旋输送器推入贮料仓。

工艺尾气(水蒸气、氟化氢和少量氮气等)经中间料斗顶部的内置式管式过滤器过滤除尘，先经淋洗塔淋洗后，经气液分离器排入风阱，经排风净化工序处理后排入大气；洗涤废酸液沿自流管线排到厂外中和石灰池进行中和处理。

6. 氢氟化生产工艺主体设备的工作原理

目前，在 UO_2 氢氟化生产 UF_4 的工业生产中，主要采用两级串联逆流流化床生产工艺。图 1-6 为氢氟化工艺一、二级床的基本结构图。

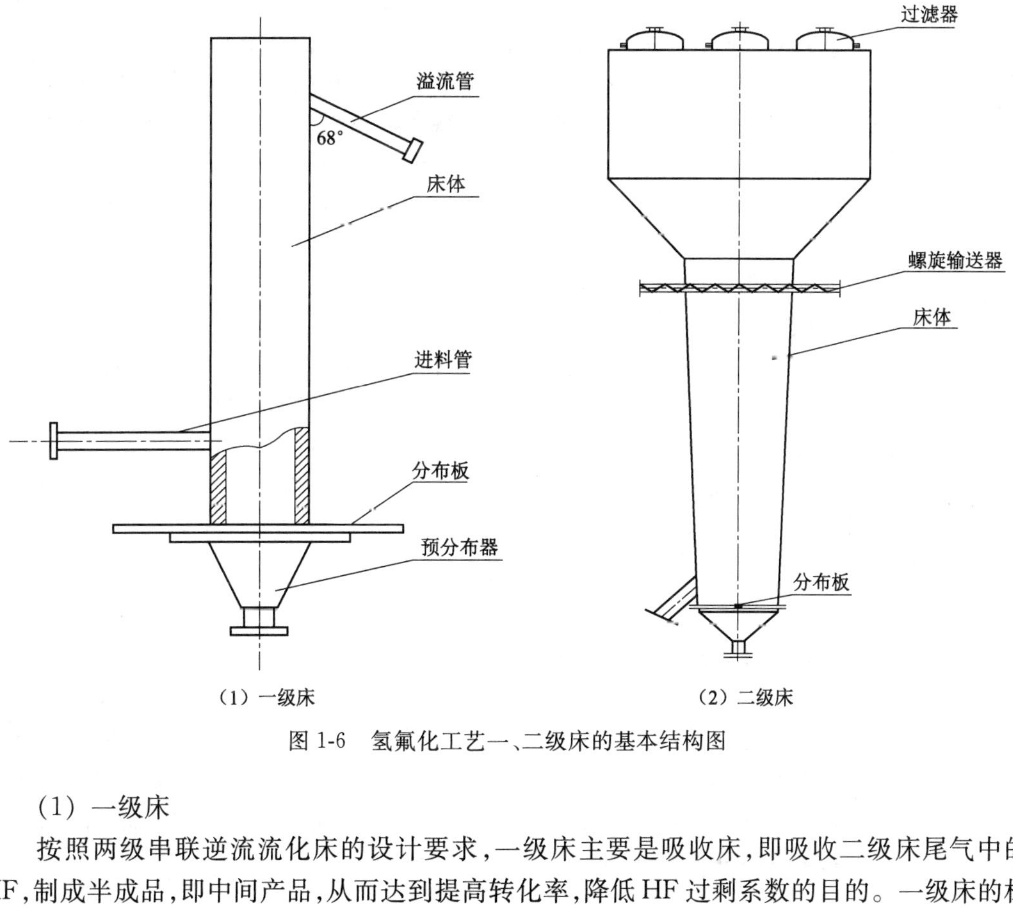

图 1-6　氢氟化工艺一、二级床的基本结构图

(1) 一级床

按照两级串联逆流流化床的设计要求，一级床主要是吸收床，即吸收二级床尾气中的HF，制成半成品，即中间产品，从而达到提高转化率，降低 HF 过剩系数的目的。一级床的材

质为蒙乃尔。

一级床的固体供料为新鲜的UO_2,根据UO_2初始氢氟化反应速度很快这一原理,要求一级床有良好的导热性能。在流化床的结构原理中我们知道,圆柱床具有较大的返混和良好的导热性,为此一级床选用圆柱形流化床。另外,根据一级床的物料输送情况,气-固流几乎成并流状态生产。如此物料入口处的反应就会更加激烈,但采用圆柱床,利用其大的返混和良好的导热性,就会避免反应的过热使物料烧结。

一级床的结构,一级床主要由预分布器、分布板进料管、床体、溢流管以及测温测压等部件组成。预分布板采用铜环填充式。分布板选用锥帽式测孔型,进料管的中心线与分布板有一定距离,主要是为了避开分布板对流化床层流化质量的影响高度。向流化床层的送料是用送料螺旋从送料口处向流化床层内送料。气-固料流化上升,从溢流管向中间料斗,流化床顶端设有测温口,测温计插入流化料层内,以便测得料层的真实温度。另外在顶端还设有测压口,以便测量流化床层的压差值。整个流化床用对开式电炉加热。当床内温度超过控制温度时,可拉开电炉降温。

(2) 二级床

二级流化床的作用是利用无水氟化氢和来自中间料斗的中间产品进行深度氢氟化反应制备合格产品的,所以二级床是成品床,为保证产品质量,在二级床应尽量避免物料的较大的返混,而且要足够的停留时间。因此,我们厂二级床是选用返混较小,以活塞流化为主的锥形床。

二级床的结构具有一般锥形自由床的特点,它主要由内过滤器、扩大段、进料管、锥形床体、卸料斜管、分布板和与分布板等组成。整个二级床用对开式电炉分三段加热,扩大段的加热保温方式和中间料斗相同。二级床的预分布器和一级床相同,分布板采用密孔型烧结蒙乃尔板,在距分布板一定距离处设有卸料斜管,床内的卸料速率是靠卸料系统的卸料螺旋输送器来控制的。二级床床体和扩大段均采用用蒙乃尔板卷焊制成,锥体床的全锥角为3°。

选用了一级床为圆柱床、二级床为圆锥床的两级串联逆流流化床进行UF_4生产,能够大大地提高二氧化铀的转化率。

(3) 气体分布板

气体分布板是流化床的另一个关键性构件,其主要作用是支撑床内固体物料,并使流化气体均匀地进入到床层中并与物料接触和反应。分布板的结构形式很多,但适用于氢氟化反应的分布板主要有侧孔风帽式分布板和烧结金属密孔型分布板,如图1-7所示。

侧孔风帽式分布板的风帽呈球形或圆锥形、棱锥形,只要间距和气孔尺寸设计合理,分布板上方的物料就不易沉积或结块。在我厂一级床上的分布板就采用此种分布板。烧结金属密孔型分布板的气体分布均匀,但其机械强度和耐受交替变化的热应力能力有限,一般只适用于小直径的流化床。

为保证气体均匀地喷射进入到床层中,消除分布板上方可能存在的死角,是气体分布板设计、加工过程中应重点考虑的环节。分布板的设计应具备足够的出射速度、有紊乱的出射方向。开孔率和气体喷射速度是衡量分布板好坏的两个重要参数。实际生产中,氢氟化流化床使用的气体分布板,开孔率一般为1%左右。为具备更好的操作性能,防止某些偶然因素造成的流化不良及其持续恶化,开孔率也可选得更低一些,如美国的一家UF_4生产厂,其流化床气体分布板的开孔率仅为0.49%。

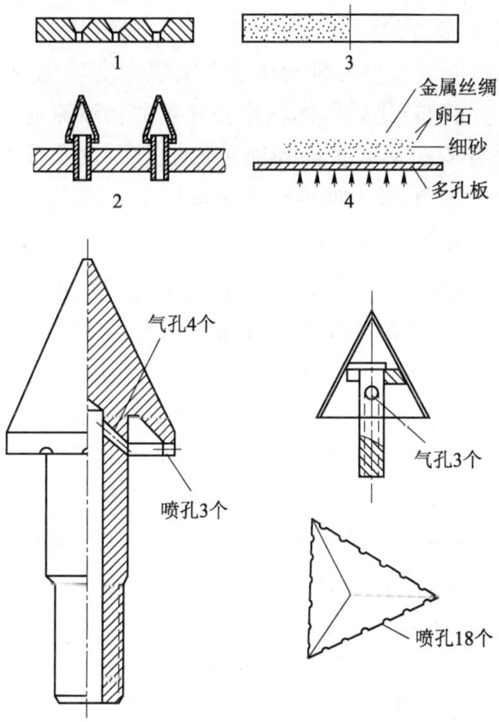

图 1-7　气体分布板及侧孔风帽

1—直孔板；2—锥帽侧孔板；3—烧结板；4—填充型板；5—锥形侧孔风帽；6—棱锥型侧孔风帽

(4) 中间料斗

中间料斗设在两级流化床之间，主要贮存中间产品，所以叫中间料斗。材质为蒙乃尔。它的主要作用有三个：其一，是在此分离一级床来的气体和固体；其二，是贮存中间产品，及时向二级床供料；其三，是和供料螺旋一起密封二级床的流化气，防止由此而串气。根据以上作用，中间料斗由烧结蒙乃尔过滤器、筒体、进料管和喂料锥体组成。

(5) 伸缩料斗

伸缩料斗的顶端用伸缩节和下料管相连接，作为二级流化床热胀伸冷缩时的补偿部件。其材质为蒙乃尔。伸缩料斗的作用有两个，其一是床体上下伸缩时通过伸缩料斗的伸缩节进行补偿；其二是贮槽一定量的物料起密封作用，防止流化气体从下料管向下串气。

(6) 产品储料料斗

产品储料料斗即冷却料斗是一个较大容积的贮料罐。冷却料斗的作用有两个，其一，贮存一定量的物料起料封作用，以防从伸缩料斗向冷却料斗串气时，气体在串向装料室；其二，产品在此停留一定的时间，进行自然冷却，保证装桶包装时产品温度小于100 ℃，以防高温外露时产品氧化水解。在冷却料斗上端设有放气管，以防由于向料斗内大量卸料而引起内部压力过大使卸料螺旋输送器不能顺利卸料时，开放空阀门向外排气。

7. 两级串联逆流流化床设计原则

氢氟化反应器的设计和工艺控制均遵循了如下基本原则：

(1) 有足够高的传热速率，反应器同一截面上的温度统一、分布均匀，以防止物料烧结引起的反应速率下降、固体物料停留时间延长等不良现象的影响；

(2) 气、固两相逆流接触,沿物料流动方向建立气相氟化氢的浓度梯度、温度梯度和固相转化率梯度,使固体物料能以较高的氢氟化速率实现深度转化,并降低氟化氢的消耗量;

(3) 最大限度地避免固相转化后因体积膨胀导致的物料流动受阻或堵塞反应器。

基于上述原则,国内外有关研究机构和铀转化生产厂投入了大量的人力、物力,以改善氢氟化反应器的传质、传热性能,极大地推动了氢氟化生产技术水平的提高。

8. 两级串联逆流流化床的工艺优点

生产实践中,无论是工程设计还是实际应用,氢氟化反应器均力求要实现适宜的温度分布和良好的气-固接触,并保证具备良好的物料输送能力。适宜的温度分布可采用气-固逆流流动和分段控制温度的方式实现。在气-固接触方面,流化床反应器则具有明显的优势。

在单一的氢氟化反应器中,要同时满足逆流原则和充分的气-固接触,这在工程实践中有相当大的难度。多级搅拌床基本实现了逆流接触原则,但气-固接触效果不佳,传质、传热效果不好。流化床具有良好的气-固接触效果,但返混现象不可避免,单级流化床也不利于建立良好的温度梯度分布和氟化氢浓度梯度的分布。为尽量降低返混现象的不良影响,国内外有关单位开发出了多级流化床氢氟化系统。目前,多级化床氢氟化系统主要包括两级并流式流化床系统和串联式逆流流化床系统。相对于单级流化床,它们具有如下优点:

(1) 一级床的流化介质为含水蒸气的氟化氢气体,使一级床中初期的氢氟化反应趋于缓和,有利于保持 UO_2 颗粒的化学反应性,且水蒸气的热容大,有利于反应热的顺利导出;

(2) 物料初期的转化温度,可通过调节两床之间的转化率分配比或 UO_2 进料速率等办法实现有效调节和控制;

(3) 可建立良好的氢氟化反应温度梯度分布、气相中氟化氢浓度梯度分布、固相转化率梯度分布,气-固接触效果良好。

由于具有如上优点,两级串联逆流流化床可以在较低的氟化氢过剩量下,实现高强度、高品质的生产 UF_4 产品。

9. 氢氟化工艺尾气的除尘和净化

UO_2 和气态 HF 在流化床内进行氢氟化反应后,生成 UF_4 产品和尾气(含有 H_2O、HF 和 N_2 等)。氢氟化反应的尾气主要是水汽,另外由于反应器中 HF 的用量是过剩的,还有反吹除尘器时向系统内吹的 N_2,所以尾气中仍含有一定量的过剩 HF 和 N_2。由于氢氟化反应是在气-固充分接触的情况下进行的,所以尾气在离开料层以后将夹带部分颗粒较细的固体粉料,所以离开料层的尾气主要成分为水蒸气、过剩 HF 和它们夹带的粉料。

工艺尾气除尘和净化的目的有两个:其一是回收其中贵重和有用成分,如回收其中贵重的铀化物的粉料和有用的 HF,以便降低产品的成本,增加经济收益;其二是将尾气中有害的成分除去,以免放入大气后污染环境,造成公害。

(1) 氢氟化工艺尾气除尘和净化的流程

在干法氢氟化工艺过程中,其工艺尾气除尘净化的流程情况如图 1-8 所示。

从图 1-8 可以看出,尾气除尘和净化系统大体分四大部分,即尾气的除尘、反吹氮、尾气的净化和废液处理部分。其流程概述如下:

氢氟化反应器的尾气经过除尘器后,进行了气-固分离,分离下来的铀氧化物粉尘又返回反应器。除去固体粉尘的尾气经冷凝器后,其中大部分 HF 和水汽被冷凝为一定浓度的氢氟酸。余气进入淋洗用水或碱液进一步洗去有害气体HF和铀化合物粉尘,淋洗后的废气经尾气风机送废气处理系统处理后排入大气。

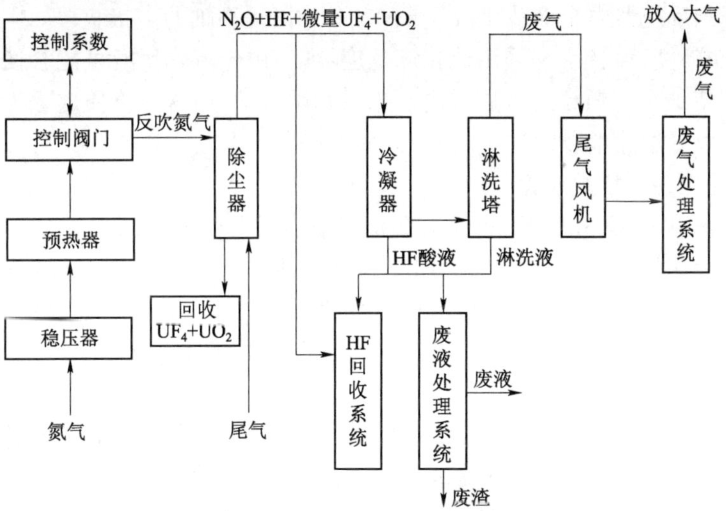

图 1-8 尾气除尘和净化系统流程示意图

除尘器经一段时间使用后,需经氮气进行反吹使其恢复除尘功能。从氮气源来的氮气现进入稳压器以保证反吹氮气的稳定压力。然后经预热器预热到规定温度,再经反吹氮气反吹一组除尘器后经其他两组除尘器去尾气净化系统。

(2) 氢氟化工艺尾气除尘系统

我们知道,流化床氢氟化尾气夹带固体粉尘量较严重,而且这种固体粉尘是很贵重的铀氧化物,所以必须选用除尘效率高,能长期稳定运行的除尘设备。

尾气除尘的任务是使尾气中气-固分离,回收尾气中的贵重金属铀,提高铀的直接收率,并初步净化尾气。

在氢氟化反应过程中,粉尘颗粒都比较小,一般以悬浮态分散在气体中,如不采取气-固分离措施,则铀化合物的粉尘将随气体一起漂浮到尾气系统,这不仅造成贵金属铀的大量损失,而且给尾气系统的处理带来困难,并且这种化合物随气体进入大气,将造成严重的公害,所以氢氟化工艺尾气的除尘是非常重要的工艺环节。

气-固分离的原理是根据气体分子和固体粒子在性质上的差异,如固体粒子的密度比气体分子大得多,因此可用沉降的方法将气-固分离。由于固体粒子的质量较同体积气体大得多,因而可用改变气流的流动方向,利用二者惯性不同的性质进行惯性分离,由于固体粒子直径比气体分子大得多,则可用过滤的方法进行气-固分离;由于固体粒子能被水润湿,并使颗粒增大则可用湿法洗涤的方法进行气-固分离;另外,因某些粒子带有一定的电荷,能在电场中能做定向运动,所以可用高压电场的作用来进行电除尘等。

综上所述,目前气-固分离的方法(或称除尘方法)大致可分如下三大类:

1) 气-固干法分离:包括重力沉降分离、离心分离、惯性分离和过滤分离等。

2) 气-固湿法分离:一般采用水液淋洗和泡沫洗涤等方法。

3) 气-固电场分离:使固体粒子在高压电场的作用下沉降下来。

在干法氢氟化过程中,气-固分离采用的是以干法为主,湿法配合的气-固分离方法。这主要原因是由于固体粉尘是贵重的铀化合物,其主要成分是一定量的 UO_2 和 UF_4。这种固体粉尘的组成就要求采用干法高效率的除尘设备,尽可能将尾气中的固体粉尘用干法分离下来,并重新回到反应器内全部转化成 UF_4 产品,才能提高铀的直接收率。但由于这种铀化合物的粗度分布较宽,而特别是采用流化床反应器时,由于流化反应可能会使个别颗粒粉碎成更细的颗粒,使细小的颗粒用干法分离出来是较困难的,而这些物质放入大气是非常有害的,所以必须配以湿法除尘以达到更高的气-固分离效果。

(3) 氢氟化工艺尾气过滤管

目前,在氢氟化过程中,采用的气-固分离设备主要是烧结金属过滤器,对流化床系统,在设计时,在反应床层二段都设有粒子沉降分离室,所以流化床的尾气干法除尘是沉降分离和过滤分离两级串联使用的。对于粉尘量较少的卧式搅拌床,则只设过滤分离即能满足生产上的需要。流化床的沉降分离段只是床体的一个组成部分,所以干法氢氟化尾气干法除尘设备主要是烧结金属过滤器。

用于氢氟化尾气除尘的烧结金属过滤器的结构形式大体分两种,即内过滤器和外过滤器。所谓内过滤器是直接将过滤器安设在反应器的扩大段内,如两级串联流化床的二级床过滤器即为内过滤器。内过滤器和床体扩大段的组合如图 1-9 所示。

图 1-9b 图是三组过滤器在扩大段截面上的分布简图。

图 1-9a 可知,三组过滤器的过滤管均挂放在流化床的扩大沉降室内,当通过过滤管过滤分离后的尾气,由三个集气室收集分为三路从三个尾气出口管送到尾气净化系统处理。

外过滤器是将三组或两组过滤管安装在反应器之外,并分别用管道将尾气引到过滤器内,则过滤器回收下来的粉料通过导气管返回反应器。以前外过滤器使用较多,如卧式搅拌床,并联流化床和单床隔板流化床的除尘设备均采用此种形式的过滤器。现以单床隔板流化床的过滤器为例,如图 1-10 所示为外过滤器和床体组合结构的情况。

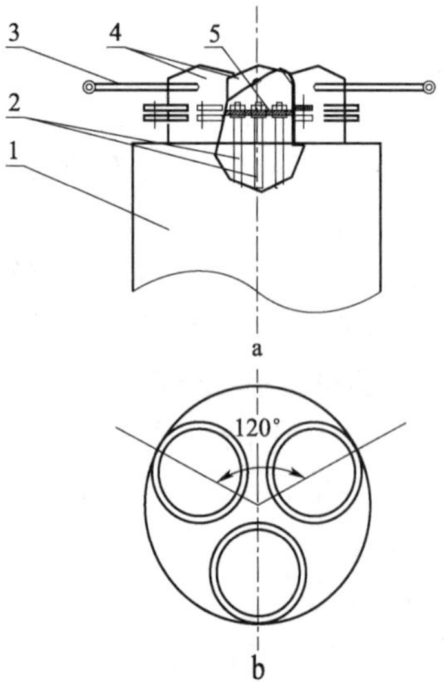

图 1-9 内过滤器组合结构简图

1—流化床沉降段;2—过滤管;3—尾气出口压力管;4—集气室; 5—隔离孔板

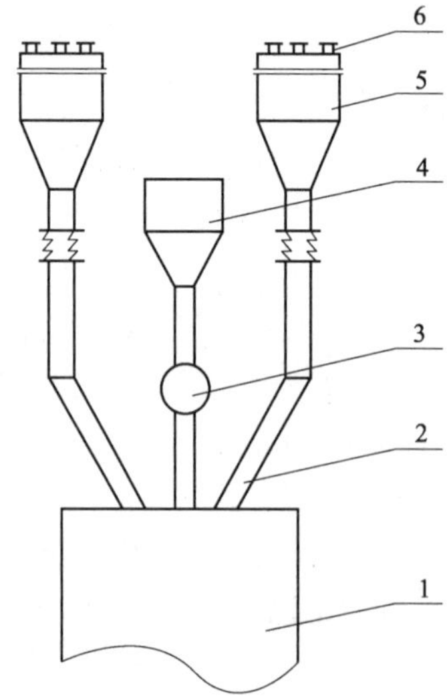

图 1-10 外过滤器与床体组合结构示意图

1—流化床沉降段;2—尾气导管;3—螺旋送料器;4—料斗;5—过滤器;6—三组尾气管

由图 1-10 中可以看出，经流化床扩大沉降段沉降分离后的尾气，由尾气导管引出，然后进入外过滤器过滤分离。外过滤器的内部结构和内过滤器基本相同，也分三组，每组由 14 根过滤管组成。每台过滤器共安装 42 根过滤管，一个流化床反应器共设两台过滤器。在生产中可根据使用情况，可使用一台而另一台作为备用设备，也可两台同时使用，以增大过滤面积。

内过滤器和外过滤器的比较，由于内过滤器设在流化床的扩大沉降段内，所以不需要另设保温加热设施。也不担心因温度低而使 $HF-H_2O$ 在过滤管部位冷凝为液体，降低了能量消耗，方便操作；但由于沉降段的容积有限，所以只能安装三组过滤管。在生产中，如果其中一组内的过滤管损坏，而其他二组不能承担过滤任务时，则必须停车更换。

由于外过滤器设在床外，所以可以用导管引出尾气来安装两台过滤器，这样在其中一台不能使用时，可转换另一台使用。而且在生产中可进行检修更换过滤管的工作，因此外过滤器能保证长期连续生产过程除尘作用。但由于过滤器设在床外，其导管和过滤器都需要加设电加热保温措施，以保证过滤器的使用温度在 150 ℃以上，以防止 $HF-H_2O$ 凝为液体堵塞和腐蚀过滤管及其他设备。这样必使能量消耗和设备费用增加，而且占有较多的厂房空间。

尾气过滤器的核心部件是过滤管，特别是用承插管和蒙乃尔销钉连接的过滤管较好地改善了过滤管的强度，延长了使用寿命，能满足流化床长时间的使用。

在干法氢氟化过程中，最早使用的过滤管为烧结镍管。在生产中过滤器易从连接法兰下部断裂，生产中更换频繁，给生产带来浪费和困难。分析其原因，主要是管太长，而受力矩最大的地方(法兰下部)管壁较薄，为了生产中的选择使用，我们在此再介绍另一种改进型烧结蒙乃尔过滤管。这种过滤管主要是在生产加工工艺上进行改进。这样既减少了过滤管来回摆动的力矩，另外增加了连接法兰处的管壁厚度，由原来的 2.5 mm 增加到 4 mm，加强了受力矩最大地方的强度。加厚管和薄管之间用锥管过渡。另外在制造时，升高烧结温度，增加了管壁的强度，这样的改进型过滤管能满足生产的需要。

关于过滤器的过滤效率问题，没有做过这方面的试验工作，但从过滤后的尾气冷凝液和水淋洗液中看不到 UF_4 的沉淀物(UF_4 的溶解度很小)，说明不破裂损坏，这种过滤器完全能满足干法氢氟化工艺中尾气的除尘需要。

(4) 除尘器的反吹

烧结蒙乃尔过滤器在过滤过程中，尾气中的铀化合物粉尘经过滤后，大部分都附着在滤管外壁，形成滤饼层，随着滤饼厚的增加，对系统的阻力就增大，当过滤器的阻力增大到一定程度时，就会影响到生产。在生产操作中，过滤器工作一段时间后，就必须用氮气进行反吹，以便清除管壁处的滤饼层，使过滤器恢复功能。

目前反吹氮气有两种形式：即动压反吹和静压反吹。动压反吹是采用特别的喷嘴和喷管，在过滤管工作时，高压气源突然使过滤管内产生一个脉冲压力，从而达到清过滤管外壁滤饼之目的。在采用动压反吹时，在每个过滤管都要设置特制的喷嘴和喷管。喷嘴、喷管和过滤管共同构成动压反吹装置。

高速氮气直喷入喷管。氮气经过喷管时，减速增压，使过滤管内获得一个较高的脉冲气压，在脉冲气压作用下，氮气穿过管壁将滤饼吹落，管动压反吹装置的设计多种多样，但最基本的部分是不可少的，那就是喷嘴和喷管，而且，喷嘴和喷管的设计要求较严格。高压氮气通过喷嘴时的气速应相当于声速或大于声速，才能使氮气经过喷嘴直喷入过滤管内。否则反吹氮气将从尾气出管和尾气一起跑掉而起不到反吹作用。

氮气反吹时,在过滤管内,脉冲压力越大,则反吹效果越好。脉冲压力的大小除与喷管的实际尺寸及相对位置有关外,主要还与反吹氮气的压力、脉冲反吹时间及总反吹氮气流速和流化气速之比值等因素有关。调节反吹氮气压力、反吹时间、反吹氮气流速和流化气速之比,即能获得较好的反吹效果。

采用动压反吹的优越性是反吹时不管尾气出口阀门,即不造成该组尾气的断路区间,过滤管只在反吹的瞬间不起过滤作用,因此反吹时不倒换过滤器,反吹后即可投入工作,可省去备用过滤设备(在过滤管能连续运行的情况下),也简便了许多操作程序。另外,反吹时产生脉冲气压较高,所以反吹效果较好。但动压反吹的设计较复杂,影响因素较多,操作技术要求较高,稍有误差则起不到反吹作用。所以动压反吹目前在国内还没有在工业上广泛采用,只处在研究试验阶段。但动压反吹是较先进的反吹技术。

静压反吹在国内核工业中应用比较广泛。它主要是利用一个恒定的气压,在其中一组处于断路区间时,反吹一定的时间,以达到清除过滤管外壁上的滤饼层之目的。

采用静压反吹时,需要设置一组备用过滤器,这主要是在反吹过程中,需要关闭该反吹一组的尾气阀门,以造成断路区间,然后才能反吹。在反吹时启动备用一组过滤器,由于静压反吹使用的氮气压力较低,一般在 $3\ kgf/cm^2$ 以下。而且经过反吹分路降压后,实际进入过滤管内的压力就更低,如果不造成一个断路区间,反吹氮气将向压力更低的尾气系统流动,起不到反吹的作用。所以静压反吹需要将过滤器隔分为数组(一般为三组),而且每组需设专用尾气出口管和控制阀门,所以使整个过滤器的结构复杂化。但采用静压反吹时,只要控制尾气的阀门好用,则反吹氮气必然经过滤管壁进入未过滤的尾气中,能够保证反吹效果。所以目前各厂家都愿意采用这种反吹技术,特别现在采用集成数字电路三组控制反吹装置,使静压反吹实现了自动化。操作人员只观察和检查反吹情况即可完成反吹操作。

(5) 尾气的净化和废酸液的处理

尾气净化的任务是除去其中的 HF 和微量铀化合物粉尘,使尾气达到排放标准而排入大气。

尾气的净化一般采用三个步骤:尾气的冷凝、尾气的淋洗及碱液泡沫净化。

尾气的冷凝是利用各种形式的冷凝器,将尾气中的大部分 HF 和水汽冷凝下来,形成一定浓度的氢氟酸,以达到除去大部分 HF 并加以回收之目的。尾气如不进行冷凝直接去淋洗,一方面用水淋洗时增加淋洗量和废液量;另一方面用碱液淋洗时增加碱液的消耗量;另外,淋洗低浓度 HF 比淋洗高浓度 HF 的净化效果好。

氢氟化生产工艺中,尾气冷凝器采用圆块状孔式石墨冷凝器(简称石墨冷凝器)。这种冷凝器内部是由数块孔式石墨冷凝块所组成。石墨冷凝块是用酚醛树脂浸渍后加工而成,以保证水气介质互不串通,而且具有耐各种浓度HF酸的腐蚀性。在冷凝块上设有横向孔和竖向孔,块与块之间的竖孔相接通,使尾气自上而下通过。横向孔在中心水道处成切线方向布置,上下相邻两块的切线旋转方向相反,以减小水流的阻力。

石墨冷凝器工作时,冷凝的自来水从下端入口进入,然后通过冷凝块的每一个横孔进入中间水道,然后又经过相邻的上一块横孔流到外水环道,由此折流旋转到上出口流出,较高温的尾气从顶端入口进入冷凝器,沿石墨封头间的环道进入冷凝块的各竖孔自上而下通过各个冷凝块,并将热量通过石墨传递给冷却水,使尾气温度降低并冷凝为酸液,酸液从下端出口经液封去废酸处理系统，而没有冷凝的尾气从出口的分道去淋洗塔淋洗再净化。

石墨冷凝的下段设有放水口，以便在停车不用或检修时将下部冷却水全部放出。上段设有放气口，主要在开车通水或长时间较高温使用时，将水道内的气体或蒸汽放出，使冷凝水顺利通过冷凝器。

在冷凝器的操作中，应注意冷凝水的流量，使尾气出口温度小于 65 ℃，以保证下部衬胶淋洗塔的使用温度。在使用石墨冷凝时，应避免高压冷凝水或高压吹氮的冲击，因为石墨性质较脆，防止击穿破损。在石墨冷凝器前应采取第二级除尘设备（如镍网除尘器等），以免过滤器万一损坏时，固体物料进入冷凝块的孔道，造成堵塞。另外，在一段使用后，应常检查流出冷凝水中是否含有氢氟酸，即检查石墨的隔离作用是否被破坏，否则氢氟酸将强烈腐蚀钢外壳和其他附件。

尾气净化的第二道工序是用自来水或碱液淋洗尾气，吸收其中的剩余 HF 和微量的粉尘，用水淋洗时，是利用 HF 能以任意比溶于水的性质，使尾气中的 HF 被水所吸收。用碱液淋洗时，一般使用氨水和碳酸钠等碱性溶液，使尾气中的 HF 与淋洗液时，和碱液起中和反应，因而被化学吸收下来，达到净化尾气的目的。

用碱液淋洗时，应注意不能用过浓碱液，一般都用 5%以下的稀溶液，则生成的 NaF（或 NH_3F）将以结晶析出，堵塞淋洗塔进出口影响系统畅通。

淋洗尾气的主要设备是淋洗塔，淋洗塔一般都用碳钢制成，并将里面接触介质的部位均用橡胶衬里。塔身一般分为数层，而中间各层装入塑料拉西环，其目的是分离气体中的液滴，以防对尾气风机的腐蚀。如果淋洗液使用碱液时，淋洗液可流入碱液贮槽内，然后用循环泵将碱液打入淋洗塔上部喷淋。当碱液循环使用到中性时，去回收处理，并更换新碱液。

淋洗后的尾气用风机送全厂废气处理系统，用碱液泡沫洗涤后，用风机通过排气塔排入大气。在淋洗塔的操作中，应注意控制好喷淋液的流量。一般根据尾气和塔内容积而决定喷淋量，根据目前我国生产能力而言，喷淋量一般控制在 60～80 升/时，即能达到较好的喷淋效果。另外应注意控制好入口尾气的温度不要太高，对衬胶来说，一般入口温度不宜高于 65 ℃，以防衬胶老化损坏。在使用碱液喷淋时，应注意控制循环的酸碱度，到中性时应及时更换碱液。

酸液和淋洗液的处理主要目的有两个：其一是回收其中微量铀化合物和氢氟酸，以提高经济效益，降低生产成本；其二是将废液用碱液中和成无害的中性液排至厂外。

尾气经过滤器分离后，仍含有微量的极细的铀化合物微粒。在冷凝和淋洗过程中，特别是在淋洗过程中，将其中微粒润湿后随液体进入酸液和淋洗液贮槽。我们知道，尾气中铀化合物的主要成分是 UF_4（和少量 UO_2），UF_4 在氢氟酸液中是不溶的（UO_2 则生成 UF_4），为此用水淋洗时，酸液和淋洗液在贮槽中存放一定时间后，其中 UF_4 则将沉入槽底，则上部清液中铀含量极微（一般小于排放标准）可压出处理后排出厂外。其底部沉淀物可送回收系统回收其中金属铀。在使用碱液淋洗时，碱液能破坏 UF_4，但仍生成不溶性的四价氢氧化铀 [$U(OH)_4$]。但在较高温时，可能有部分被氧化为六价铀，将使溶液中铀含量升高。此时可根据溶液中铀含量情况，分别送回系统处理回收金属铀。

酸液的处理主要用 $Ca(OH)_2$ 中和后排入环境。但必须保证废液中不含有害性的 HF，以防污染环境。

二、开车准备

1. 操作人员培训

对从事氢氟化生产的所有工艺操作人员、分析检测人员和辐射防护人员进行岗位操作理论知识、安全、质量要求等知识的培训。使其掌握氢氟化生产的工艺原理、工艺流程、关键参数控制、异常工况处理等,根据现场运行情况判断机械、电气仪表运行情况,以及关键设备故障排除方法。所有参加氢氟化生产的工艺人员,应通过上岗资格考试,取得上岗资格证。

2. 机、电、仪等设备检查

机械(转动设备、泵体)具备使用条件,安全附件齐全。使用前空载或点试可以启动,且无异常响动。电气设备具备使用条件,请电气工作人员确认接地线已连接,自控系统运行正常。

仪表设备灵敏可用,且在检定期内;其他必备资源如:水、电、气(蒸汽、压缩空气、氮气等)、风(送风、排风)、应急物资等准备就绪。

氢氟化生产过程中的易损备品备件已备齐。

3. 生产原材料准备

生产原材料包括:合格的四氟化铀底料,按照开车方案要求送至现场;合格的无水氟化氢,已转移至蒸发器;合格的HF,已转移至扬液器;分析试剂齐全,已放置到现场。

4. 工艺技术文件确认

与生产线开车相关的工艺技术文件包括工艺规程、岗位操作规程和开车方案。

工艺规程应是现行有效的技术文件版本,生产线开车前应在工艺运行岗位存放。

岗位操作规程应在有效期内,文本结构完整,内容涵盖全,具有可操作性,并放置于生产运行岗位。

开车方案为经过讨论适合本次开车的重要技术文件。其用来说明技术改造或革新项目实施的可能性和可靠性,分析技术改造或革新项目的安全隐患,制定预防措施。并应说明本次开车操作要点,已下达至岗位。

岗位记录表格,各类检查记录等已放置到现场。

5. 辐射防护与环境保护

对放射性工作场所已完成剂量本底普查,确认生产作业现场环境符合工业及辐射防护安全要求;尾气处理系统、废液处理系统正常可用,已具备接收条件;废液处理所需原材料已放置到现场。

三、试生产

1. 预运行试验

对于四氟化铀生产项目建成后,为保证热试车的顺利进行,需事先指定预运行试验项目。该项目应包括氟化氢蒸发器预运行试验、氟化氢预/加器预运行试验、氢氟化反应器预运行试验、工艺尾气系统预运行试验等,以验证设备设计性能是否满足生产要求。

(1) 预运行试验须具备的前提条件

1) 预运行试验须在工程验收合格后进行,试验方案须经运营单位和设计单位组织联合审查,确认试验方案的科学性、合理性。

2) 参加预运行试验的人员须由公司人力资源部进行试验内容培训和考核,考核合格,方可参加试验。使其熟悉预运行试验必须具备的条件,了解试验的组织与指挥系统,掌握试验的原理和方法、步骤。

(2) 预运行试验人员须具备的安全生产基本知识

1) 人身安全防护、防火防爆、防尘防毒防触电等安全知识;

2) 核辐射防护、危险化学品防护基本知识;

3) 熟知应急预案及特种防护用品的使用知识;

4) 压力容器的安全使用知识;

5) 安全生产责任制;

6) 巡回检查责任制;

7) 消防器材的使用知识。

(3) 预运行试验管理

预运行试验期间,须加强人员管理,确保试验的安全进行,并按照民用核设施核安全报告制度按期进行报告。

对特种设备原始资料审查合格后,方可投入使用。如压力容器资料审查:

1) 压力容器设计、制造单位的相应资格;

2) 压力容器出厂合格证书及其应附有的技术质量证明文件(含制造质量监督证书);

3) 由技术部门颁发的使用和登记证书;

4) 历次检验的检验报告及缺陷、处理记录;

5) 安全附件的检查:是否齐全、检查合格证书及校验报告;

6) 水压试验试验报告书;

7) 气密性试验试验报告书。

(4) 预运行试验报告

试验结束后,须编制预运行试验报告,提出整改意见。

2. 试生产

(1) 试生产任务来源

生产规定数量的四氟化铀产品,需经核材料管理部门审批。

(2) 试生产须具备的前提条件

1) 获得批准的装投料试车许可证;

2) 系统联动调试合格,存在问题得到整改,经过审评和确认,具备投料条件;

3) 试生产方案须经运营单位和设计院组织联合审查,确认试生产方案的科学性、合理性。

(3) 参加试生产人员要求

参加试生产人员,须由人力资源部门进行试生产培训和考核,考核合格,方可参加生产运行。

(4) 参加试生产人员须具备的安全生产基本知识

1) 人身安全防护、防火防爆、防尘防毒防触电安全知识;

2) 熟知应急预案、核辐射防护、危险化学品防护基本知识。

3) 特种防护用品的使用知识;

4) 压力容器、起重机械的安全使用知识;

5) 安全生产责任制;

6) 巡回检查责任制;

7) 消防器材的使用知识。

(5) 核设施核安全报告

试生产期间,加强人员管理,确保试生产的安全进行,按照核设施核安全报告制度按期报告。报告内容如下:

1) 试生产情况,安全重要构筑物、系统和部件(或设备)的运行性能及对其进行监督、检查、试验和维修的情况;

2) 安全重要构筑物、系统和部件(或设备)的修改或变更以及对运行规程的修改;

3) 核临界安全的控制(包括临界物理参数监控仪表运行情况、监测结果及与运行限值的比较);

4) 放射性废物的贮存、处理、处置情况和存在的安全问题及采取的预防措施;

5) 辐射防护情况;

6) 试生产中发生的事件综述与分析,构筑物、系统和部件(或设备)存在或潜在的安全问题及其所采取的措施;

7) 安全防护处和/或分公司认为需要报告的其他事项。

(6) 试生产现场要求

试生产现场应保持整齐清洁;注意排水和防止液体的渗透;排水沟渠应加盖,并且要定期疏通。

容易使脚部潮湿、受寒的工作地点,要设木头站板;墙壁和天花板都应该保持完好;设备和工作台等的布置,应该便于工人安全操作。

安全通道的宽度不能小于 1 m;升降口和走台应该加围栏,走台的围栏高度不能低于 1 m。

原材料、成品和半成品的堆放要分区摆放。

工作地点的局部照明的照度符合操作要求;通道应有足够的照明。

照明设备应该保持清洁完好。

室内工作地点的温度适宜。

对于和取暖无关的蒸汽管或者其他发散大量热量的设备,应该采用保温或者隔热的措施。经常开启的门户,在气候寒冷的时候,应该有防寒设施。

通风装置和取暖设备,必须有专职或者兼职人员管理,并且应该定期检修和清扫,遇有损坏应该立即修理。

供水、盛水和饮水用具应该每日保持清洁。

禁止在有粉尘或者散放有毒气体的工作场所用膳和饮水。工作场所根据需要设置洗手设施。

(7) 机械设备的要求

传动带、齿轮、砂轮、电锯、接近于地面的联轴节、转轴、皮带轮和飞轮等危险部分,都要安设防护装置。其他机械也应有必要的安全装置。

机器的转动摩擦部分,应定期加油;难于加油的,应该停车注油。

起重机械应标明起重吨位,并且要有信号装置。起重机械的挂钩和钢丝绳都要符合规格,卷扬限制器、行程限制器、缓冲器和自动连锁装置等使用前应进行检查。

使用起重机械不能超负荷、不能歪拉斜吊,禁止任何人站在吊运物品上或者在下面停留和行走,操作人员必须做到“十不吊”。

起重机械要定期检修;发现损坏,应该立即进行维修。

压力容器应该有安全阀、压力表等安全装置,并且要保持准确、有效;定期进行保养、检修和检验。

(8) 电气设备的要求

电气设备和线路的绝缘必须良好。裸露的带电导体应该安装于碰不到的位置;否则必须设置安全遮拦和明显的警告标志。

行灯的电压不能超过 36 V,在金属容器内或者潮湿处所不能超过 12 V。

电钻、打磨机等手持电动工具,在使用前必须采取保护性接地措施。

发生大量蒸汽、气体、粉尘的工作场所,要使用防爆电气设施;有爆炸危险的气体或者粉尘的工作场所,要使用防爆型电气设施。

(9) 有害气体、粉尘和危险物品

散放易燃、易爆物质的工作场所,应该严禁烟火。散放粉尘的生产,应该采用湿式作业。散放有害健康的气体和粉尘的设备要严加密闭,必要时应该安装通风、吸尘等装置。

发生强烈噪音的生产,应该尽可能在设有消音设备的单独工作房中进行。有毒物品和危险品应分别贮存在专设处所,并严格管理。

在接触酸、碱等腐蚀性物质并且有烧伤危险的工作地点,应该设有冲洗设备。废料和废水应妥善处理,确保职工和附近居民的安全。

(10) 生产辅助设施齐全

根据需要设置浴室、卫生间、更衣室、休息室等生产辅助设施,并保持完好和清洁。

更衣室内工作服必须和便服隔开存放。

(11) 个人防护用品发放

有下列情况之一的,应向参加试生产操作人员配备工作服或者围裙,并且根据需要分别供给工作帽、口罩、手套、护腿和鞋盖等防护用品:

1) 有灼伤、烫伤或者容易发生机械外伤等危险的操作;

2) 在强烈辐射热或者低温条件下的操作;

3) 散放毒性、刺激性、感染性物质或者大量粉尘的操作;

4) 经常使衣服腐蚀、潮湿或者特别肮脏的操作。

在有害气体、蒸汽或者粉尘的场所操作的职工,应该由企业分别供给适用的口罩、防护眼镜和防毒面具等。

工作中发生有毒的粉尘和烟气,可能伤害口腔、鼻腔、眼睛、皮肤的,应该分别供给必要的防护药膏。

在有噪音、强光、辐射热和飞溅火花、碎片,刨屑的场所操作的职工,应该分别供给护耳器、防护眼镜、面具和帽盔等。

经常站在有水或其他液体的地面上操作的职工,应该供给防水靴或者防水鞋等。

两米以上高处(高空)作业的职工,应该供给安全带。电气操作的职工,应该按照需要分别供给绝缘靴、绝缘手套等。经常在露天工作的员工,应该供给防晒、防雨的用具。

在寒冷气候中必须露天进行工作的职工,应该根据需要供给御寒用品。

对于工作服和其他防护用品,应该负责清洗和修补,并且规定保管和发放制度。

(12) 试生产过程中的安全防护措施

1) 试生产过程中,应制定相关的安全防护措施,确立各种安全限值,如温度、浓度、辐射防护个人剂量限值等,并严格落实,做到:

严格遵守岗位工作纪律,工作场所严禁进食、吸烟、打闹等,树立文明形象;

严格遵守操作程序,遵照指挥人员的指示;

严格执行动火制度和安全用电制度;

岗位工作人员进入现场时,均应佩带好相应的劳动保护服装、用品,妥善使用各种安全操作工器具,严防人身伤害事故和仪器仪表、设备损坏事故;

对易燃、易爆、有毒、腐蚀性物品的使用、保管进行严格控制和管理;

定期检查和确认火灾报警装置及灭火装置性能,严格按照限值操作,预防火灾和爆炸;

现场准备必要的急救物品和药品,确保有充足的干净水源;

及时清洁、整理作业场所,震期巡检,杜绝跑、冒、滴、漏;

对安全隐患和事故及时沟通和汇报相关信息;

发生触电事故时,应立即切断电源,立即对病人进行抢救,必要时,立即做人工呼吸。

2) 辐射防护管理措施

建立完善出入管理、作业环境管理、“三废”排放管理、个人辐照管理、辐射监测设备与测定机器类的维护管理、环境监测等辐射管理程序和制度,做到:

尽量将设备和设备室封闭,确保通排风的气流方向、排气量和负压;

划定辐射防护管理的区域并根据工作进展情况改进;

对进入放射性厂房的人员进行剂量检测和辐射防护知识的培训,配备必要的辐射防护用品;

进行厂房和环境的辐射监测,及时发现和解决问题;

对放射性操作和作业进行管理和控制;

采取措施防止放射性污染,一旦发生污染,采取有效措施和启动应急预案,最大限度保护人员、环境和防止污染扩散;

对物品进出辐射防护管理区域的搬运和移动进行控制和管理;

按照核材料实物保护的管理规定对核材料的实体保护、衡算、计量、转移等控制,确保核材料的安全与平衡;

对放射性排出物进行监测、控制和处理,按照规定排放。

3) 预防氟化氢和氢氟酸烧伤的安全措施

接触氟化氢、氢氟酸和四氟化铀产品时,必须戴好耐氟手套和防毒面具;

在开、关氟化氢和氢氟酸管道阀门时,要站在上风位置;

遇有酸或不明液体溅到皮肤上,立即用水大量冲洗;

在开、关氟化氢、氢氟酸供料阀、吹氮阀时,一定要认真谨慎,确认无误后再进行操作,避免开错、关错阀门；

处理紧急事故时，要戴防毒面具；

检修中拆开的管道开口处、设备开口处，应用塑料布包好；

对转动设备手动盘车时，必须有专人监护控制电源盘；

拆卸带酸管道或尾气分析时被酸液溅上，应立即用大量清水冲洗，冲洗15分钟以上；

严禁带压拆卸设备管道，如需要拆卸时，应先氮气置换，确认安全后再拆卸；

应避免电气及吊车的误操作等不安全因素，避免放射性伤害；

生产中发生设备问题，请示调度或车间领导后，可局部或全线停车；

吊车应由专人操作，严格遵守操作规程，防止操作中料桶与人或设备碰撞、吊链脱扣、损坏电机和控制盒等现象发生；

防止加料、卸料或检修时的物料逸散，经常打扫地面、设备卫生，保证设备整洁，文明生产；

出现异常情况后及时记录汇报并联系处理；

使用流量计时必须先开流量计出口阀门，然后再缓慢地开进口阀，防止压力过高，流量过大，浮子碰坏流量计；

在使用泵类设备抽酸抽碱时，必须戴好相应的防护用品，以防烧伤，不能有其他杂物掉入，防止堵塞喷射泵及管道阀门；

电机温升低于铭牌规定；

运行过程中应经常检查有无异常振动及杂音；

设备升温过程中应检查炉筒伸长情况；

不明液体禁止用手触摸，防止烫伤、冻伤、烧伤；

禁止与裸线接触；一旦发现裸线找电工处理；电气着火，先切断电源；

经常检查设备、管道、阀门有无泄漏，有漏点及时消除。

第二节　生产工艺运行

学习目标：通过学习，熟悉氢氟化生产线的各类工艺设备，掌握其操作方法，并能够根据生产线的运行状况，按照工艺控制要求调整各类运行参数，熟练判断各类不正常生产现象和异常工况，并能够做出正确的原因分析和故障处理方法。

一、系统调试

1. 调试活动的质量要求

(1) 质量计划与质量见证

工程调试活动通常包括：试车准备、冷调试、热调试三个阶段。各个阶段是在工程项目调试大纲、质量保证大纲、总体试车方案的统领下相互联系进行的。根据工程项目的基本情况，确定调试质量活动包括的内容。为保证调试活动有序进行，工程调试过程中，完成试验项目除经过作业人员确认外，还需核项目主管单位的认可和签字确认。为此，制定质量计划，并设定见证点R点、W点和H点，使设施调试过程处于严格的控制状态。

R点：记录审核点。见证人员审查检验记录或检查报告，审查后签字认可；

W 点:现场见证点。见证人员参加现场见证,审查后签字认可;

H 点:停工待检点。调试活动必须等待见证人员参加现场见证,经过见证人员审查认可签字后方可放行。

(2) 质量计划的总体要求

质量计划包括了设备完好的确认、单系统运行等部分,每部分都应按计划要求进行下述见证点的见证,因此对应产生的相关记录一定要标识清楚,予以识别和追溯。

根据专业分工组织见证人员见证。见证人员现场见证活动结束后,应在质量计划见证表的指定栏内签署姓名、日期,以示确认。

现场见证点(W 点)由实施人员提前半个工作日通知××QC 进行现场见证。如果在约定之时见证人员未能到场,预定的检修、检查或试验活动可以进行,该 W 点变成 R 点。

停工待检点(H 点)由××××提前一个工作日书面通知××××,由安××××组织见证人员现场见证。预定的检修、检查或试验活动必须在见证人员到场的情况下才能进行,除非事先书面通知确认放弃。

记录审查点(R 点):××××无需向见证人员发出书面通知,但必须加以准备以备见证人员到场检查。

参与本工程调试的×××应为见证活动提供现行有效的文件和质量记录。

(3) 质量计划的分发和归档

本质量计划由××编制,××审核并批准,由××发给质量计划涉及的所有单位和部门。

设施调试验证工作结束后,××××将签字齐全的质量计划交×××资料室归档。

2. 系统调试内容

(1) 水压试验

化工装置建成后投产前或者大检修后,均需按规定进行压力试验,就是通常所称的试压,它包括强度试验和严密性试验。

压力试验是对压力容器和管道系统的一次综合性考核。通过压力试验,就是检验容器和管道是否具有安全地承受设计压力的能力(即耐压强度)、严密性、接口或者接头的质量、焊接质量和密封结构的紧密程度。此外,可观测受压后容器和管道的母材焊缝的材料变形量,还可以及时发现材料和制造过程中存在的问题。

强度试验包括液压和气压强度试验,为防止试压过程中意外,通常采用液压强度试验。

液压强度试验的加压介质通常采用洁净水,故液压强度试验常被称为水压试验。如果不用水而改用其他液体时,所用的液体必须是流动性好、无毒、沸点和闪点高于耐压强度试验温度且不可能导致其他危险。

对奥氏体不锈钢容器和管道系统进行水压试验时应严格控制水的氯离子含量,因为氯离子对奥氏体不锈钢产生严重的晶间腐蚀。因此实验前应先检查水中氯离子含量,一般要求在 25 mg/L 以下,超过时应采取相应措施(例如加入硝酸钠溶液进行处理)。

水压实验前容器和管道系统上的安全装置、压力表、液面计等附件及全部内构件均应装配齐全并经检查合格。

水压试验时,试验环境和水的温度应保证高于试验容器材质的无塑性转变温度(NDT),目的是防止材质冷脆产生低应力脆性断裂。通常应该在环境温度为 5 ℃以上进行,否则应有防冻措施。对于碳钢和 16 MnR 钢制容器和管道,试验用水温应不低于 5 ℃,其他低合金钢(不包括低温容器),试验用水温不低于 15 ℃。如因板厚等因素会造成脆性转变温度升高,还应适当提高试验用水温。

关于水压试验的压力规定、升压程序、合格标准、安全措施和防范等,除了遵照设计文件规定外,还必须遵守《压力容器安全技术监察规程》。

水压试验前,应将不参与水压试验的系统、设备、仪表和管道加盲板隔离(加盲板的地方应有明显的标记和记录)。

水压试验时应将水缓慢充满容器和管道系统,打开容器和管道系统最高处阀门,将滞留在容器和管道内的气体排净。容器和管道外表面应保持干燥,待壁温于水温接近时方能缓慢升压至设计压力,确认无泄漏后继续升压到规定的试验压力,根据容积大小保压 10～30 min,然后降压至设计压力,保压进行检查,保压时间不少于 30 min,检查期间压力保持不变。

检查重点是各焊缝及连接处有无泄漏、有无局部或整体塑性变形,大容积的容器还要检测基础下沉情况(对要求在基础上作水压试验且容积大于 100 m^3 的设备,水压试验的同时,在充水前、充水时、充满水后、放水时和放完水后,均应按预先标定的测点作基础沉降观察,详细记录基础下沉和回升情况,填写基础沉降观察记录)。

检查时可用小锤沿焊缝及平行于焊缝 15～20 mm处轻轻敲打。如发现泄漏,不得带压紧固和修理,以免发生危险。缺陷排除后,应重新做水压试验。

水压试验结束后,打开容器和管道的最低处阀门降压放水,排水时,不得将水排至基础附近,大型设备排水时,应考虑反冲力作用及其他安全注意事项。另外,排水时容器顶部的放空阀门一定要打开,以防薄壁容器抽瘪。水放净后,采用压缩空气或惰性气体将其内表面吹干,严防器内和管内存水。

试验用压力表不得少于两个并经校验合格,其精度不低于 1.5 级,表面刻度值为最大被测压力值的 1.5～2 倍。压力表应分别安装在最高处和最低处,试验压力应以最高处的压力读数为准。

试验压力遵照《压力容器安全技术监察规程》和设计文件规定执行,压力容器水压试验的试验压力见表 1-3。

表 1-3　压力容器水压试验的试验压力要求

压力容器名称	压力等级	水压试验压力($P_T=\eta \cdot p$)/MPa
钢制和有色金属制压力容器	低压、中压、高压	$1.25p$
铸铁		$2.00p$
搪玻璃		$1.25p$

对于设计温度(壁温)≥200 ℃的钢制或≥150 ℃的有色金属制压力容器,水压试验压力 $P_{T'}$ 按下式计算:

$$P_{T'} = P_T \cdot [\sigma][\sigma]t = \eta \cdot P_T \cdot [\sigma][\sigma]t \tag{1-10}$$

式中:p:压力容器的设计压力,MPa(对在用压力容器为最高工作压力);

$P_{T'}$:设计温度下的耐压试验压力,MPa;

P_T:试验温度下的耐压试验压力,MPa;

η:耐压试验压力系数;

$[\sigma]$:试验温度下的材料的许用应力,MPa;

$[\sigma]t$:设计温度下的材料的许用应力,MPa。

(2) 其他试验方法

气密性试验所采用的气体通常应为干燥,洁净的空气、氮气或其他惰性气体。

如生产工艺无特殊需求,通常采用干燥、洁净的空气作为气密性试验介质。当然能采用氮气或其他惰性气体作为试验介质更好,更符合核化工生产工艺的要求。

如对易燃易爆介质的在用压力容器和管道系统中进行气密性试验,必须进行彻底的清洁和置换,否则严禁用空气作为试验介质。对要求脱脂的容器和管道系统,应采用无油的气体。

气密性试验时,升压应分段缓慢进行,首先升至气密性试验压力的 10%,保压 5～10 min,检查焊缝和各连接部位是否正常,如无泄漏可继续升至规定试验压力的 50%,如无异常现象、无泄漏、其后按每级 10%逐级升压,每一级稳压 3 min,到达试验压力时,保压进行最终检查,保压时间应不少于 30 min。

检查期间,检查人员在检查部位喷涂肥皂水(铝合金容器、铝管用中性肥皂)或其他检漏液,检查是否有气泡出现,如无泄漏、无可见的异常变形、压力不降或压力降符合设计规定,即为合格。

气密性试验时,如发现焊缝或连接部位有泄漏,需泄压后修补,焊缝后要重新进行耐压强度试压和气密性试验。如要求做热处理的容器,补焊后还应重做热处理。

真空设备和真空管道系统在强度试验和气密性试验合格后,再联动试车运行,还应以设计压力进行真空度试验。

真空度试验宜在气温变化很小的环境中进行,试验时间为 24 h,检查变化率,变化率按下式计算。

$$\Delta P=\frac{P_1-P_2}{P_1}\times100\% \tag{1-11}$$

式中:ΔP——24 小时的变化率,%;

P_1——试验初始压力(表压),MPa;

P_2——24 小时后的实际压力(表压),MPa。

变化率ΔP,A 级管道不应小于 3.5%;B、C 级管道不应小于 5%。

二、操作氢氟化反应器

1. 系统检查

对氢氟化生产线的系统检查采用全面检查、重点检查和随机检查三种方式。

全面检查是对于整个生产线,按不同任务分区管理,按固体、气体(液体)原材料走向,对系统进行逐步排查,对存在安全隐患或生产隐患的地方应做出标记,并指定相应的解决措施,待问题解决后再进行下一步工作。重点检查是根据历次开车时易出现故障的设备、电气仪表、管道阀门等进行重点检查,以确保其具备开车条件。随机检查是随机抽取部分生产线设备、管道阀门、电气仪表等进行检查,测试其是否具备开车条件。

2. 充床

在开展生产前，要求在一级床内完成二氧化铀物料转化率为 70%～75%的氢氟化反应，然后再由二级床完成深度转化反应，故二级床大部分物料为四氟化铀。鉴于固体物料 UO_2 在流化床内反应的分配方式，工艺开车前主要完成二级床四氟化铀底料充床操作。充床流程如下：

(1) 手动启动各转动设备运转 1 min，确认其运转正常后，将各个部位电子秤清零，然后启动中间料斗和二级床反吹氮系统，对中间料斗、二级床各组过滤器手动反吹 3～5 次，然后设置反吹氮系统处于自动控制状态，同时将卸料螺旋输送器出口处加装聚四氟乙烯盲板。

(2) 将备好的四氟化铀产品循序加入料斗。加四氟化铀底料的同时对一级床、中间料斗、二级床、氮气预热器及相关管道的加热器送电升温，以 40 ℃/h 的梯度升温，至 200 ℃时恒温 2 h，然后按 40 ℃/h 升温梯度升至各点生产温度。

(3) 开始升温 1 h 后，为了保障气体分布板在充床过程中的畅通性，避免物料瞬间堵塞部分气孔，将系统改为并联模式。一级床、二级床分别通入氮气，通过流量计控制调节一级床、二级床氮气流量，尾气经除尘器过滤后排入风阱输送至尾气净化中心。同时开启螺旋输送器水夹套冷却水，螺旋输送器每半小时启动转动 1 min。

(4) 二级床床层温度升至工艺要求时，启动螺旋输送器，并按工艺规程要求调整其转速，一级床氮气流量调节提高至工艺要求。

(5) 中间料斗电子秤显满足工艺要求时，低速启动螺旋输送器向二级床送料，二级床氮气流量提高至工艺要求；中间料斗电子秤显满足工艺要求时，调整中间螺旋输送器转速，与进料螺旋输送器转速匹配。

(6) 二级床床层压差达到工艺要求时，停止螺旋输送器运转和所有气源，检查系统，拆除卸料螺旋输送器底部盲板，低速转动后停止。检查完毕后，将系统改为氮气串联流化，二级床按工艺要求控制氮气流量，关闭一级床入口氮气阀门。再次启动进料、中间、卸料螺旋输送器，做好通 HF 生产准备；

(7) 四氟化铀底料全部加完后，根据加料料仓秤显，估算在当前进料螺旋输送器转速下加料料仓内四氟化铀物料全部进入一级床的时间。然后开始加二氧化铀物料，将尾气走向更改为经冷凝器冷凝自流至尾酸储罐。

(8) 根据预估时间，待一级床内进入二氧化铀物料时，二级床入口流化气体改为无水氟化氢与氮气的混合流化。二者流量按工艺要求控制。逐步调节 HF 与 N_2 比例，直到全部通无水氟化氢流化生产。

(9) 待流化气体流量稳定后，匹配各螺旋输送器转速，根据中间料斗、二级床的料面高低逐步调整达到系统物料平衡；同时，打开卸料料仓下部闸板阀，准备气力输送四氟化铀产品，完成流化床充床操作。

3. 串联生产

用二氧化铀和无水氟化氢为原料，以两级串联逆流流化床为主体设备生产四氟化铀产品。在正常情况下，两级串联逆流流化床以串联流化形式组织生产，串联流化可以在床层内建立温度梯度、转化率梯度、氟化氢浓度梯度，实现气-固两相间的良好逆流接触，降低氟化氢的消耗。

(1) 固体走向

打开二氧化铀容器(底卸式料桶)的底盖,其中的二氧化铀物料在重力的作用下落入加料料仓中,新鲜的二氧化铀物料通过加料螺旋输送器推入一级床内。一级床底部为锥冒分布板,具有支撑物料和均匀分布气体的作用。在一级床内二氧化铀物料与来自二级床的混合气接触并反应,大部分转化为四氟化铀物料,在较高的操作气速下,一级床能够实现处于输送床阶段,固体物料随气流通过溢流管输送至中间料斗。气体通过中间料斗顶部的管式过滤器除尘后排入尾气管道,固体物料在 4 号料斗内沉降,实现气-固分离。气-固分离后的固体物料由中间螺旋输送器推入二级床,在二级床内部固体物料与氟化氢进一步深度反应。为了保证二级床内部良好的流化状态,根据中间料斗和二级床料面情况,及时调整螺旋输送器转速,使物料在各设备间的传输达到动态平衡。固体物料深度转化为四氟化铀产品后,由二级床底部的下料斜管流入伸缩料斗,在伸缩料斗中,四氟化铀产品在压力作用下,沉积在料斗底部,并经卸料螺旋输送器输送至卸料料仓。利用卸料口,将四氟化铀产品卸入四氟化铀产品容器中,并在电动平车和电动单梁起重机的配合下转运至氟化工序或库房。

(2) 气体走向

来自氟化氢蒸发器的氟化氢气体,在系统压力的作用下,经管道输送至氟化氢预热器,按工艺要求控制氟化氢预热器壁温,对氟化氢气体预热,使氟化氢解缔。解缔后的氟化氢气体,根据流量计计量结果,调节其流量,输送至氟化氢加热器(内盘管式硝盐加热器),按工艺要求控制氟化氢加热器壁温,对氟化氢气体进行加热。经两级加热后的氟化氢气体,在系统压力作用下,进入到二级流化床下部的气室中,经气体分布板均匀分布后,进入二级床。在二级床中,气体与来自中间料斗的床层固体物料接触并进行深度氢氟化反应。剩余氟化氢气体及反应过程中生成的其他气体经二级床上部的管式过滤器除尘后,进入一级床底部气室,经锥冒分布板分布后,进入一级床和二氧化铀物料反应。在中间料斗实现气-固分离后气体进入尾气管道,尾气中的可凝气体通过石墨冷凝器冷凝,冷凝后的尾酸经管道自流入尾酸储罐暂存。

氮气串联流化时,关闭氟化氢阀门,打开氮气阀门使氮气从二级床底部通入工艺要求,固体物料与氮气走向与氟化氢串联流化时固体物料和氟化氢走向一致,完成流化后通过中间料斗内部过滤管过滤,气体直接排入风阱,经排风净化工序处理后排入大气。

为保证过滤器的畅通,每隔一定时间对过滤器反吹一次氮气。所用氮气来自氮气缓冲罐,按工艺要求控制反吹氮气压力,氮气经预热器加热至工艺要求温度,自动或手动控制进入过滤器实现反吹,将过滤管上的粉尘、物料反吹至床层中,保证尾气系统的畅通性。进入二级床的氮气和工艺气体混合后进入一级床,进入中间料斗的氮气与工艺尾气混合,经过滤器进入尾气处理系统。

(3) 为保证四氟化铀产品质量,无水氟化氢要有一定的过剩量。每条生产线设置两个取样点,分别取四氟化铀产品与冷凝后尾酸样品,分析产品质量和尾气酸度。在生产过程中,依据产品取样要求在卸料料斗手动卸料口取四氟化铀样品,并送分析室分析。在石墨冷凝器底部取样口进行手动尾酸取样,用滴定方法测定冷凝液酸度,也可以利用尾气酸度自动分析装置进行尾气酸度分析。通过尾气酸度反馈及时调节二氧化铀物料投料速率和氟化氢流量。

在生产操作中,HF 的过剩系数不能直接测定,一般都通过制定尾气中 HF 的浓度来控制其过剩系数。尾气 HF 浓度和过剩系数之间的关系如下式所示：

$$n=\frac{MW_3}{W_1(1-M)} \tag{1-12}$$

式中：n——HF 过剩系数；

M——尾气中 HF 浓度(重量%)；

W_1——理论 HF 用量；

W_3——产生的理论水量。

在转换计算中，如果将原料当作核纯 UO_2，而且其转化率为 100%，则 1-12 式可用下式表示。

$$n=0.45\frac{M}{1-M} \tag{1-13}$$

在氢氟化生产控制中，在原料和产品都符合规定要求情况下，尾气 HF 浓度和过剩系数之间的关系可按公式(1-13)计算，因为尽管原料中含有一定量的高价铀氧化物对 HF 的理论用量 W_1 所产生的水汽理论量 W_3 有一定影响，但对它们的比值 W_3/W_1 影响却极微小，所以一般情况下，公式(1-13)是适用的。

4. HF 浓度的测量方法

HF 浓度的测量方法目前有两种：一是化学分析法，二是电导流线分析法。

(1) HF 浓度的化学分析方法

化学分析的原理是用标准的 NaOH 溶液，来滴定所冷凝下来的氢氟酸液。当滴定到终点时，由下述关系式：

$$N_2=\frac{N_1V_1}{V_2} \tag{1-14}$$

式中：N_1——NaOH 当量浓度；

V_1——所有 NaOH 的容积；

N_2——被测氢氟酸的当量浓度；

V_2——所取氢氟酸的容积

在滴定分析中，N_1、V_1、V_2 都是已知数。所以可以求出尾气冷凝液中的当量浓度 N_2 的值。但习惯上都用重量百分浓度来表示尾气冷凝液的 HF 浓度，则 N 与 M 之间的关系如下式所示。

$$M=ZN_2\%=\frac{ZN_1V_1}{V_2}\% \tag{1-15}$$

式中：M——重量百分比浓度。

值得提出的是，所分析计算出的 M 值是尾气冷凝液中的 HF 重量百分浓度，它和 HF 过剩系 n 是两个不同的概念。但有一定的关系，需过式(1-15)的计算才能换成过剩系数。即我们平常习惯所说的过剩量，实际这种说法是不正确的。

化学分析，特别是酸碱滴定，是一个非常成熟的方法，它的准确性是可靠的，只要取样设备的安装和取样分析的操作正确，则误差是极小的。但是化学分析方法有一个最大的缺点是间断性操作，不能及时了解尾气中 HF 的浓度情况，在使用化学分析中，一般要在两个小时内分析一次,而且每一个分析程序(取样,分析程计算)需要 5～10 分钟,这样,既不能及时测量尾气中 HF 浓度,又增加了操作人员的工作量和不安全因素。

在干法氢氟化生产中,连续准确地测量尾气 HF 浓度是保证产品的质量,并将 HF 过剩系数控制在科学水平上最关键的一环。但是,由于氢氟酸的强腐蚀性,特别是在冷凝成液体时的相变过程中,其腐蚀就更换,因此给冷凝的连续分析测量到来一定的困难。

(2) HF 浓度的电导连续分析法

目前用于连续分析测量氢氟酸浓度的方法是电导连续分析法,其分析原理如下。

对于无水 HF,其比电导为一定值($1.4\times10^{-5}\ \Omega^{-1}\cdot cm^{-1}$)。当无水 HF 混入水后即成为氢氟酸,随着氢氟酸中 HF 的浓度变化,其比电导相应地发生变化,其变化情况如表 1-4 所示。

表 1-4　氢氟酸的电导和 HF 浓度的关系

序号	HF 浓度/%	比电导(10×/Ω · cm)	当量电导/(cm^2/Ω · mol)
1	95.84	7 513.2	2.96
2	78.05	6 739.2	/
3	50.97	5 297.0	17.31
4	34.23	3 537.9	/
5	15.85	18.96	22.17
6	7.75	19.77	24.17
7	4.8	/	24.27
8	1.5	/	26.21
9	0.48	/	27.72

由表 1-4 可知,当氢氟酸的浓度发生变化时,其导电度也相应地发生变化。为此可用一平衡桥路来测定氢氟酸中导电度(或电阻)值。工作桥路先由振荡器供给一定的电压值,当氢氟酸的浓度发生变化时,就会引起工作桥路输出电压的变化。通过电压放大器将桥路输出的电压信号放大并经相敏整流后送到指示表和自动记录仪指示记录。这样就由氢氟酸浓度的变化值,转变成电压流量,经指示表直观地指示出氢氟酸的浓度来。这样的分析过程,称为电导连续分析,或称为电导流域分析。其分析的原理和流程如图 1-11 所示。

从单管冷凝器以后的管路下面设一喇叭管口,被冷凝成的氢氟酸由喇叭口收集后经引出管进入净化池。经净化后的清酸液流入测量池下段入口,在测量池内,由于 HF 浓度的变化,由电极得到变化的电导信号,然后信号去工作桥路等如上二次仪表指示和记录出 HF 浓度值。经测量后的酸液由测量池上部流出,酸液的流动靠淋洗塔出口管内的负压抽动和进出口之间的位差推动。

净化池的作用是除去酸液中的固体杂物,保证测量的稳定性。在安装时,并联安装两台,在一台拆下清洗时,可倒换另一台工作。净化池由聚四氟乙烯制成,内装四氟乙烯碎屑,以便过滤酸液中的固料物质。

测量器是测量的一次元件,它直接接触氢氟酸,所以使用聚四氟乙烯材料制成圆桶形。测量器内设有两个电极支柱,在电极支柱上分别缠上两根 $\Phi1$ mm 的铂金电极,用来测量酸液的电导值。测量器的规格 Φ30 mm×80 mm，为了保证测量的稳定性，测量电极（即电极在支柱上的缠绕部分）应浸入酸液的底部，使液面的变化不影响电极的测量。

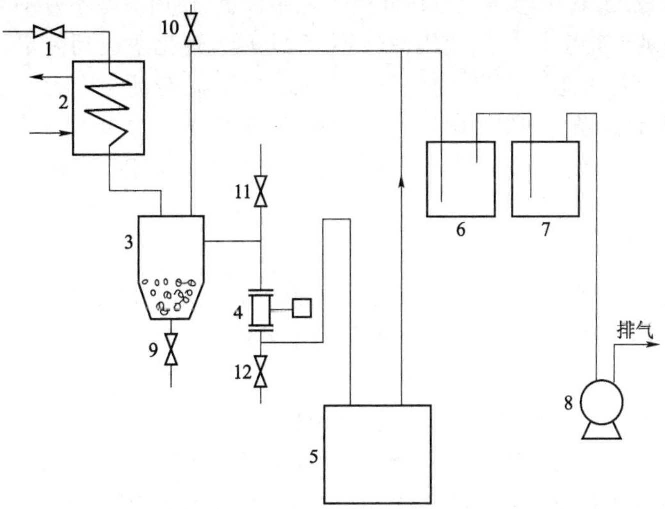

图 1-11　电导法测量氢氟化尾气中 HF 含量的在线分析系统示意图

1—进气阀；2—冷凝器；3—气液分离器；4—电导池；5—废酸收集罐；6—中和罐；7—干燥器；8—真空泵；9—排空阀；10—放空阀；11—清洗阀；12—取样阀

关于冷凝液的取液方法，对于较小的单管冷凝器和蛇管冷凝器来说，直接从冷凝器的冷凝液中取样，滞后现象较轻，但对较大的石墨冷凝来说，滞后现象就较严重。最好另设取样冷凝装置，以保证分析的准确性。

电导连续分析仅在使用前，必须用配制好的标准浓度的氢氟酸来标定。然后画出其特性曲线，或者在显示刻标上直接标出氟化氢浓度的刻度，以便操作时只管看到氟化氢的浓度读数。

使用电导连续分析的优点是能随时掌握尾气中 HF 的浓度情况。并能及时来调节 HF 的供料来说尾气中 HF 浓度控制在最佳值，另外也可以和 HF 的供料的气动阀门联锁成自动控制系统，以保证尾气中 HF 浓度控制在最佳值。

5. 降低 HF 过剩系数的途径

随着工艺技术的改革与完善，目前较好的工艺和设备能使 HF 过剩系数降到 10%以下。由此可知，提高工艺技术，改革反应设备，提高操作水平，可以把 HF 过剩系数降到较低的水平。

(1) 改进工艺过程和设备

按照干法氢氟化反应的特性，存在一个理想的工艺过程问题。如何改进工艺过程和反应设备，使干法生产中的工艺过程更接近理想的工艺过程是降低 HF 过剩系数的根本途径。目前我国的两级串联流化床可以将 HF 过剩系数降低到 10%以下，而法国的“L·C”炉可以将过剩系数降到接近理论化学计量水平。这些事实充分说明，改进工艺过程和反应设备，使氢氟化工艺过程更接近理想的工艺过程，是将低 HF 过剩系数的最好途径。因为这样 HF 的直接利用率高，而且不附设尾气 HF 回收设施，并给尾气的处理净化带来极大的方便。

(2) 改善 UO_2 活性

对于同一种氢氟化工艺过程来说,使用活性好的 UO_2,如使用 AUC 热分解生产的分解料 UO_2,则生产稳定,转化率高。但在同样工艺条件下,使用活性不好的 UO_2 物料,如一步脱硝料,则转化率就低得多。如想使用活性不好 UO_2 的转化率达到规定要求,则必须使用更高的 HF 过量。而活性好 UO_2 的生产流程长,费用高,劳动强度大。活性不好的 UO_2 物料,其生产流程而简单,操作方便而易于实现自动化,是工业生产发展的方向。所以如何改善脱硝 UO_2 的活性,也是氢氟化工艺适应新的 UO_2 生产技术,降低 HF 过剩系数的又一不可少的途径。

(3) 提高操作技术

提高操作技术水平,来降低HF过剩系数,对操作人员来说是十分重要的,因为对于生产工艺和设备已确定的情况下,操作技术就显得十分重要了。关于如何提高操作技术来降 HF 过剩系数的问题,应从以下几个方面着手。

首先,应努力提高技术理论水平,全面掌握工艺技术,并认识到保证产品质量和降低 HF 过剩量的重大意义,坚决克服那种只顾转化率而不管 HF 过剩量的错误思想;其次,在操作中,应严格控制好各控制参数,如控制好各关键点的温度,使整个反应过程有一个较良好的温度梯度,对反应器的供料应控制得平稳、匀速供料,因为进料量的忽高忽低最易造成HF 欠量或过量系数上升;最后,及时准确地检测尾气中HF的浓度,最好使用电导连续分析仪。这样能及时观察尾气中 HF 的浓度情况,就能及时发现问题,及时调整 HF 的供料流量,使 HF 的过剩系数连续地控制在最佳值范围内。

6. 异常工况处理

在生产过程中,要密切关注生产系统运行情况,对于系统出现异常情况要第一时间发现并着手处理。表 1-5 为氢氟化生产线异常工况及处理方法。

表 1-5 氢氟化生产线主要不正常现象及处理方法

序号	工序名称	不正常现象	原因分析	处理方法
1	氟化氢蒸发工序	蒸发器内供料压力不够	1. 液面过低。 2. 温度过低	1. 及时补充氟化氢。 2. 提高水浴温度
		蒸发器内供料压力过高,超过规定值	1. 不冷凝气体过多。 2. 温度过高	1. 及时放空。 2. 降低水浴温度
2	氢氟化工序	料斗电子称指示重量不变化	1. 料架桥。 2. 料结块。 3. 仪表故障	1. 敲打、搅动架桥部位。 2. 吊起料桶,捣碎料块。 3. 调整仪表
		电机电流上升	1. 窜气。 2. 料内有异物。 3. 减速器缺油或其他机械故障。 4. 电机缺相运行	1. 调高料面。 2. 若不能自行恢复,则停车排除异物。 3. 加油或排除机械故障。 4. 请电工检查
		一级床床层温度过高	氟化氢过量	1. 拉开电炉。 2. 降氟化氢量或提高螺旋输送器转速。 3. 调整送风量

续表

序号	工序名称	不正常现象	原因分析	处理方法
2	氢氟化工序	各输送器盘根处漏料	1. 填料环变形破裂。 2. 法兰未上紧	1. 更换填料环。 2. 紧固法兰
		二级床上段温度超高	1. 进料螺旋输送器送料过快。 2. HF 过剩量小	1. 降进料、卸料螺旋输送器转速。 2. 提高 HF 流量
		二级床扩大段温度超过工艺控制要求	1. 二级床料面过高。 2. 一级床转化率过低	1. 降进料螺旋输送器转速或提卸料螺旋输送器转速。 2. 降二氧化铀进料速率或提高 HF 流量
		HF 预热器出口温度显著下降	1. 电炉缺相供电或断电。 2. HF 流量过大	1. 请电工检查排除。 2. 减低 HF 流量
		淋洗塔壁温过高超过工艺控制要求。	1. 淋洗液过少。 2. HF 过剩量大	1. 加大水流量。 2. 降低 HF 过剩量
		排酸管内有鼓泡声	排酸管内有硬水形成的氟盐晶体堵塞	改尾气风井或停车，拆管道疏通
		产品不合格。 (1) 二氧化铀，氟化铀酰含量偏高，颜色暗绿或发黑。 (2) HF、H_2O 较多。 (3) 杂质元素较多	1. 氟化氢欠量或物料推进速度过快，导致反应不完全。 2. 酸过剩量大。 3. 加料带进杂物或原料不纯	1. 加强产品分析，提高氟化氢流量并检查各输送器转速。 2. 加强尾气分析，及时降低和稳定 HF 流量，产品抽气半小时。 3. 注意加料时不要混入杂物并加强原料监控

7. *四氟化铀产品质量控制及影响因素分析*

UF_4 是铀化工转换过程中的重要的铀化合物。工业生产 UF_4 的主要用途有两个：一是用 Ca 或 Mg 将 UF_4 热还原为纯金属铀，进而制成精铀棒作为核反应堆的燃料元件；二是用氟气进一步氟化成 UF_6，用以分离富集 ^{235}U。UF_4 用作制备金属铀的原料，称为“金属品位”；UF_4 用作生产 UF_6，则称为“级联品位”。对于金属品位和级联品位的 UF_4 质量要求有一定的差别。

(1) 金属品位的四氟化铀质量标准

在用 Ca 或者 Mg 还原 UF_4 制备金属铀的过程中，将使 UF_4 中其他化学杂质浓集在金属铀中。用作反应堆燃料的金属铀，对其杂质元素的要求是相当严格的，特别是对那些吸收中子截面积大的杂质元素，如果这些杂质元素的含量超过标准要求，将会使核燃料“中毒”，严重者甚至会影响到反应堆的正常运行，所以核纯金属铀对 UF_4 的要求也应当是核纯的。金属品位的四氟化铀质量控制标准列于表 1-6。

表 1-6　金属品位的四氟化铀质量控制标准

品位/%		堆比重	化学杂质/10^{-6}												
总铀	UO_2+UO_2F_2	(g/ml)	K+Na	Fe	V	Ni	B	Si	Mn	Cu	At	W	Cr	Mo	H_2O (%)
＞74	≤8	≥1.5	≤100	≤150	≤20	≤80	≤0.2	≤100	≤20	≤40	≤100	≤6	≤60	≤10	≤0.2

在干法氢氟化过程中,虽然对某些杂质元素有着一定的纯化作用,如元素周期表中的第五、六、七和八族元素,这些元素在氢氟化过程中能生成易挥发的氟化物和 UF_4 相分离。但对于第一、二和三族及一些副族金属元素来说,与 HF 反应后会生成不易挥发的金属氟化物而留在 UF_4 产品中。

在杂质要求中,其中水分的要求也是相当严格的(≤0.2%),因为在热还原冶炼过程中,还原反应相当猛烈,并放出大量的热量,因此水分的含量过高时,在冶炼过程中,将迅速气化成气体,将引起物料的喷溅或放炮,恶化操作条件,严重者有使反应炉爆炸的危险。

对于金属品位的 UF_4 中的 UO_2 和 UO_2F_2 的要求做了明确的规定,因为它们的含量较高时,在热还原过程中,不仅要多消耗较贵重的还原剂,而且还会使还原后的熔融物分层不好,要想获得较纯的金属铀块,则在分层排渣时,将会造成铀的大量损失,降低金属铀的直接收率。

对金属品位的 UF_4 的堆比重也有一定的要求,一般来说堆比重越大越好。因为在热还原时,先将 UF_4 和还原剂的粉或屑混合调配成反应炉料,UF_4 的堆比重大时,调配后的炉料堆比重也大,因而在还原时,还原炉单位容积放出的热量就多,一般在规定的堆比重范围内,配成炉料后,经点火还原时,所放出的热量已足能使还原后的金属铀熔融。若 UF_4 堆比重太小时,可能在热还原反应中要补充一定的热量才能完成熔化过程,这将给加热设备带来很大困难,所以对金属品位的 UF_4 来说,其堆比重不能小于 1.5 g/mL,一般在 3～3.5 g/mL 为好。

(2) 级联品位的四氟化铀质量标准

在用氟气(F_2)氟化 UF_4 的过程中,大多数金属元素的杂质都被氟化成不易挥发的氟化物,如铁、铝和铜等,被氟化成不挥发的 FeF_3、AlF_3、CuF_2,被留在氟化炉的炉渣内和 UF_6 分离开,所以级联品位的 UF_4 对大部分金属元素不做要求,而只对在氟化过程中能生成易挥发的氟化物的某些金属杂质元素,如 W、Cr、Mo 和 V 规定具体的要求标准,因为这些杂质元素在氟化及产品冷凝过程中将混入 UF_6 产品中,所以对级联品位 UF_4 应对 W、Cr、Mo 和 V 作较严格的要求。级联品位 W、Cr、Mo 和 V 的质量要求标准列于表 1-7 所示。

表 1-7　级联品位四氟化铀质量标准

品位/%		堆比重/(g/mL)	总γ/(克镭当量/克铀)	化学杂质/10^{-6}				
总铀	$UO_2+UO_2F_2$			M	Cr	Mo	V	H_2O/%
≥74	≤8	≥1.5	8.6×10^{-9}	≤6	≤60	≤10	≤20	≤0.2

对于级联品位 UF_4 中的 UO_2 和 UO_2F_2 在氟化过程中,都能被氟化成 UF_6 产品。只能比 UF_4 氟化成 UF_6 要多消耗一部分价格较高的氟气,当氢氟化所用 UO_2 是 AUC 热分解料时,无论在卧式搅拌床或者是在流化床内,一般 UF_4 产品中 $UO_2+UO_2F_2$ 的含量都能合乎标准要求。但当使用脱硝 UO_2 原料时,$UO_2+UO_2F_2$ 含量必然升高。级联品位 UF_4 的堆比重要求不严格,而堆比重小一些反而更有利于氟化。

UF_4 中的水分在氟化过程中能生成有害的 HF 气体,一方面在 UF_6 产品冷凝包装时不易和 UF_6 产品分离,增加 UF_6C 产品中的 HF 含量,另一方面增加氟化设备的腐蚀。另外 UF_6

遇到水后将会水解生成不挥发的 UO_2F_2,一方面多耗氟气,另一方面 UO_2F_2 如进入炉气,增加粉尘量,给除尘带来负担,所以级联品位 UF_4 中的水分要求较严格。

(3) 影响四氟化铀产品质量的主要原因分析

1) 使产品中 UO_2 含量升高的原因分析

根据分解料 UO_2 氢氟化动力学数据,在流化床内氢氟化时,只要反应温度和 HF 用量在最佳控制范围,在反应时间大于 50 分钟的情况下,可以得到转化率大于 99%的 UF_4 产品,但在生产实践中,往往会出现UO_2含量较高的产品。使产品中UO_2含量升高的主要原因如下:

首先我们分析流化床的结构及流程的影响。对于两级流化床来说,在同样原料的情况下,串联流化比并联流化能获得较高的转化率。在床型和流程的固定情况下,影响 UO_2 转化率的主要因素一般有 UO_2 活性、工艺控制参数、流化质量和连续稳定的运行等因素。

在其他条件都相同的情况下,采用活性好的 AUC 热分解料 UO_2时,在串联流化床内可以获得转化率 99%以上的 UF_4 产品,而采用一步脱硝料在同样工艺条件下只能使转化率达80%左右。

对于使用 AUC 分解料而言,控制好工艺控制参数是相当关键的。一般来说,将温度、HF 过剩量和停留时间控制在最佳范围内,即可获得较高转化率的 UF_4 产品。而温度过高或过低,HF 过剩系数控制过低将会使床内反应不好,UO_2 转化率将降低,另外停留时间过短也会影响 UO_2 的转化率。

对于流化床而言,流化质量是相当重要的。在流化操作中,如出现腾涌,则气-固接触条件恶化,固料出现大的返混,使未反应完全的 UO_2 回流到产品卸料口处,即会引起产品中 UO_2 含量升高。在出现沟流时,HF 气体走短路,同样会造成产品中 UO_2 含量的升高。

2) 使产品 UO_2F_2 含量升高的原因分析

对于流化床而言,使产品中 UO_2F_2 升高的主要原因是原料中 U^{6+}含量高、向床内通入大量的工业级流化氮气及在产品包装时温度过高等原因。

我们知道,UO_2 中的 U^{6+}在氢氟化过程中将全部转化为 UO_2F_2,这些 U^{6+}大都以 UO_3 和 U_3O_8 的形式存在,它们在氢氟化过程中有如下反应:

$$UO_3 + 2HF \longrightarrow UO_2F_2 + H_2O$$

$$U_3O_8 + 8HF \Longrightarrow 2UO_2F_2 + UF_4 + 4H_2O$$

根据以上化学反应式推算出,原料中 U^{6+}含量为 $x\%$时,则产品中 UO_2F_2 的含量在为 $1.12x\%$。由此可见,严格控制检查原料中 U^{6+}含量是十分必要的。

除了原料中 U^{6+}含量引起产品中 UO_2F_2 定量升高外,生产过程中的氧化现象及在产品包装进程中的热氧化现象都会引起产品中 UO_2F_2 的升高。这可由上述原料中 U^{6+}含量和产品中 UO_2F_2 含量之间的关系来确定生产过程中和产品包装过程中是否有氧化现象发生。如果原料中 U^{6+}含量为 $x\%$,而产品中 UO_2F_2 的含量大于 $1.12x\%$,说明过程中有氧化现象发生。

在流化床氢氟化过程中,能够引起氧化现象发生的主要原因是流化氮气中的氧含量。在工业级氧气中,一般氧含量 1%~2%,如在开停车及在流化状态不好时,将采用或补充氮气流化,另外在反吹时,需要吹向反应床内一定量的氮气。这些氮气中的氧气与高温 UO_2 接触后将生成 UO_2,因而在氢氟化反应中转变成 UO_2F_2,当氧气遇 UF_4 和水汽时也会发生如下水解氧化反应:

$$UF_4 + H_2O + \frac{1}{2}O_2 = UO_2F_2 + 2HF$$

水解氧化结果生成 UO_2F_2,当然这种高温氧化和高温水解氧化物的原因主要是过程中引进了一定量的氧气。除了上述谈及的流化氮气引入氧气外,在开车时系统吹氮置换也是有可能的。由于生产时的流化床是在高于大气压下操作的,所以床体、管道的密封性不好,只能引起气固料外溢,不会将空气引入床内。

由上分析可知,加料系统的密封,少用流化氮气等均能降低氢氟化过程中的氧化作用。另外,流化床连续稳定运行是减少过程中的氧化作用、降低 UO_2F_2 含量的重要保证。在生产中,停车开车频繁,设备常打开检修,都会造成氧气的引入,也会引起 UO_2F_2 的升高。在连续稳定的运行情况下,一般 UO_2F_2 的含量较为稳定。

3）杂质升高的原因分析

在应控制的化学杂质中,其中 W、Si、Cr、Mo 和 V 五种元素,一般不会升高,而在氢氟化过程中,还能起到一定的净化作用。

在其他几种杂质的控制中,最易使产品中升高的杂质主要是 Fe、Ni 和 Cu 三种。这主要是生产设备所含的成分问题。一般氢氟化反应器和接触热产品和尾气过滤设备都是采用蒙乃尔和新 1 号材料,而这些材料的主要成分是 Ni 和 Cu,在氢氟化过程中,设备的腐蚀和磨损都会玷污产品,使产品中 Ni 和 Cu 的含量升高,关于 Fe 含量升高的主要原因也是如此,因为生产中使用Fe材料设备也是较多的,如有些送料螺旋,料斗及 HF 气体的管道。在正常情况下,一般 Fe 不会大量增加,但在有些情况下,如当送料螺旋处在串气或料斗口架桥时,$HF\text{-}H_2O$ 汽进入并接触铁制设备,这将加快这些设备的腐蚀,腐蚀下的铁成分随物料进入产品后,便会使产品中 Fe 含量升高。另外,对新加工的设备,经检修补焊后的设备,如果对锈渣清除不净,同样会使得产品中 Ni、Cu、Fe 元素含量升高。

在流化床生产中,产品的水分含量一般都低于标准要求,至于少量桶装产品的水分含量升高,主要是 HF 含量高而引起分析误差。另外,取样分析时,样品露置于潮湿的空气中,使样品吸湿也是有可能的。

第三节　化工检修

学习目标:通过学习,了解化工检修的目的、原则,知道化工检修的程序、安全措施等必备条件,掌握氢氟化生产线检修的具体内容。

为了保证化工生产线安全、稳定、长周期、满负荷、优质生产,实现更好的经济效益,一个十分重要的前提就是,必须使设备处于正常运行状态。由于化工生产的连续性,工艺过程的主要设备运行状态如何,牵动整个装置。一旦这些关键的设备故障停车,必然造成全装置停车,经济损失巨大。因此,化工检修工作尤为重要。

一、化工检修的原则

1. 化工检修的目标和原则

实现化工安全检修,不仅能够确保检修作业过程的安全,防止重大事故发生,保护员工的安全和健康，而且还可以促进检修作业按时、保质、保量的完成，从而确保设备的检修作业质量，使设备投入运行后操作稳定、运转效率高，杜绝设备事故和环境污染，为安全生产创造良好的条件。

2. 化工检修程序

(1) 检修方案

检修方案是生产线开展检修工作依据。在生产线停车检修前，要编制适合于生产线检修的检修方案。

检修方案的编制要根据本生产周期内发生的问题，按照机、电、仪的设备分类要求，分别确定检修工作的内容。

检修方案应包括检修目标、检修内容、检修安全措施、检修过程管理、检修后的验收要求等内容。

(2) 检修前停车的安全技术处理

生产线停车方案一经确定，应严格按照停车方案确定停车时间、步骤、工艺参数调整以及确认停车操作顺序表，有组织、有顺序的组织停车。生产线停车能否顺利进行，一方面影响安全生产，另一方面将影响生产线检修作业能否如期安全进行以及检修的质量。

1) 严格按照预定的停车方案停车

按照检修计划，严格按照停车方案规定的程序，停止设备的运转。

2) 设备卸压要缓慢适中

在设备泄压操作过程中，应缓慢进行。在设备压力未泄尽之前，不得拆动设备。

3) 设备内物料务必排空

在排放设备内残留物料前，必须确认排放口情况，严禁使易燃、易爆、有毒、有腐蚀性的物料任意排入生产下水系统或地面上，应当将残余物料排向指定的容器、管道或安全的地点，以免发生事故或造成污染。同时设备、内的物料尽可能倒空。

4) 控制适宜的降温、降量速度

生产线停车过程中，降温、降量速度应按工艺要求进行，以免高温设备发生变形、损坏等事故。

5) 开启阀门的速度不宜过快

开启阀门时，打开阀门要缓慢，并根据物料通过情况，逐渐开启阀门。

6) 密切关注仪表的示数变化

在生产线停车操作时，操作人员要在较短的时间内开关很多阀门和仪表，为避免差错，必须密切关注各部位温度、压力、流量、液位等参数变化。

(3) 完全切断设备内的介质来源

进入化工设备内检修作业，必须对该设备停产，在对单体设备停产时，要保证所有介质不能发生内漏。

(4) 置换设备内的有毒有害气体

对有毒、有害、易燃、易爆气体的设备，要进行彻底置换。在设备置换时，优先考虑使用氮气置换。

(5) 正确拆卸人孔

在对检修设备进行介质隔断、置换、降温、降压后,要进行严格的确认、检测。拆卸有液体的人孔时,要拆对角螺栓,拆到最后四条螺栓时,要缓慢拆卸,并尽量避开人孔侧面,防止液体喷出伤人。

(6) 正确穿戴劳动保护用品

从事设备检修作业的人员,要根据检修设备的不同和介质的不同,选择正确的劳保用品,并严格按照要求使用。

(7) 检修过程管理

在生产线检修过程中,对于检修现场的管理,包括检修进度、安全措施和文明检修等内容。检修工作完成后,要做到工完、料净、场清。

二、设备防腐

干法氢氟化过程中,主要的介质有 UO_2、UF_4、无水 HF、N_2 及 HF-H_2O 的液态和气态物质。其中无水 HF 和 HF-H_2O 的液态系统的腐蚀性更强。干法过程是在较高温度下进行的,一般最高氢氟化温度在 450 ℃左右。上述腐蚀性介质在如此高温下,势必加速对设备和部件的腐蚀作用。

在干法氢氟化过程中,为了增大气-固接触面积,在卧式搅拌床内设置有转动搅拌设备。在流化床内,颗粒状固体物料在流化气体中返翻,固体物料不停和设备之间产生摩擦,损坏剥落设备上的保护膜,加快了设备的腐蚀速度。所以。一般的金属或合金不适宜作为反应器的材料。

HF-H_2O 的腐蚀性比无水 HF 的更强。当 HF-H_2O 中 HF 的浓度在 10%～38%范围内时,并且处在变相温度的情况下,其腐蚀性最强。在这种情况下,对设备、管道及阀门的腐蚀就更加严重。

因此,在氢氟化生产过程中,如果选材不当的话,一方面缩短了设备的使用寿命,增加了检修和更换设备的工时及材料费用,另一方面会导致停车,使生产不能连续、稳定运行。更重要的是会致使生产出来的产品不合格。所以,了解干法生产中腐蚀的危害性和原因,对材料的选择是十分必要的。

三、干法氢氟化生产中对金属及合金的腐蚀防护

在干法生产过程,对材料的腐蚀主要是无水 HF 和 HF-H_2O。

1. 无水 HF 的腐蚀性

无水 HF 能和许多金属发生化学反应,生成氟盐和氢气。如用 M 代表两价金属元素,则和 HF 的反应为:

$$M+2HF=MF_2+H_2\uparrow$$

任意价态的金属元素大多数都能与 HF 发生反应,生成相应的氟盐和氢气。因此,金属及合金在无水 HF 中的腐蚀是一种化学腐蚀过程。在化学腐蚀过程中,只要能防止化学反应继续发生,就能起到防腐蚀的作用。

在较低温度下(300 ℃以下的温度),无论在液态或气态的无水 HF 中,常用的金属及其

合金(如铜、铁、锌和镍)都能生成一层致密的氟盐,并牢固地吸附在金属表面,形成一层氟盐保护膜,阻止 HF 与金属及其合金进一步的反应。

影响无水 HF 对金属腐蚀的主要因素是温度、水分及其他氧化气体。

无水 HF 对金属的腐蚀是一种化学腐蚀,温度的升高会加速腐蚀反应。以碳钢为例,随着温度的升高被无水 HF 腐蚀的情况如表 1-8 所示。

表 1-8 碳钢在无水 HF 中的腐蚀和温度的关系

温度/℃	15~25	25~40	40~50	55	65	80	80~90	120~150
蚀速/(mm/a)	0.07~0.12	0.16~0.21	0.35~0.67	0.35~0.68	0.62~0.74	~1.2	2.2~3.2	2.6~3.0

虽然在较低温度下(300 ℃以下的温度),一般金属在无水 HF 中的腐蚀是缓慢的,但在大于 300 ℃的高温下,由于腐蚀反应生成的氟原子的渗透作用,会对氟盐保护膜造成破坏,就会导致对金属的腐蚀加快。所以,在高温时,一般金属(如碳钢)不能作为无水 HF 的设备,只能采用氟盐更加牢固的镍合金,如蒙乃尔等。

当无水 HF 中含有一定的水分时,则生成氢氟酸。氢氟酸对金属及其合金的腐蚀更加严重。在生产过程中应特别注意在使用一般金属作为无水 HF 的容器及管路时,不能和水分及水汽接触。在停止使用时,要将其中的 HF 用 N_2 置换干净,防止器壁吸附的 HF 在接触空气中的水分形成氢氟酸对设备的腐蚀。

无水 HF 对金属设备腐蚀的另一个影响是氧气的存在。氧气会对金属表面的致密氟盐保护膜造成破坏,形成一种松而不牢的氟化物和氧化物,并且容易脱落,导致金属继续受到 HF 和氧气的腐蚀。

2. 氢氟酸的腐蚀性

氢氟酸(HF-H_2O)。HF 在水中可以无限溶解,形成氢氟酸。氢氟酸对金属的腐蚀比无水 HF 要强得多,而且这种腐蚀主要是一种电化学腐蚀过程。在这种过程中,一般金属遇到氢氟酸后,失去电子,以离子形式进入酸液中,其腐蚀强弱是由酸液中氟离子浓度决定,而且不同的金属,在不同的条件下的腐蚀程度也不一样。

在干法生产过程中,会产生水汽,而生产过程中,HF 总是过量的。所以,系统的大部分设备、管道及阀门都会接触到气态或液态的氢氟酸。而且酸的浓度和温度将有不同长度的变化过程,因此研究和了解不同浓度和温度的情况下,气态和液态的氢氟酸对金属设备的腐蚀性是很有必要的。

氢氟酸浓度对金属设备腐蚀速度的影响,视不同的金属而异。一般对镍合金来说,如蒙乃尔合金,随着酸度的增加而蚀速加快。在 90 ℃的温度,氢氟酸浓度 40%以下的情况下,酸度对蒙乃尔合金的腐蚀呈直线上升的关系。而气相中腐蚀速度远远大于液相中的腐蚀速度。

氢氟酸浓度对有些金属(如钢)的腐蚀却相反,对碳钢而言,在较低的范围内,随浓度的增加,对碳钢的腐蚀加强,但当浓度升高到某一值后,对碳钢的腐蚀速度反而下降。表 1-9 列出了碳钢在一定浓度范围内的氢氟酸中腐蚀和浓度的关系试验数据。

表 1-9 氢氟酸浓度对碳钢蚀速的影响

浓度/%	58	60	61	62	63	64	65	67	69.9
蚀速/(mm/a)	3.0	2.0	2.0	1.5	0.2	0.05	0.05	0.05	0.07

从表 1-9 中可以看出,在 20～30 ℃的温度下,氢氟酸的浓度在 38%～69.9%之间时,随着浓度的增加,对碳钢的腐蚀下降很快。

在实践中,当温度在 66 ℃以下时,对浓度在 75%以上的氢氟酸,碳钢具有优良的耐腐蚀性能,所以在工业上常用碳钢来制备贮存运输 75%浓度的氢氟酸容器。

当氢氟酸发生变相时,其腐蚀性能特别强,尤其是在 10%～38%范围内,腐蚀性更加强。曾用蒙乃尔板材放在 20%的氢氟酸两相中,在 90 ℃温度下进行腐蚀试验,经过一段时候后,发现蒙乃尔板在汽液相的界面处有明显的腐蚀裂纹,随着腐蚀的实践延长裂纹汇集扩大,在液相中未发现有腐蚀痕迹。

四、主要金属及其合金的性质及选用

在干法氢氟化生产过程中,接触无水 HF 和氢氟酸的设备、部件和阀门的材料选用要依据各金属在这些介质中的耐腐蚀性能而定,当然也应该考虑选材的经济性。

根据我国干法氢氟化工业的发展及对金属材料的研究和使用经验,目前我国干法生产中,接触无水 HF 和氢氟酸的设备部件、管道及阀门等金属材料,主要选用碳钢、不锈钢、蒙乃尔及新 1 号合金等。下面就几种常用的金属及其合金的一些特性。

1. 蒙乃尔合金

蒙乃尔合金是镍基合金的一种,它是镍-铜合金,具有镍和铜的优点,工艺加工性能良好。蒙乃尔合金是干法生产中最常用的一种合金,这主要是它在无水 HF 及强度酸中的强耐腐蚀性能决定的。一般在 550 ℃以下,在没有氧化性物质存在的情况下,无论在气态或液态的 HF 和氢氟酸中,它都是稳定的。

在干法氢氟化生产过程中,温度一般都不会超过 550 ℃,而且也不会渗入有氧化性的气体。所以,蒙乃尔合金广泛地应用在干法氢氟化生产中,特别是在流化床氢氟化生产过程中,HF 导热器、管道及床体等都选用蒙乃尔合金制成。

在使用蒙乃尔合金材料时应注意,加强对系统的保温,防止氢氟酸在低温时候发生变相加速对设备的腐蚀。

2. 新 1 号合金

新 1 号合金是我国研制生产的一种新型的镍基合金,其牌号是 00Cr16Ni75Mo2Ti。新 1 号合金主要是镍-铬合金,而加入一定量的钼和钛以及其他的一些化学元素。由于加入了铬和钼,所以提高了合金的使用温度(一般在 250 ℃以下)和高温下的抗氧化性能。一般在 600 ℃以内的温度下,都可以在氟化氢中含铀氧化性气体而保持稳定。

第四节 文件资料管理

学习目标:通过学习,了解生产线管理资料的种类,知道各类文件的管理程序,掌握生产管理相关的技术文件资料和管理资料的起草、发布、管理等程序。

有关生产线管理的文件资料包括工艺技术文件的管理、检修资料管理、开车(停车、检修)方案管理三大类。

一、工艺技术文件的管理

生产线的工艺技术文件包括生产工艺规程、岗位(工序)操作规程两大类。

1. 生产线工艺规程的管理

按照有限公司的要求,生产线工艺规程发布施行的程序为:

(1) 生产线工艺规程由生产车间起草;

(2) 生产线工艺规程起草完成后,报生产运行部进行初步审核;

(3) 生产运行部进行初步审核后,返生产车间进行修改;

(4) 生产车间对工艺规程进行修改后,报生产运行部并组织分公司内部评审;

(5) 生产运行部按照内部评审会的意见修改后,报有限公司主管部门组织有限公司层面的评审,评审通过后由有限公司主管部门发布施行。

生产线工艺规程发布施行后,由有限公司主管部门存档,并抄送生产线运营单位,以便于生产单位遵照执行。

2. 岗位/工序操作规程的管理

按照有限公司的要求,岗位(工序)操作规程发布施行的程序为:

(1) 岗位(工序)操作规程由生产车间起草;

(2) 岗位(工序)操作规程起草完成后,报生产运行部进行初步审核;

(3) 生产运行部进行初步审核后,返生产车间进行修改;

(4) 生产车间对操作规程进行修改后,交生产运行部组织分公司内部评审;

(5) 生产运行部按照分公司内部评审会的意见修改后,发布施行。

岗位(工序)操作规程发布施行后,由生产运行部存档备查,并报有限公司主管部门备案。

二、设备检修资料的管理

1. 设备检修记录

在检修过程中,要填写规定格式的设备检修工作单,并做好设备检修记录。

生产线检修完成后,进行系统测漏,所有连接部位利用氮气进行打压测漏,发现漏点及时消除。测漏合格后,启动所有转动设备,检查设备转动情况,不得有振动异常、搅龙挂壁、减速机漏油、连接松动等现象,如有类似现象,立即停车处理。设备测漏工作应记入设备检修记录。

2. 设备检修验收

设备检修的验收工作包括自检、互检和专检三项内容。设备检修工作完成后,要执行设备检修的验收程序,填写设备检修三检单。

自检:是指设备检修承担单位对自己检修工作的自我检查验收。

互检：是指工艺运行单位对检修设备的验收检查。

专检：是指设备管理的专业部室对检修设备的专业检查验收。

3. 设备检修文件管理

设备自检、互检合格后，检修单位向运行车间报检修记录和三检验收单。三检验验收单如表 1-10 所示。

表 1-10 设备检修三检验收单（样表）

<table>
<tr><td>设备名称</td><td colspan="2"></td><td>设备位号</td><td></td></tr>
<tr><td>检修单位</td><td colspan="2"></td><td>检修日期</td><td></td></tr>
<tr><td>检修类别</td><td colspan="2"></td><td>检修工种</td><td></td></tr>
<tr><td>检修主要内容及
班组自检结论</td><td colspan="4">主修人：
班组(技术员)：
年 月 日</td></tr>
<tr><td>检修车间
互检结论</td><td colspan="4">设备员：
车间技术员：
年 月 日</td></tr>
<tr><td rowspan="2">验收意见</td><td>专业验收结论</td><td colspan="3">专业人员：
验收人员：
年 月 日</td></tr>
<tr><td>使用单位意见</td><td colspan="3">设备员：
年 月 日</td></tr>
<tr><td>备注</td><td colspan="4"></td></tr>
</table>

经设备管理部室的专业人员审核、验收，签字认可后，设备交付工艺运行车间使用，设备检修方案、检修记录、三检单等文件资料由设备管理部门存档。

三、开车(停车、检修)方案的管理

1. 开车方案

按照有限公司的要求，生产线的开车方案的管理程序为：

(1) 开车方案由生产车间按照生产线的实际情况起草；

(2) 开车方案起草完成后，报生产运行部进行初步审核；

(3) 生产运行部对开车方案进行初步审核后,返生产车间进行修改;

(4) 生产车间对开车方案进行修改后,交生产运行部签字认可;

(5) 开车方案经分公司主管经理签字后,一份由生产运行部留存、一份送生产车间执行、一份报公司主管部门备案。

2. 停车方案

按照有限公司的要求,生产线的停车方案的管理程序为:

(1) 停车方案由生产车间按照生产线的实际情况起草;

(2) 停车方案起草完成后,报生产运行部进行初步审核;

(3) 生产运行部对停车方案进行初步审核后,返生产车间进行修改;

(4) 生产车间对停车方案进行修改后,交生产运行部签字认可;

(5) 停车方案经分公司主管经理签字后,一份由生产运行部留存、一份送生产车间执行、一份报公司主管部门备案。

3. 检修方案

按照有限公司的要求,生产线的检修方案的管理程序为:

(1) 检修方案由生产车间按照生产线的实际情况起草;

(2) 检修方案起草完成后,报生产运行部进行初步审核;

(3) 生产运行部对检修方案进行初步审核后,返生产车间进行修改;

(4) 生产车间对检修方案进行修改后,交生产运行部签字认可;

(5) 检修方案经分公司主管经理签字后,一份由生产运行部留存、一份送生产车间执行、一份报公司主管部门备案。

第二章　二氧化铀络合法生产四氟化铀

学习目标：通过学习，了解二氧化铀络合法生产四氟化铀的基本工艺原理，知道二氧化铀络合法生产四氟化铀的工艺流程和关键设备，掌握二氧化铀络合法生产四氟化铀的关键工艺，能够熟练操作络合法的关键主体工艺设备。

第一节　工艺准备

学习目标：通过学习，了解二氧化铀络合法生产四氟化铀的基本工艺原理，掌握二氧化铀络合法生产四氟化铀生产工艺流程。

二氧化铀络合法生产四氟化铀是最早的"湿法"生产工艺流程。它是将水冶厂生产的二氧化铀经还原处理、络合溶解、氢氟化沉淀、过滤洗涤、干燥和煅烧后，以制得合格的四氟化铀产品。相对于四氟化铀的"干法"生产工艺而言，"湿法"生产工艺具有明显的优点：适应性强，可处理来源与不同杂质含量的二氧化铀原料；纯化效果好，生产过程中的络合溶解和沉淀操作，对二氧化铀中的杂质具有很好纯化作用；物料输送简便，生产过程中物料为固态或液态，便于物料生产过程中输送。

一、二氧化铀络合法生产四氟化铀的基本工艺原理

二氧化铀络合法生产四氟化铀主要是利用 UF_4 水合物难溶于水和酸性溶液的性质，在盐酸或硫酸介质中制备出 U^{4+}料液后，向料液中加入一定数量的氢氟酸，使铀以 $UF_4 \cdot nH_2O$ 的形式沉淀出来，然后通过固-液分离（过滤、洗涤）干燥和煅烧等工艺过程，制备出水含量小于 0.2%的核纯 UF_4 产品的过程。

上述过程所依据的基本反应如下：

$$U^{4+}+4F^{-}+nH_2O \rightarrow UF_4 \cdot nH_2O \downarrow$$

二、二氧化铀络合法生产四氟化铀的基本工艺流程

二氧化铀络合法生产四氟化铀的基本工艺流程包括络合液制备、四氟化铀沉淀的过滤洗涤和四氟化铀的干燥和煅烧等三个基本工序，如图 2-1 所示。

在二氧化铀络合法生产四氟化铀的"湿法"生产工艺中，无论是 U^{4+}料液的制备，还是四氟化铀的沉淀反应，均需在酸性水溶液中进行，四氟化铀均是以水合晶体的形式析出。因此，二氧化铀络合法生产四氟化铀的"湿法"生产工艺主要由以下 4 个部分组成：U^{4+}料液的制备、U^{4+}料液中沉淀析出四氟化铀水合晶体、四氟化铀水合晶体过滤、四氟化铀水合晶体的干燥和煅烧。

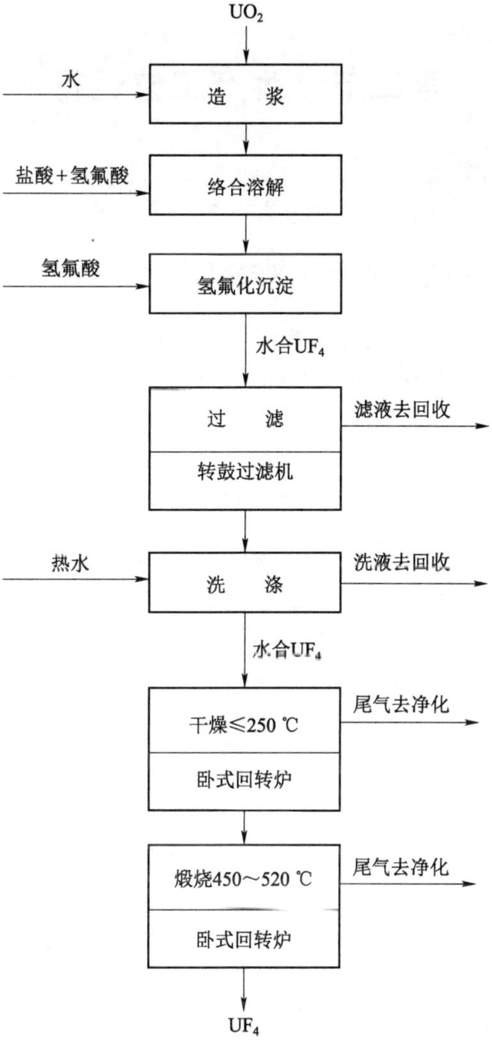

图 2-1　络合法生产四氟化铀的基本工艺流程图

1. U^{4+}料液的制备

向盐酸介质中加入一定量的氟化氢，将二氧化铀原料加入酸性溶液中进行络合溶解，可以直接制备出 U^{4+}料液。

2. U^{4+}料液中沉淀析出四氟化铀水合晶体

在 UF_4 湿法生产中，UF_4 水合晶体的沉淀条件对 UF_4 产品质量和铀收率等具有重要影响。为制备出过滤性能良好的 UF_4 水合晶体，沉淀温度一般要求高于 90 ℃。在 90 ℃以上的操作温度下，沉淀析出的 UF_4 水合晶体，多以 $UF_4 \cdot 0.75H_2O$ 的形式出现，煅烧后形成的 UF_4 产品，堆密度可达 2.5～3.0 g/cm³。

3. 四氟化铀水合晶体的干燥和煅烧

过滤、洗涤后的四氟化铀水合晶体滤饼，仍含有一定量的结晶水和部分游离水。为满足后续工艺生产需要，需要对四氟化铀水合晶体滤饼进行干燥和煅烧，制备出核纯的四氟化铀产品,控制其水分含量在 0.2%以下。

第二节　生产工艺运行

学习目标:通过学习,熟悉络合法生产线的各类工艺设备,掌握其操作方法,并能够根据生产线的运行状况,按照工艺控制要求调整各类运行参数。

一、二氧化铀络合法生产四氟化铀的工艺运行操作

按照二氧化铀络合法生产四氟化铀的基本工艺流程,其生产工艺运行操作相应的也包括四个部分:络合液制备、四氟化铀水合晶体的沉淀/过滤/洗涤操作和四氟化铀的干燥和煅烧操作。

1. U^{4+}料液的制备操作

(1) 造浆操作

将二氧化铀原料加入 600～650 ℃的还原炉经氢气还原后,螺旋输送器推入造浆槽,加水造浆,控制二氧化铀浆体的固液比为 1.0:0.5～1.5。

(2) 络合溶解操作

开启将造浆槽中的扬液器,将二氧化铀浆体压入溶解槽,加入规定量的盐酸,开启溶解槽搅拌器,并通入蒸汽加热,待溶液温度上升到 50 ℃左右时,再缓缓加入化学计量的氢氟酸,控制溶解液温度在 65～75 ℃范围内。

(3) U^{4+}浓度调整操作

溶解操作 2 小时后,停止搅拌,取样分析络合液中的 U^{4+}浓度,并加水调整使溶液中的 U^{4+}浓度控制在 300 g/L 左右。

将络合液澄清 0.5～1.0 小时后,开启络合液扬液器送至板框压滤机压滤,滤液再经扬液器送入氢氟化沉淀槽。

2. 四氟化铀水合晶体的沉淀/过滤/洗涤操作

(1) 沉淀操作

在氢氟化沉淀槽内加入一定量的水、盐酸和氢氟酸配制的底液,体积约为沉淀槽的 1/2,控制底液中盐酸的浓度在 150～180 g/L,F^-离子浓度为 3.0～6.0 g/L。

启动搅拌器,通入蒸汽加热至 70～80 ℃,然后将络合液和氢氟酸以一定的流量连续加入沉淀槽中。

沉淀操作过程中控制母液中 U^{4+}浓度为 0.6～1.5 g/L,F^-离子浓度为 3.0～5.0 g/L。

(2) 过滤操作

开启扬液器,将沉淀母液送入转鼓过滤机中。调整并控制转鼓过滤机的转速在 0.18 r/min 左右,转鼓过滤机真空度控制在−53.3～−66.7 kPa 范围内,使滤饼的含水量小于 11%。

(3) 洗涤操作

滤饼的洗涤是在造浆槽中进行的。滤饼加入造浆槽后,加入蒸馏水并开启搅拌器对滤饼进行洗涤。洗涤蒸馏水的温度控制在 60～70 ℃,搅拌强度与氢氟化沉淀操作大致

相同。

3. 四氟化铀水合晶体的干燥与煅烧

(1) 预干燥操作

洗涤过滤后的四氟化铀,先进入电加热预干燥器内,干燥 2～3 分钟,除去部分游离水和酸气。

(2) 干燥操作

预干燥后的四氟化铀经螺旋输送器送入干燥炉,干燥炉的温度控制≤250 ℃。物料在干燥炉的平均停留时间为 2.5～3 小时,干燥排出的尾气经旋风分离器和填料吸收塔后放空。

(3) 煅烧操作

煅烧操作是在氢气保护状态下进行。

1) 煅烧炉准备操作

煅烧炉运转前,在其两端密封的料斗内装料,然后按工艺规定的梯度升温至预定温度,对系统进行气密性试验合格后通入氢气。

2) 煅烧炉进料操作

煅烧炉准备工作完成后,将干燥合格的四氟化铀经研磨机粉碎,开启螺旋输送器将四氟化铀粉末送入煅烧炉。

3) 煅烧操作

控制煅烧炉的温度在 450～520 ℃,四氟化铀物料在炉内与氢气逆向流动,四氟化铀在煅烧炉内的停留时间为 6～8 分钟。

4) 出料操作

煅烧后的四氟化铀产品,经过冷却后通过螺旋出料器装入产品桶,包装、称量后暂存。

5) 尾气操作

煅烧炉排出的尾气在出口处点燃,经填料塔水洗后放空。

二、二氧化铀络合法生产四氟化铀的影响因素

在二氧化铀络合法生产四氟化铀的工艺过程中,影响最终产品四氟化铀的主要包括四氟化铀水合晶体的沉淀和四氟化铀水合晶体的干燥与煅烧过程。

1. 影响四氟化铀沉淀质量的因素

影响四氟化铀沉淀质量的因素包括温度、氢氟酸过剩量、络合液中 U^{4+}浓度、氢氟化时间、搅拌强度和陈化时间等。

(1) 温度

随着温度的升高,四氟化铀的溶解度增大,溶液的过饱和度降低,有利于四氟化铀细晶体的溶解和长大,四氟化铀中结晶水含量和滤饼水含量显著下降,因此温度升高粗晶体含量和产品密度相应的增大。但是,并非是氢氟化温度越高越好。

生产实践证明:氢氟化温度控制在 65～80 ℃范围内,可以得到晶体致密、粒度合适、堆密度适宜的稳定四氟化铀水合晶体。

(2) 氢氟酸过剩量

生产实践证明:随着氢氟酸过剩量的升高,四氟化铀沉淀物的堆密度降低,滤饼的水含

量增加;氢氟酸过剩量太小,则铀的直接收率降低,杂质的净化效果差。

因此,氢氟酸过剩量控制在 3.0～6.0 g/L。

(3) 络合液中 U^{4+}浓度

生产实践证明:络合液中 U^{4+}浓度低于 250 g/L 时,沉淀析出的四氟化铀晶体粒度小、堆密度小、滤饼含水量高;络合液中 U^{4+}浓度高于 350 g/L 时,沉淀析出的四氟化铀晶体颗粒也细小、堆密度小、滤饼含水量高。

因此,络合液中 U^{4+}浓度控制在 250～350 g/L。

(4) 氢氟化时间

生产实践证明:氢氟化反应时间太短,容易产生很细的糊状沉淀,铀的沉淀也不完全;氢氟化反应时间太长,也不利于沉淀物颗粒长大,且降低了设备能力。

因此,氢氟化时间控制在 2.5～3.0 h。

(5) 搅拌强度

生产实践证明:搅拌强度过低时,沉淀槽中料液浓度和温度不均匀,局部过饱和度增大,四氟化铀沉淀细颗粒量增加,易生成松散的聚集体沉淀;搅拌强度过高时,消耗的功率增大,易于把长大的四氟化铀颗粒打碎,导致粗颗粒两降低。

因此,控制搅拌强度在 0.51～1.10 W/L。

(6) 陈化时间

实践证明:陈化时间延长,细晶体含量降低,粗晶体含量增加,四氟化铀产品堆密度提高。但是,陈化时间延长,不仅拉长了生产周期,而且四氟化铀沉淀物也会发生水化而使颗粒变细。

因此,陈化时间控制在 1.5～3.0 小时。

2. 影响四氟化铀干燥的因素

影响四氟化铀干燥的因素包括温度、物料性质、进料速度和排风量等。

(1) 温度

实践证明:随着干燥的升高,四氟化铀产品中水含量降低,而氟化铀酰含量升高。但是干燥温度过高,会使设备腐蚀加剧,产品中铁、镍和铬的杂质含量增加。干燥温度过低,虽然可以得到氟化铀酰含量低的产品,但是干燥时间长,降低了设备的生产能力。

因此,干燥温度一般控制在 250 ℃以下。

(2) 物料性质

实践证明:当四氟化铀沉淀滤饼的湿度和酸度太大时,物料流动性差,进料困难,需要的干燥时间也延长,产品中氟化铀酰含量也随之增加,设备腐蚀加重,产品中铁、镍含量也增高。

因此,干燥前四氟化铀沉淀滤饼的含水量要小于 11%,洗水酸度要小于 0.4 当量。

(3) 进料速度

实践证明:如果进料速度太快,则物料在炉内的厚度增加,水蒸发时间延长,产品中水含量增加;如果进料速度太慢,则炉壁温度上升,易产生"过烧"现象,氟化铀酰含量也会增加,设备生产能力降低。

因此,进料速度控制使干燥炉的填充系数在 0.07～0.15。

（4）排风量

根据生产经验，干燥炉的排风量控制炉尾负压在 0.4～1.3 kPa。

3. 影响四氟化铀煅烧的因素

影响四氟化铀干燥的因素包括温度、煅烧时间、物料中原始水含量、氢气流量、料层厚度等。

（1）温度

实践证明：在煅烧过程中，随煅烧温度的升高，产品中氟化铀酰含量增加，当煅烧温度达 450 ℃，氟化铀酰含量达到最大值。超过 450 ℃，氟化铀酰含量反而下降。

因此，煅烧温度一般控制在 450～500 ℃。

（2）煅烧时间

实践证明：当随着煅烧时间延长，产品中含水量降低，但是二氧化铀和氟化铀酰含量增加。

因此，在转炉内四氟化铀的煅烧时间控制在 10 分钟左右。

（3）物料中原始水含量

生产实践证明：随着物料中原始水含量的增加，产品中二氧化铀和氟化铀酰总含量变化很小，而产品中水含量明显增加。

因此，要求煅烧前物料中原始水含量不大于 2.0%。

（4）氢气流量

生产实践表明：氢气流量过小，煅烧炉内水分压高，不能形成还原气氛，氟化铀酰不能被还原，四氟化铀的脱水速度也降低；氢气流量过大，氢气消耗量增加，物料容易被载带而流失。

因此，煅烧时转炉内的氢气线速度控制在 62～75 m/s。

（5）料层厚度

生产实践表明：随着煅烧炉内料层厚度的增加，四氟化铀产品中的水含量增加，二氧化铀含量降低。

实际生产中，煅烧炉内适宜的料层厚度控制在填充系数为 0.03～0.07。

第三章　六氟化铀氢还原法生产四氟化铀

学习目标：通过学习，了解六氟化铀氢还原法生产四氟化铀的基本工艺原理，熟悉六氟化铀氢氟化法生产四氟化铀的“热壁法”和“冷壁法”工艺流程，掌握六氟化铀氢还原法生产四氟化铀的“冷壁法”生产工艺操作要点和应用范围。

第一节　工艺准备

学习目标：通过学习，了解六氟化铀氢还原法生产四氟化铀的生产工艺原理，知道氢还原生产工艺的“热壁法”和“冷壁法”工艺流程，掌握氢氟化铀氢还原法生产四氟化铀生产线开车前的具体工艺准备工作内容。

六氟化铀氢还原法生产四氟化铀是加工浓缩六氟化铀和贫化六氟化铀的基本方法。

在将六氟化铀采用气体分离法分离铀同位素时，原料和产品都以六氟化铀的形态存在。在核武器、核反应堆和民用中，不论是浓缩铀还是贫化铀，均以金属铀或二氧化铀的形态被利用。四氟化铀既是六氟化铀转化成金属铀或二氧化铀的中间产物，也是贮藏贫化铀的一种适宜的铀化合物，所以发展一种将六氟化铀转化为四氟化铀的有效方法是必要的。六氟化铀氢还原法生产四氟化铀就是将六氟化铀转化为四氟化铀的有效方法。

一、六氟化铀氢还原法生产四氟化铀的基本工艺原理

六氟化铀氢还原法生产四氟化铀的反应方程式为：

$$UF_6(气)+H_2(气)\rightarrow UF_4+2HF(气)+288\ kJ/mol$$

由化学反应方程式可以看出，该反应过程为一吸热反应。

但是，实践证明：在温度为 78～100 ℃时，六氟化铀与氢气接触几小时都不发生反应；在温度为 225～250 ℃时，六氟化铀与氢气才开始反应；当温度达到 330 ℃时，六氟化铀与氢气接触 30 分钟后，反应也才进行了一半。

温度对六氟化铀氢还原程度的影响列于表 3-1。

表 3-1　温度对六氟化铀氢还原程度的影响

反应温度/℃	226	250	275	285	292	295	305	312	330
六氟化铀氢还原程度/%	3.8	22.3	40.1	42.5	44.3	44.8	50.5	52.2	58.6

注：气体的接住时间为 30 分钟，氢气与六氟化铀的比值为 5.0:1.0。

有关的研究表明，六氟化铀的氢还原反应，需经紫外线照射或放电作用后才能反应。

就六氟化铀的氢还原反应过程问题，研究人员曾经采用水、四氟化铀、四氯化铀、氯、溴、碘、二氮化铀、氯化氢、一氯化汞和三氯化铁等多种物质作为催化剂进行了试验。其中，只有氯化氢的作用最为显著。但是，即或有氯化物存在，反应仍进行的很慢，而且得到的产物是不纯的。

也有研究表明，即使温度达到 500 ℃以上，并加入氯气进行催化，仍得不到工业上可用的定量还原结果。为了使还原反应瞬间完成，使反应分子活化，或是改变反应途径，以降低反应的活化能。

二、六氟化铀氢还原法生产四氟化铀的基本工艺原理基本工艺流程

根据六氟化铀氢还原法生产四氟化铀的具体流程，可以分为热壁法和冷壁法。

1. 热壁法

所谓热壁法，是指反应所需活化能是由反应器热壁供给的一种方法。热壁法试验装置最早由美国人设计。

热壁法的基本流程包括物料供应、反应器和成品系统操作、尾气系统操作等基本操作程序。

冷壁法的主要缺点包括：

1）反应器壁经常产生过热现象；

2）反应器的结壁现象严重，影响反应器的长期稳定运行；

3）主反应区随还原反应的进行，主反应区下移；

4）采用氮气稀释六氟化铀时，增大了氢气用量。

2. 冷壁法

冷壁法是为了克服热壁法中的物料在反应器结壁问题，也是为了在还原高浓度六氟化铀时，不致因严重的反应器结壁而带来的核临界安全方面的问题，采用的提高反应气体预热温度的办法，借以实现还原过程的连续操作。

提高六氟化铀和氢气两种反应气体的预热温度，实质上是为了引入能量，能直接在反应器入口下面形成一个火焰型反应区，使反应得以在狭小空间瞬间完成，以便从根本上消除反应器结壁问题，实现还原过程的连续操作。

冷壁法的工艺流程与热壁法基本相同，其基本工艺流程如图 3-1 所示。

实践证明：在原料六氟化铀气体进入反应器之前，连续的引入一定量的氟气，利用氢气与氟气反应放出的热量激发氢气与六氟化铀气体反应，使氢气与六氟化铀气体的还原反应在狭窄的火焰束内被激发并瞬间完成，可以消除反应器结壁现象，还原过程的连续操作就能实现。

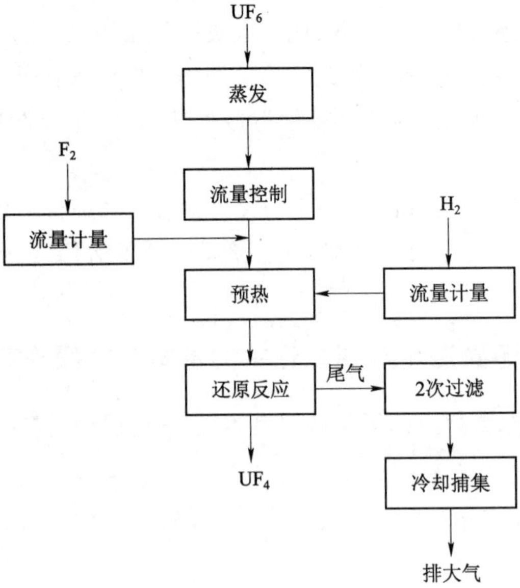

图 3-1　六氟化铀氢冷壁法还原生产四氟化铀工艺流程简图

第二节　工艺运行操作

学习目标:通过学习,了解六氟化铀氢还原法生产四氟化铀中“冷壁法”的生产工艺操作基础知识,掌握冷壁法生产操作的基本要点。

在六氟化铀氢还原法生产四氟化铀的两种具体工艺方法中,“热壁法”与“冷壁法”的工艺流程基本相同,而“冷壁法”较“热壁法”具有一定的优势,更有利于工艺运行操作,在这里我们介绍仅“冷壁法”工艺操作要点和主要影响因素。

一、“冷壁法”的工艺操作

冷壁法的工艺流程与热壁法基本相同,主要包括物料供应、反应器及成品系统、尾气过滤处理等三个工序。

1. 物料供应操作

(1) 六氟化铀供料操作

液态六氟化铀原料从钢瓶转移到间歇式蒸发器中,对蒸发器加热控制六氟化铀的温度在 93.3～107.8 ℃、压力在(0.241～0.041 4)×10^6 Pa(表压)的条件下蒸发,通过压力自动控制阀进入稳压器,再经锐孔板和流量控制阀,保证六氟化铀气体的压力和流量稳定。

(2) 氢气和氟气供料操作

氢气和氟气均用孔板流量计计量后,氟气加入到六氟化铀流量控制阀后面的管道中。

2. 反应器和成品系统操作

(1) 反应器操作

预热过的六氟化铀气体、氟气和氢气,氢气先通过喷嘴环隙加入反应器,然后氟气通过喷嘴中心管引入，最后加入六氟化铀气体。

当加入六氟化铀气体时，紫红色的火焰白热化，经过短时间以后，涡旋中的绿色四氟化铀颗粒使火焰变暗。反应器壁用强制的对流空气进行冷却，以保持反应器壁的温度足够低，抑制反应产物结壁。同时，安装于反应器侧壁的振动器将反应器连续振动，防止细软的粉末积聚在反应器壁上。

（2）成品系统操作

反应产物85%～90%的四氟化铀产品，通过蒙乃尔合金弹簧箱和螺旋输送器连续输入到四氟化铀接收器。

3. 尾气系统操作

反应后的工艺尾气，其主要成分为氟化氢和过量的氢气，经气-固分离后进入初级金属过滤器，然后再经过多孔金属过滤器进行二次过滤和化学捕集器进行捕集，最后进入三个冷却捕集器。

金属过滤器的温度控制在 150 ℃以上，以便最大限度地减少四氟化铀粉末对氟化氢的吸附和防止氟化氢冷凝。

冷却捕集器安装在乙醇浴中，在冷却捕集器中冷凝回收部分氟化氢，未冷凝的气体经水洗涤器除去气体混合物中残余的氟化氢后，排入大气。

二、“冷壁法”工艺操作参数

表 3-2 列出了“冷壁法”工艺操作的几个关键参数。

表 3-2　“冷壁法”工艺操作的关键参数

序号	项目	控制参数范围
1	气流通过喷嘴的速度/(m/s)	15.2～41.0
2	反应器壁温度/℃	93～204
3	六氟化铀气体和氢气进入反应器温度/(℃	93　204
4	六氟化铀气体进料速率/(kg/h)	4.53～11.4
5	氢气过剩量(按化学计量)/%	100～500
6	氟气流量/(g/kgUF_6)	50～800

三、“冷壁法”工艺影响因素分析

在表 3-2 所控制的工艺参数和操作条件下，生产的产品四氟化铀含有 20×10^{-6} 的金属杂质，堆密度为 3.0～3.5 g/cm^3。

四氟化铀的堆装密度随着氟气加入量的增加而增大。氟气速率对氢还原六氟化铀生产四氟化铀产品堆装密度的影响列于表 3-3。

由于“冷壁法”过程要消耗价格昂贵的氟气，所以此法适用于高浓铀产品的转化加工。对于低浓铀和大量的贫化铀的转化加工，采用该法是不经济的。

表 3-3　氟气速率对氢还原六氟化铀生产四氟化铀产品堆装密度的影响

序号	氟气速率/(g/kgUF_6)	四氟化铀的堆装密度/(g/cm^3)
1	30	2.19
2	40	2.59
3	45	2.68
4	50	2.89
5	55	2.99
6	60	3.09
7	70	3.58
8	75	3.69

第四章　六氟化铀水解法生产四氟化铀

学习目标：通过学习，了解六氟化铀水解法生产四氟化铀的基本工艺原理，熟悉六氟化铀水解法生产四氟化铀的工艺流程，掌握六氟化铀水解法生产四氟化铀生产工艺的方法。

在核燃料循环过程中，将六氟化铀采用气体分离法分离铀同位素时，原料和产品都以六氟化铀的形态存在。在核武器、核反应堆和民用中，不论是浓缩铀还是贫化铀，均以金属铀或二氧化铀的形态被利用。四氟化铀既是六氟化铀转化成金属铀或二氧化铀的中间产物，也是安全贮藏铀产品的一种适宜的铀化合物。在核燃料循环技术领域中，以六氟化铀为原料，通过水解、还原、沉淀、干燥和煅烧等工艺过程，可以制备出铀浓缩度不同的四氟化铀产品。

第一节　工艺准备

学习目标：通过学习，了解六氟化铀水解法生产四氟化铀的生产工艺原理，知道六氟化铀水解法生产四氟化铀的基本工艺流程，掌握六氟化铀水解法生产四氟化铀线开车前的具体工艺准备内容。

一、六氟化铀水解法生产四氟化铀的基本工艺原理

根据六氟化铀的物理和化学性质可知，UF_6 易于气化，与水发生水解反应，其水解反应方程式为：

$$UF_6(g)+H_2O(l)\rightarrow UO_2F_2(l)+2\ HF(l)$$

在一定的温度下，当溶液中存在 Cu^{4+}时，SO_2 气体可将酸性溶液中的 UO_2^{2+}还原为 U^{4+}，U^{4+}再与 HF 反应，使铀以 UF_4 水合晶体的形式沉淀析出。其反应方程式为：

$$UO_2^{2+}+SO_2+4\ HF\rightarrow UF_4\downarrow+SO_4^{2-}+4\ H^+$$

由于气态六氟化铀是一种带刺激性的有毒物质，所以六氟化铀的水解操作应在较低温度下进行，并应尽量增大气、液两相接触面积使水对六氟化铀的吸收比较完全。在处理浓缩六氟化铀时，应当特别注意临界安全控制问题。

沉淀析出 UF_4 水合晶体后，通过沉淀、干燥和煅烧，可以生产出四氟化铀产品。

二、六氟化铀水解法生产四氟化铀的基本工艺流程

六氟化铀水解法生产四氟化铀的工艺流程，包括六氟化铀的气化水解、催化还原-沉淀制取四氟化铀晶体、四氟化铀水合晶体的干燥和煅烧三个基本部分。其具体工艺流程图如图 4-1 所示。

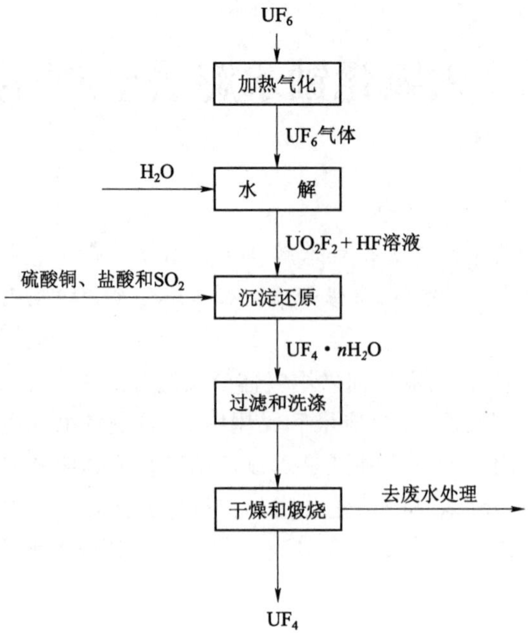

图 4-1 六氟化铀水解法生产四氟化铀的工艺流程简图

第二节 工艺运行操作

学习目标:通过学习,了解六氟化铀水解法生产四氟化铀的生产工艺操作基础知识,熟悉水解法生产操作的基本要点,掌握水解法生产工艺基本参数和的影响因素。

在六氟化铀水解法生产四氟化铀的工艺中,六氟化铀水解后,向水解生成的氟化铀酰和氟化氢的水溶液中加入 Cu^{2+},在 SO_2 的作用下,将 U^{6+} 还原成 U^{4+},然后经氢氟酸沉淀制备出 UF_4 晶体,经过过滤、洗涤和煅烧生产出无水四氟化铀产品。

一、六氟化铀水解法生产四氟化铀的基本工艺操作

1. 六氟化铀的气化和水解操作

六氟化铀的水解操作,可以间断进行,也可以连续进行。为保证生产过程连续运行,一般采用连续操作运行。六氟化铀连续式水解操作过程可以分为鼓泡式水解过程和混合喷嘴式水解过程。

(1) 鼓泡式水解过程

水解槽为鼓泡式水解过程的工艺主体设备,一般由有机玻璃或蒙乃尔合金制成。在进行水解操作前,在水解槽和尾气吸收塔内要先注入一定量的水。

1) 加热气化

首先将输送六氟化铀气体的管道加热到 65～80 ℃,将装有六氟化铀原料的钢瓶加热到 95～100 ℃。

2）管道抽真空

启动真空泵，将输送管道的真空度控制在5.3～13.8 Pa范围内。

3）原料输送

待管道和阀门充分干燥后，打开六氟化铀钢瓶的出口阀门，使六氟化铀气体通过管道输送到水解岗位。在六氟化铀气体输送的过程中，要控制好管道的保温。

4）水解操作

打开水解槽入口锥形阀，通过控制调节锥形阀的开度，适当控制通入水解槽的六氟化铀通入速度并通过调节水解槽的加水量，控制水解槽的温度不大于80 ℃。

（2）混合喷嘴式水解过程

混合喷嘴为混合喷嘴式水解过程的工艺主体设备，一般由蒙乃尔合金制成。六氟化铀的水解是在混合喷嘴中连续进行的。

1）管道清洗置换操作

用氮气清洗置换六氟化铀供料管线。

2）加热气化操作

将六氟化铀钢瓶和管线分别加热到105 ℃和93 ℃，要控制好管道的保温。

3）原料输送操作

启动循环泵将水溶液送入喷嘴，并打开六氟化铀钢瓶出口阀门向喷嘴中心通入六氟化铀气体。

4）水解操作

通过控制喷嘴小孔，控制六氟化铀气体流量在25 kg/h左右，通过循环泵将加水速度控制在77～81 L/h。水解生成的氟化铀酰和氢氟酸通过流入贮槽内。

为避免喷嘴小孔被氟化铀酰结晶堵塞，六氟化铀的温度应保持在100 ℃左右，六氟化铀钢瓶的压力应控制在208.9 Pa左右。

2. 水解液的催化还原、沉淀制取四氟化铀操作

沉淀槽是水解液的催化还原、沉淀制取四氟化铀工艺的主体设备，它是一个炭钢衬胶槽。

（1）水解液的催化还原操作

1）水解液供料操作

开启塑料泵，将一定量的水解液打入沉淀槽内。

2）水解液加热操作

开启蒸汽阀门，将蒸汽经气-液分离器后通入沉淀槽中的水解液中，在每个启动搅拌器进行搅拌。

3）催化还原操作

按照化学计量计算结果，加入一定量的硫酸铜和1.5～2.0当量浓度的盐酸，并通过取样分析，控制溶液中Cu^{2+}离子浓度在5.0～5.6 g/L。

当溶液的温度达到80 ℃时，打开加热后的二氧化硫钢瓶阀门，二氧化硫气体经缓冲器和转子流量计后，连续鼓入溶液中。

二氧化硫的用量为化学计量的1.5倍，催化还原操作的温度80～95 ℃。

(2) 水解液的沉淀操作

1) 水解液取样分析

水解液经催化还原操作 6 小时后,取样分析溶液中的铀离子浓度。

2) 沉淀操作确认

当铀离子浓度小于 3.0 g/L 时,即可认为溶液中的铀已经沉淀完全。

3) 出料操作

关闭二氧化硫和水蒸气阀门,打开沉淀槽底放料阀,将四氟化铀沉淀浆体放到过滤器中进行过滤。

出料完毕后,停止搅拌。

4) 滤饼洗涤操作

将四氟化铀沉淀浆体经过滤器甩干后的滤饼,用 60 ℃的去离子水进行淋洗。反复淋洗操作 4～5 次后,取样分析滤饼中的铜含量,当铜含量小于 30×10^{-6} 时,洗涤结束。

3. 四氟化铀的干燥和煅烧操作

浅盘脱水器是四氟化铀干燥和煅烧工艺的主体设备,它是由"新 1 号合金"($00Cr_{16}Ni_{75}Mo_2Ti$)制成的。

(1) 物料装炉操作

将四氟化铀滤饼均匀放在浅盘脱水器上,然后将料盘分层放入炉管内,将炉管推入马弗炉内进行加热。

(2) 物料干燥脱水操作

在马弗炉内通入氢气用作保护气体,将马弗炉温度调节上升到 250 ℃,在 250 ℃下恒温干燥 2.5 小时。

(3) 物料煅烧操作

在物料干燥脱水操作完成后,将马弗炉温度调节上升到 500 ℃,在 500 ℃下恒温煅烧 30 分钟,便可得到含水量小于 0.2%的四氟化铀产品。

根据四氟化铀批处理量的大小和临界安全的要求,四氟化铀滤饼的干燥煅烧过程也可以在转炉或流化床等反应器中完成。

二、六氟化铀水解法生产四氟化铀的影响因素

在六氟化铀水解法生产四氟化铀过程中,特别是在催化还原、沉淀制取四氟化铀操作中,溶液的反应温度、溶液中的铀浓度、溶液中的 Cu^{2+}离子浓度、溶液中的 Cl^-离子浓度等因素,对反应的操作影响比较显著。

1. 反应温度的影响

当反应温度较低(＜73 ℃)时,虽然二氧化硫气体在溶液中的溶解度较大,但是反应速率很慢,生成的四氟化铀水合晶体中的水含量较高,经过干燥煅烧后形成的四氟化铀产品振实密度较小;当反应温度较高(＞103 ℃)时,由于二氧化硫气体在溶液中的溶解度较小,还原反应速率也较慢,生成的四氟化铀水合晶体中的水含量也较高,经过干燥煅烧后形成的四氟化铀产品振实密度也较小。

因此,在催化还原、沉淀制取四氟化铀操作中,为制备质量较好的四氟化铀产品,控制反

应温度控制在 80～95 ℃范围之内。

2. 溶液中的铀浓度影响

实验证明，水解液中的铀浓度对四氟化铀的生成速率和四氟化铀中的铜含量影响分析结果列于表 4-1。

表 4-1　铀浓度对四氟化铀沉淀的影响

水解液中的铀浓度/(g/L)	四氟化铀的表观生成速率/(gU/(L·h))	四氟化铀中的铜含量/(μg/g)
80	24	50
100	25	56
150	24	＜100

由表 4-1 中数据可以看出，在四氟化铀沉淀析出过程中，水解液中的铀浓度对四氟化铀的生成速率几乎没有影响，但是对四氟化铀产品中的铜含量影响较大：随水解液中的铀浓度的增大，四氟化铀产品中的铜含量上升。

因此，在生产实践中，水解液中的铀浓度一般控制在 200 g/L 左右。

3. 溶液中的 Cu^{2+}离子浓度影响

作为催化剂的 Cu^{2+}离子，其浓度对四氟化铀沉淀的生成速率和杂质含量的影响较大。其影响关系数据列于表 4-2。

表 4-2　溶液中的 Cu^{2+}离子浓度对四氟化铀沉淀的影响

水解液中 Cu^{2+}浓度/(g/L)		9	7	5	3
四氟化铀的表观生成速率/(gU/(L·h)		33	29	26	11
四氟化铀中的杂质含量/(μg/g)	Cu^{2+}	92	79	56	24
	SO_4^{2+}	＜300	＜300	＜300	＜300

由表 4-2 中数据可以看出，在四氟化铀沉淀析出过程中，随着溶液中铜离子的增加，四氟化铀的生成速率增大，四氟化铀沉淀物中的铜含量也随之增大。

因此，在生产实践中：在间歇式催化还原设备操作中，一般控制水解液中的铀浓度在 100～200 g/L 的范围内，溶液中的铜离子浓度控制在 5.0～5.6 g/L 范围内；在连续式催化还原设备操作中，按 Cu:U=0.2～0.3(摩尔比)加入硫酸铜比较合适。

4. 溶液中的 Cl^-离子浓度影响

在催化还原反应操作中，盐酸的浓度对四氟化铀沉淀的影响列于表 4-3。

表 4-3　盐酸的浓度对四氟化铀沉淀的影响

盐酸浓度/(mol/L)	四氟化铀的表观生成速率/(gU/(L·h)	四氟化铀中的铜含量/(μg/g)
0.5	33	147
1.0	32	62

由表4-3可以看出,随着盐酸浓度的增大,四氟化铀的表观生成速率稍有下降,四氟化铀中的铜含量明显降低。但溶液中的盐酸浓度不宜过高,盐酸浓度过高时,不仅会使四氟化铀的表观生成速率下降,还会增大废液处理量。

因此,在生产实践中,沉淀草中的盐酸浓度一般控制在1.5～2.0 mol/L。

第五章　培训和指导

学习目标：通过学习，了解培制定训计划的基本原则，掌握理论培训和工艺操作培训方法的相关知识，能够现场对初级工、中级工和高级工等进行正确的技能操作指导。

第一节　理论培训

学习目标：通过学习，了解理论培训的基本内容，知道理论培训计划和培训方案的编制内容，掌握理论培训的基本方法。

一、培训计划

1. 制定培训计划的原则

(1) 适应性原则

专业设计要主动适应行业发展的需要。教师在广泛调查相关行业现状和发展趋势的基础上，根据其对技能人才规格的需求，积极引入行业标准，确定专业的发展方向和人才培养目标，构建“知识-能力-素质”比例协调、结构合理的课程体系，使培训计划具有鲜明的时代特征，逐步形成能主动适应社会发展需求的专业群。

(2) 发展性原则

培训计划的制定必须体现技能人才的教育方针，努力使全体学员实现“理论扎实，实操技能达标”的要求，同时要使学员具有一定的可持续发展的能力，充分体现职业教育的本质属性。

(3) 应用性原则

制定专业培训计划应根据培养目标的规格设计课程，课程内容应突出以培养技术应用能力为主旨。基础理论课以必须、够用为度，以讲清概念、强化应用为培训重点；专业课程要加强针对性和实用性，同时要使学员具有一定的自主学习能力和实操能力。

(4) 整合性原则

制定专业培训计划要充分考虑校内外可利用的培训资源的合理配置。选修课程在培训计划中要占一定的比例。各门课程的地位、边界、目标清晰，衔接合理，培训内容应有效组合、合理排序，各系可根据自身的优势，在培训内容、课程设计和培训要求上有所侧重，发挥特色。

(5) 柔性化原则

各专业培训计划应根据社会发展和行业发展的实际，在保持核心课程相对稳定的基础上及时调整专业课程的设计或有关的培训内容，对行业要求变化具有一定的敏感性，及时体现科技发展的最新动态和成果，妥善处理好行业需求的多样性、多变性和培训计划相对稳定性的关系。

(6) 实践性原则

制定专业培训计划要充分重视职业技能教育更注重学员技能培养的特点,加强实践环节的培训。实践培训学时应达到规定的比例,实验培训要减少演示性和验证性实验,增加实习实训学时,实践课程可单独设计,使学员获得较系统的职业技能训练,具有较强的实践能力。

(7) 产学研相结合原则

产学研结合是培养技能型人才的基本途径,培训计划的制定和实施应主动争取企事业单位参与,各专业培训计划应通过专业建设指导委员会的讨论和论证,使培训计划既符合教育培训规律又能体现生产单位工作的实际需要。

2. 培训方案

培训方案是培训目标、培训内容、培训指导者、受训者、培训日期和时间、培训场所与设备以及培训方法的有机结合。培训需求分析是培训方案设计的指南,一份详尽的培训分析需求就大致勾画出培训方案的大概轮廓,下面就培训方案组成要素进行具体分析。

(1) 培训目标的设置

培训目标是培训方案的导航灯。应明确了解员工未来需要从事某个岗位,若要从事这个岗位的工作,现有员工的职能和预期职务之间存在一定的差距,消除这个差距就是我们的培训目标。有了明确的培训总体目标和各层次的具体目标,对于培训指导者来说,就确定了施教计划,积极为实现目的而培训;对于受训者来说,明了学习目的之所在,才能少走弯路,朝着既定的目标而不懈努力,达到事半功倍的效果。

培训之后,可对照此目标进行效果评估。

(2) 培训内容的选择

一般来说,培训内容包括三个层次,即知识、技能和素质培训。

1) 知识培训

这是组织培训中的第一个层次。知识培训有利于理解概念,增强对新环境的适应能力,减少企业引进新技术、新设备、新工艺的障碍和阻挠。同时,要系统掌握一门专业知识,则必须进行系统的知识培训,如要成为"X"型人才,知识培训是其必要途径。虽然知识培训简单易行,但容易忘记,组织仅停留在知识培训层次上,效果不好是可以预见的。

2) 技能培训

这是组织培训的第二个层次,这里技能指使某些事情发生的操作能力,技能一旦学会,一般不容易忘记。招收新员工,采用新设备,引进新技术都不可避免要进行技能培训。因为抽象的知识培训不能立即适应具体的操作,无论你的员工有多优秀,能力有多强,一般来说都不可能不经过培训就能立即操作的很好。

3) 素质培训

这是组织培训的最高层次,此处"素质"是指个体能否正确的思维。素质高的员工应该有正确的价值观,有积极的态度,有良好的思维习惯,有较高的目标。素质高的员工,可能暂时缺乏知识和技能。但他会为实现目标有效地、主动地学习知识和技能;而素质低的员工,即使掌握了知识和技能,但他可能不用。

上面介绍了三个层次的培训内容,究竟选择哪个层次的培训内容,是由不同的受训者具体情况而决定的。一般来说,管理者偏向于知识培训与素质培训,而一般职员倾向于知识培训和技能培训,它最终是由受训者的"职能"与预期的"职务"之间的差异决定的。

(3) 培训资源的选择

培训资源可分为内部、外部资源。在众多的培训资源中,选择何种资源,最终要由培训内容及可利用资源来决定。

1) 内部资源

包括组织的领导,具备特殊知识和技能的员工。

组织内的领导是比较合适的人选。首先,他们既具有专业知识又具有宝贵的工作经验;其次,他们希望员工获得成功,因为这可以表明他们自己的领导才能;最后,他们是在培训自己的员工,所以肯定能保证与培训有关。无论采取哪种培训方式,组织的领导都是重要的内容培训资源。具备特殊知识和技能的员工也可以指导培训,当员工培训员工时,由于频繁接触,一种团队精神便在组织中自然形成,而且,这样做也锻炼了培训指导者本人的领导才能。

2) 外部资源

是指专业培训人员,学校,公开研讨或学术讲座等。

当组织业务繁忙,组织内部分不出人手来设计和实施员工的培训方案,那么就要求诸于外部培训资源。工作出色的员工并不一定能培训出一个同样出色的员工,因为培训有其自身的一些规律,外部培训资源恰好大多数是熟悉成人学习理论的培训人员。外部培训人员可以根据组织来量体裁衣,并且可以比内部培训资源提供更新的观点,更开阔的视野。但外部资源也有其不足之处,一方面,外部人员需要花时间和精力用于了解组织的情况和具体的培训需求,这将提高培训成本;另一方面,利用外部人员培训,组织的领导对具体的培训过程不负责任,对员工的发展逃避责任。

外部资源和内部资源各有优缺点,但比较之下,还是首推内部培训资源,只是在组织业务确实繁忙,分不开人手时,或确实内部资源缺乏适当人选时,才可以选择外部培训资源,但尽管如此,也要把外部资源与内部资源结合使用才最佳。

(4) 确定受训对象

岗前培训是向新员工介绍组织规章制度、文化以及组织的业务和员工。新员工来到公司,面对一个新环境,他们不太了解组织的历史和组织文化、运行计划和远景规划、公司的政策、岗位职责,不熟悉自己的上司、同僚及下属,因此新员工进入公司或多或少都会产生一些紧张不安。为了使新员工消除紧张情绪,使其迅速适应环境,企业必须针对上面各个岗位进行岗前培训,岗前培训内容决定了受训者只能是组织的新员工,对于老员工来说,这些培训毫无意义。

对于即将升迁的员工及转换工作岗位的员工,或者不适应当前岗位的员工,他们的职能与既有的职务或预期的职务出现了差异,职务大于职能,对他们就需要进行培训。对他们可采用在岗前培训或脱产培训,而无论采用哪种培训方式,都是以知识培训、技能培训和素质培训确定了不同受训者。在具体培训的培训需求分析后,根据需要会确定具体的培训内容,根据需求分析也确定了哪些员工缺乏哪些知识和技能,培训内容与缺乏的知识及技能相吻合即为本次受训者。

(5) 培训时机的选择

培训时机的选择,什么时候需要就什么时候培训,这道理是显而易见的,但事实上,做到这一点并不容易,往往步入一些误区,下面做法就是步入误区。许多公司往往是在时间比较方便或培训费用比较便宜的时候进行培训。如许多公司把计划定在生产淡季以防止影响生产,却不知因为未及时培训而造成了大量次品、废品或其他事故,代价更高;再如有些公司把培训定在培训费用比较便宜的时候,而此时其实不需要进行培训,却不知在需要培训时进行再培训却需要付出更高的培训成本。员工培训方案的设计必须做到何时需要何时培训,通常情况下,有下列四种情况之一就应该进行培训。

1) 新员工加盟组织

大多数新员工都要通过培训熟悉组织的工作程序和行为标准,即使新员工进入组织时已拥有了优异的工作技能。他们必须了解组织运作中的一些差别,很少有员工刚进入组织就掌握了组织需要的一切技能。

2) 员工即将晋升或岗位轮换

虽然员工为组织的老员工,对于组织的规章制度、组织文化及现任的岗位职责都十分熟悉,但晋升到新岗位或轮换到新岗位,从事新的工作,则产生新的要求,尽管员工在原有岗位上干得很出色,对于新岗位准备得却不一定充分,为了适应新岗位,则要求对员工进行培训。

3) 由于环境的改变,要求不断地培训老员工

由于多种原因,需要对老员工进行不断培训。如引进新设备,要求对老员工培训技术;购进新软件要求员工学会安装和使用。为了适应市场需求的变化,组织都在不断调制自己的经营策略,每次调整后,都需要对员工进行培训。

4) 满足补救的需要

由于员工不具备工作所需要的基本技能,从而需要培训进行补救。在下面两种情况下,必须进行补救培训。

① 由于劳动力市场紧缺或行政干预或其他各方面原因,你不得不招聘不符合需求的职员;

② 招聘时看起来似乎具备条件,但实际使用上表现却不尽人意。

培训是指各个组织为适应业务及培育人才的需要,用补习、进修、考察等方式,进行有计划的培养和训练,使其适应新的要求不断更新知识,拥有旺盛的工作能力,更能胜任现职工作,及将来能担当更重要职务,适应新技术革命必将带来的新知识结构、技术结构、管理结构和干部结构等方面的深刻变化。总之现代培训指的是员工通过学习,使其在知识、技能、态度上不断提高,最大限度地使员工的职能与现任或预期的职务相匹配,进而提高员工现在和将来的工作绩效。

二、培训计划的实施

1. 备课

技师一般具有较高的专业理论基础,良好的专业操作技能和工作经验,或具有某些方面的技能特长,是企业中从事生产和将先进技术转换成现实生产力的重要力量。技师负有对中级工和高级工的理论培训、操作技能培训和指导的责任,并在不同程度上承担着生产现场的管理工作。

技师在给不同等级的工人讲课前,必须通过本教程中讲到的根据不同等级相应的专业

知识准备培训讲义。但本教程的内容也是有限的，因此，备课时，应该结合本行业、本企业现状出发，对不同学习阶段的知识进行必要的扩展。培训内容还可以涵盖企业文化、价值观及相关的管理制度等。

2. 培训指导的方式

技师对较低技术级别的工人培训与指导的方式有多种，可结合生产和工作的实际灵活采用，并在此基础上不断创新，创造出更多行之有效的方法。除了讲课以外，在实际工作当中应该建立“师徒关系”，即一名技师带一名或几名新工人，在实践中传授技术的方法。

第二节　生产工艺操作指导

学习目标：通过学习，了解生产工艺操作指导的内容，熟悉生产工艺操作指导的方式，掌握具有培训和指导高级工及以下技术级别的四氟化铀生产从业人员工艺操作的能力。

一、操作指导的组织管理

为了使企业的每位员工都能胜任本职工作，掌握四氟化铀制备工艺操作，具备现场操作的能力，必须对他们进行培训，培训的内容由公司制定，培训的内容包括铀纯化转化工艺知识和核安全等方面的基本教育。

1. 培训组织

（1）公司培训教育中心：负责编制培训大纲和年度培训计划，检查、监督、指导全公司的培训工作。

（2）人力资源部：负责制订工艺操作培训的要求、频次，并具体组织培训管理工作。

（3）安全防护处：负责制订职工安全教育培训计划，并组织实施。

（4）质量处：负责制订质量培训计划，开展质量标准、质量体系及质量管理知识的培训。

2. 培训对象

凡参加四氟化铀制备工艺的调试、运行的人员；公司主、辅工艺操作人员及各级管理人员。上述人员必须实行上岗前培训考试，保证各类人员经培训合格后，具备所从事四氟化铀制备工艺的工作能力和安全生产资格，经资格考核后持证上岗。

3. 培训方式

工艺操作指导的培训方式有下列几种：

（1）现场操作指导

对培训对象在生产现场进行实地操作指导，使培训对象能够直接接触到生产设备，便于快速掌握工艺操作要点。

（2）厂内培训

由培训教育中心结合企业和工程项目投运的工作需要，编制年度培训计划，在各专业部门的积极配合和运营单位认真组织落实培训教育的情况下，组织实施。

（3）外出培训

根据工程需要，派员工学习厂内没有的新技术，例如引进的设备操作，需派人到设备供方现场进行操作培训。

二、操作指导的内容

1. 工艺生产和核安全等方面的基本教育

包括:工艺过程的基本原理,操作的理论和原则;设施总的设计特点,一般的和特殊的运行特点;工艺过程的机械设计特点;工厂的辅助系统;一般操作特点和操作限值;仪表和自动控制系统的特点及其功能和操作;安全系统的设计,包括设备与部件的功能、仪表、信号、联锁、自动和手动的特点;屏蔽、隔离和封闭设计的特点,包括进出口的限制;正常运行程序;应急程序;运行故障处理方法;系统去污程序;辐射防护基本知识,(辐射的性质与来源,控制污染的方法等);辐射监测系统的用途和操作,包括报警和检测设备危险控制原则;安全保护和铀衡算原理和方法;化工安全原理和方法;人员的培训还包括详细的操作程序的准备和评议,以及在有经验的人员指导下进行的工厂实际操作。

2. 专业培训

为保证生产线的安全可靠运行,在生产线投入运行前须对各岗位操作人员进行专业培训。目的在于使操作工人了解并掌握新生产线相关工艺技术原理和工艺流程,熟悉相关工艺设备的操作方法,预防安全事故。

3. 再培训大纲

在生产厂运行中,为了检查运行人员的能力,将由管理人员经常实行监督,每年要对运行人员的工作情况进行一次全面检查,对运行人员在某些方面的不足应进行再培训。

为了适应工作性质的变化,也应对工作人员实施再培训,以便使他们能胜任新的工作条件。再培训大纲应包括工艺、运行规程等改变时对工作人员实施的再培训。

对所有运行人员的培训资料应予以保存,该资料将用于再培训,正式的再培训按工厂规定每运行二年进行再培训一次。

(1) 知识培训

如化工理论、放射化学、辐射防护等基本知识与基本标准的培训学习,以及国家安全法规教育等。

(2) 特殊工种培训

根据国家标准和国家对特种作业人员(如焊工、无损探伤检验人员、辐射防护、吊车工等)的要求,须全部经过培训考试,并取得劳动部门颁发的操作证。培训内容主要有安全法规、安全技术和实际操作技能等。

第六章　管　理

学习目标:通过学习,了解技术文献的检索方法和生产管理的基本内容,熟悉生产技术管理基本知识,掌握生产管理和质量管理的基本方法,具有协助部门实施生产计划的能力。

第一节　编写技术文件

学习目标:通过学习,了解科技论文和工艺调试方案的编写要求,掌握科技论文和工艺调试方案的编写方法,具有编写技术论文和工艺调试方案的能力。

一、技术文件的范围

技术文件是指产品实现过程的设计图纸、技术标准、技术报告(总结)等资料。一般情况下,技术文件包括生产运行类工艺技术文件和生产运行准备类工艺技术文件两类。

生产运行类工艺技术文件是指导生产线/工艺生产操作的技术文件。由两级文件构成,一级文件为工艺规程,二级文件包括工序操作规程(含操作单)、异常工况处理规程和定期试验规程。

生产运行准备类工艺技术文件是生产线/工艺在调试前及调试过程中制定的相关技术文件,包括调试大纲、调试方案、调试报告、整改方案和整改验证报告,以及调试阶段的工艺规程和工序操作规程。

二、撰写技术文件

1. 技术报告

(1) 技术报告的内容

技术报告是一个对自己所从事的某一专业(工种)或项目课题完成后的总结。这种总结比较简单、直观,主要以实际从事过的技术工作内容为主体,从问题的提出、具体解决办法、工艺措施、实际应用效果等几方面进行总结。一般技术报告经不断完善充实提高,加以提炼而成,可以技术论文的形式在正式刊物上发表。

(2) 技术报告的定义及构成

1) 技术报告定义

技术报告是讨论和研究某种问题的文章,是一个人从事某一专业(工种)的学识、技术和能力的基本反映,也是个人劳动成果、经验和智慧的升华。

2) 技术报告构成

技术报告由论点、论据、引证、论证等几个部分构成。

论点:论述中的确定性意见及支持意见的理由。

论据:证明论点的判断的依据。

引证:引用前事例或著作作为证明、根据、证据。

论证:用根据证明论点真实性的论述过程,根据个人的了解或理解进行证明。

2. 怎样撰写技术报告

(1) 技术报告的一般格式和具体要求

技术报告是按一定格式撰写的。内容一般分为:题目、作者姓名和工作单位,摘要,前言,实践方法(包括其理论依据),实践过程,参考文献等。具体要求如下。

1) 数据可靠。技术报告中使用的数据必须是经过反复验证证明数据准确、可靠。

2) 论点明确。论述中的确定性意见及支持意见的理由要充分。

3) 引证有力。证明论题判断的论据在引证时要充分,有说明力,经得起推敲,经得起验证。

4) 论证严密。引用的论据或个人的了解、理解,证明时要严密,应使人口服心服。

5) 判断准确。做结论时对事物作出的总结性判断准确,具有概括性、科学性、严密性、总结性。

6) 实事求是。文字陈述简述,不夸张臆造,不弄虚作假。技术报告的长短根据内容需要而定,一般在 3 000～4 000 字。

(2) 技术报告的命题选择

技术报告命题应做到贴切、鲜明、简短,写好论文的关键在如何命题。命题是论文方向性、选择性、成功性的关键和体现,命题方向选择失误往往导致论文的失败。因此在写论文之前,一定要反复思考,反复构思,确定自己想写的命题内容,命题确定后再选择命题的标题。就机械行业来讲,由于每个单位情况不同,各专业技术的技术工种数也不同;就同一工种而言,其技术复杂程度、难易、深浅各不相同。专业技术各不相同,因此不能用一种模式、一种定义来表达各不相同的专业技术情况。

选择命题不是刻意去寻找那些尚未开发的领域,而是把生产实践中已经解决的生产问题、工作问题通过筛选总结整理出来,上升为理论,以达到指导今后生产和工作的目的。

(3) 命题内容的选择

命题内容选择是命题的基础,同样是技术报告成败的关键。命题内容应针对自己的工作和专业扬长避短地进行选择;在工艺改进、质量攻关、技术改进方面,在学习、消化、推广和应用国内外先进技术方面,在防止和排除重大隐患方面,在大型和高精尖设备的安装、调试、操作、维修和保养方面以及成绩显著、确有推广价值的技术成果,虽不是创造发明,但为企业及社会创造了直接或间接经济效益的项目都可以定。从中选择自己最擅长、最突出的某一方面作为自己命题的内容,然后再从中选择最具代表性的某一项进行整理、浓缩,即可作为自己命题内容的基础材料。

1) 摘要

摘要是技术报告内容基本思想的浓缩,简要阐明技术报告的论点、论据、方法、成果和结论;要求完整、准确和简练,其本身就是完整的短文,能独立使用,字数一般以二三百字为好,至多不超过 500 字。

2) 前言

主要说明本课题研究的目的、相关的前人成果和知识空白、理论依据和实践方法、设备基础和预期目标等。切忌自封水平、客套空话、政治口号和商业宣传。

3）正文

是技术报告的主体，其技术内容必须体现科学性、先进性、实用性。注意取材的深度和广度应适合文章的特点及主要读者对象的需求。力争突出实用性的技术内容。要求文字简明精炼、通俗易懂，能准确地表达必要的理论和实践成果。表达数据的图、表内容应与正文的内容紧密配合，相互呼应；论文中凡引用他人的文章、数据、论点、材料等，均应按出现顺序依次列出参考文献，并准确无误。

4）结论

是整篇技术报告的归结，所以应该提到更深层次的理论高度进行概括，文字组织要有说明力，要突出科学性、严密性，使技术报告有完善的结尾。

5）技术报告的修改定稿

技术报告定稿后应反复推敲、修改，精益求精。论文的体裁不强求统一，但要突出重点。技术报告的内容和表达方式不需要面面俱到，但通篇体例应统一，所用的各种符号、代号、图样均应符合最新的国家标准和部门标准的规定，对外文字符号应书写清楚，大小写、正斜体易搞混时应加标注。

3.撰写技术报告应注意的事项

（1）要明确读者对象

要解决“为谁写”“写什么”“给谁看”的问题。要考虑生产和社会的需要，结合当前我国的有关技术、产业政策，考虑自己的经验和能力。若是为工人师傅写的，应尽量结合生产实际写得通俗易懂。

（2）要充分占有资料

对所收集的资料，包括自己的经验总结和国内外资料，要在分析消化的基础上，加精选和提炼。收入技术报告中的内容一定要准确可靠。所提供的各种数据、图表、资料都要认真核对，重要的数据要经过生产实践验证。所介绍的生产技术，力求适用，符合生产实际。概念的阐述要清楚、严谨。定义要严格、确切。术语要规范。根据选择的课题和命题拟出较详细的撰写提纲，包括主次的分类、段落的分节、重点的选择、图表的设计拟定、顺序的排列等。

（3）专家审阅

初稿完成后，不能算定稿，技术报告必然存在不少问题，对论文格式、表述方式、图的画法、公式的表述、名词术语、字体标点、技术内容、文字表达及文章结构等方面要进行反复推敲与修改，使文字精练，并符合逻辑性。除自审外，最好请有关专家审阅，按所提的意见再修改一次，以消除差错，进一步提高技术报告文的质量，达到精益求精的目的。标点符号要使用正确，书写要清楚。

4.技术报告的答辩

（1）技术报告的答辩由专家组提问考核，一般专家组须由5～7名该专业技术专家、技师、高级技师、工程师、高级工程师组成。

（2）先由答辩者宣读技术报告，然后由专家组进行提问考核，时间约为30分钟。

（3）专家组主要从技术报告内容的难度、科学性、实用性、经济效果等方面对技术报告文进行评估。

（4）答辩时对技术报告的结构、原理、定义、原则、公式、方法等理论论证正确性、严谨性等方面考核。

(5) 技术报告答辩主要通过提问的方式来考核。

(6) 对本专业(工种)的专业知识主要考核其熟悉程度,并予以确认。

(7) 还可考核本专业(工种)之外与本专业(工种)有关联的知识。

三、工艺调试方案

在工程项目中,使已安装的部件和系统投入运行并进行性能验证,以确认设备、设施、系统是否符合设计要求,是否满足性能标准的过程,并消除在此期间所发现的缺陷的过程称为调试。为规范作业,调试需编制调试方案。调试方案规定的内容应简明扼要,通俗易懂,便于调试人员掌握和实施。并应注意配套性和完整性,与相关计划、文件、标准和规程的内容应协调一致。调试方案的编制必须贯彻确保质量及安全生产的原则,同时考虑经济上的合理性及现有技术水平和设备条件。其编制依据为:

——适用的国家标准、行业标准和企业标准;

——相关设计文件和图纸;

——公司规章制度;

——相关工艺技术文件;

——其他参考资料。

调试方案的编制要素如图 6-1 所示。

××××工程××××联动调试方案(版次:×)

目　次

图 6-1　调试方案要素图

图 6-1 列出了工程项目调试方案的一般编写内容，在编制具体项目的调试方案时，可根据具体工程项目的特点，结合使用。

第二节 技术管理

学习目标：通过学习，了解生产技术管理的基本内容，掌握技术管理文件的编写要求，能够编制工艺规程、岗位（工序）操作规程、开/停车方案等，具有对生产技术管理基本的能力。

一、工艺规程、岗位（工序）操作规程的编制

1. 工艺规程、岗位（工序）操作规程的概念

（1）工艺规程的概念

工艺规程是规定产品加工环节和加工对象的制造技术及制造要求的工艺文件。是对工艺技术的总结、提炼和提高，是进行生产操作、编写岗位操作规程和其他工艺技术文件的主要依据。

（2）岗位（工序）操作规程的概念

岗位（工序）操作规程是指为保证岗位生产能够安全、稳定、有效的运转而制定的，相关人员在操作设备或办理业务时必须遵守的程序或步骤。

2. 工艺规程、岗位（工序）操作规程的编制要求

工艺规程、岗位（工序）操作规程是生产线运行管理和岗位操作的依据。因此，必须高度重视工艺规程、岗位（工序）操作规程文件的编写。

规范的生产技术管理，对工艺规程、岗位（工序）操作规程的编制，在遵守一般技术文件要求的基础上，必须严格按照其具体编写要求。

图 6-2 是工艺规程的编写内容要求。

图 6-3 是岗位（工序）操作规程的编写内容要求。

二、生产线开/停车方案

1. 生产线开/停车方案的概念

生产线开/停车方案是根据生产线的实际状况，由生产线运行单位编制，用来规范和说明生产线开/停车工作要求和具体操作步骤的技术文件。

2. 生产线开/停车方案的基本内容要求

完整的生产线开/停车方案，一般应包括生产线的具体情况、生产线开/停车时间、生产线开/停车组织措施、生产线开/停车步骤和生产线开/停车安全措施要求等。

（1）生产线的具体情况

说明生产线目前的实际情况，明确生产线的技术状态，以便于在开/停车前掌握生产线相关信息。

（2）生产线开/停车时间

明确生产线开/停车的时间或时间范围。

目　次

图 6-2　工艺规程的编写内容要求

图 6-3　岗位(工序)操作规程的编写内容要求

(3) 生产线开/停车组织措施

说明生产线开/停车的组织管理情况,明确生产线开/停车的管理部门和生产线开/停车具体执行单位,便于责任到位。

(4) 生产线开/停车步骤

用来具体说明生产线开/停车的基本步骤,要充分考虑到生产线的实际情况。开/停车的基本步骤要明确清晰,具有很强的可操作性。

(5) 生产线开/停车安全措施要求

要对生产线开/停车工作过程中安全隐患明确说明,并针对性的提出安全风险的控制和预防措施。

三、技术管理

技术管理的主要内容包括工艺技术文件的编制与发布、岗位(工序)工艺纪律监督检查、技术状态管理工艺变更管理等基本内容。

1. 工艺技术文件的编制与发布

(1) 明确需建立生产工艺规程和岗位(工序)工艺操作规程的生产线或生产装置,并标明其技术文件的状态、版本(调试版、试运行版、正式运行版)、发布时间等。

(2) 生产工艺规程的编制由生产车间负责,编制完成后,交生产运行部进行初步审核,审核内容主要包括技术文件格式、技术参数、流程符合性等,返车间进行修改后,交生产运行部组织分公司内部评审。生产运行部按照内部评审会的意见修改后,报有限公司主管部门组织进行评审,评审通过后由有限发布施行。

(3) 岗位(工序)操作规程的编制由生产车间负责,编制完成后交生产运行部进行初步审核,返车间进行修改后,交生产运行部组织分公司内部评审。生产运行部按照内部评审会意见修改后发布施行,并报有限公司主管部门备案。

(4) 结合生产线的技术、设备改造和工艺参数的调整情况,对已发布生产工艺规程和岗位(工序)操作规程进行更改页、修订或升版,对调整的工艺参数和内容进行固化。

2. 岗位工艺纪律监督检查管理

工艺纪律是企业生产管理的基本制度,是企业生产、安全、质量等的基本保证。加强工艺纪律管理,保证企业生产线工艺参数能够严格按照工艺规程、操作规程等相关技术文件要求进行控制。

(1) 监督检查的实施

1) 工艺纪律监督检查分为定期检查和不定期检查。

2) 生产运行部结合分公司生产线运行情况,制定工艺纪律监督检查计划。分公司工艺纪律监督检查计划以月度为检查周期,每月至少对分公司所有生产线进行 2 次全面检查。根据生产线运行需要,可安排随机抽查。监督检查情况必须进行详实记录。

3) 在工艺纪律监督检查过程中,被检查单位应积极配合,并如实反映情况,不得以任何理由阻止、干涉检查人员履行监督检查职责。

检查结束后,陪同人员须在检查表上签字确认。

4) 在生产线运行过程中,如遇产品质量严重不稳定、工艺发生重大变更、大量使用新员工、产品首批生产和生产线试运行等特殊情况,应增加监督检查频次。

5) 在工艺纪律监督检查过程中,检查部门对违反工艺纪律的行为应当面指出、及时纠正,组织责任单位在3个工作日内完成监督检查情况汇总,并将检查结果反馈被检查单位,提出明确的整改要求和整改期限;被检查单位应按要求对问题进行关闭。

6) 监督检查过程中,若某控制参数超限或发生工艺事故,生产运行部检查发现而运行单位检查没有发现,在当月评奖/考核会上按本办法予以考核。

另外,根据检查结果应定期对工艺纪律执行情况在分公司范围内进行通报。

(2) 工艺纪律监督检查内容

1) 工艺技术文件的完备性,即工艺技术文件应覆盖所有生产线或生产装置;

2) 工艺技术文件的有效性,即工艺技术文件应满足生产工艺实际;

3) 各种工艺技术文件之间的一致性,以及工艺技术文件和现场操作的符合性;

4) 关键工序、特殊工序控制;

5) 技术状态管理;

6) 生产现场操作程序执行和工艺参数控制情况(全面检查);

7) 临时工艺技术文件的审批、执行和监督检查。

(3) 工艺控制参数管理

生产线开车、运行和停车管理,必须严格按照生产工艺规程和岗位(工序)操作规程执行。根据对生产安全、产品质量和运行稳定等影响程度的不同,将工艺控制参数分为A、B类两种控制参数。

1) A 类控制参数,是指对生产安全性或产品质量稳定性有重大影响,必须严格控制的工艺参数。

2) B 类控制参数,是指对生产安全性、产品质量稳定性以及运行稳定性有较大影响,需要严格控制的参数项。

B 类控制参数按照生产工艺规程、岗位(工序)操作规程规定项目和指标控制范围执行。

3. 技术状态管理

技术状态管理的核心是控制技术状态的更改,确保更改的正确性、合理性、经济性和协调性,对正式批准的更改,凡涉及的技术文件,都应按更改的要求及时修订或修改。

(1) 技术状态更改管理

技术状态更改分为Ⅰ类、Ⅱ类和Ⅲ类。

Ⅰ类涉及产品的性能和功能、外形尺寸、质量及其他重要要求的更改,更改后对产品质量造成影响,或更改后会对技术状态项及其零部件的互换性、使用手册、维修手册等产生重大影响。

Ⅱ类涉及工艺参数、工艺过程、原材料等方面的更改,更改后对产品质量没有影响,如设备更新后的工艺参数调整或为提高自动化水平、节能降耗等基地开展的工艺优化等方面的更改。

Ⅲ类仅涉及勘误译印、修正描图、统一标注方法等编辑性更改,或者进一步明确技术要求等不影响满足产品要求或产品质量的更改或补充。

(2) 技术状态管理记录

1) 记录各技术状态项的标识号、现行已批准发放的技术状态文件及其标识号、留存状态及实施状况；

2) 记录每一项技术状态更改的提出与审批过程情况，包括分析论证、验证、批准或不批准及更改的实施情况；

3) 记录每次更改的内容，确保对初始确定基线的可追溯性；

4) 记录技术状态审核的结果，包括不符合的状况和最终处理情况。

4. 工艺变更管理

工艺变更包括工艺参数变更和工艺系统变更两大类。

(1) 工艺参数变更

1) 工艺参数变更条件

生产线工艺技术、生产能力、工艺系统或设备等条件发生改变，原有工艺控制项目或控制范围不能满足安全稳定运行要求，或不能保证产品质量稳定时，必须及时变更工艺控制参数，以满足工艺控制要求。

2) 工艺规程参数变更程序

① 由责任单位向生产运行部提出书面申请，生产运行部进行现场核实，报分公司主管领导并组织讨论、研究、审定后，向有限公司主管处室提出申请，经有限公司主管部室同意批准后，遵照执行。

② 若涉及工艺技术变更复杂或工艺控制条件变动较多时，由生产运行部组织编制试验方案，并上报有限公司主管处室同意后，按照试验方案开展验证试验。验证试验一般控制在1～6 个月。验证试验完成后，由生产运行单位编制验证试验报告，提交生产运行部审核，分公司主管领导批准后上报有限公司主管部室。

3) 岗位(工序)操作规程涉及的工艺参数变更程序

① 由责任单位向生产运行部提出书面申请(文件更改通知单见附表 5)，生产运行部审核，报分公司主管领导并组织讨论、研究后，由分公司主管领导批准后遵照执行，同时向有限公司主管处室报备。

② 若涉及工艺技术变更复杂，或工艺控制条件变动较多时，由生产运行部组织编制试验方案，并上报分公司主管领导批准后，开展验证试验。验证试验一般控制在 1～6 个月。验证试验完成后，由生产运行单位编制成果验证报告上报生产运行部。

若涉及工艺技术变更简单，或工艺控制条件个别变动时，经过效果验证后应在月度运行分析报告中总结说明。

(2) 工艺系统变更

1) 变更条件

生产线进行工艺技术提升、工艺路线改进、生产能力调整、工艺系统优化等，原有工艺系统、设备不能满足生产安全、稳定运行要求，或对产品质量有影响时，必须及时进行工艺系统、设备变更。

2) 变更程序

① 由责任单位提出变更申请，分公司工艺、设备、安全、质量、物资等部门会签后，报分

公司主管领导批准后实施,同时向有限公司主管处室进行口头汇报。

② 若涉及工艺系统变更、整改项目较为复杂时,由生产运行单位编制变更整改方案,经生产运行部审核,报分公司主管领导并经组织讨论、研究确定,由分公司主管领导批准后实施,同时向有限公司主管处室报备。

③ 大型整改项目按照整改方案实施完成后,应根据制定的试验验证方案要求进行效果验证。验证实验一般控制在 1～6 个月,由生产运行单位编制效果验证报告上报生产运行部。

第三节 质量管理

学习目标:通过学习,了解质量管理的基本知识,熟悉质量管理的基本内容,掌握科产品质量管理的基本方法,具备对生产过程中产品质量监督管理的能力。

一、质量管理的方法

在 ISO 体系中质量控制的通用方法是通过 PDCA 大小循环来进行控制,

1. PDCA 循环的概念

PDCA 循环又叫“戴明循环”,简称“戴明环”。熟练掌握和灵活运用 PDCA 循环方法,对于提高质量管理体系运行的效果和效率十分重要。

简单的解释:P——Plan,计划;D——Do,实施;C——Check,检查;A——Action,采取行动。

图 6-4 为 PDCA 循环示意图。

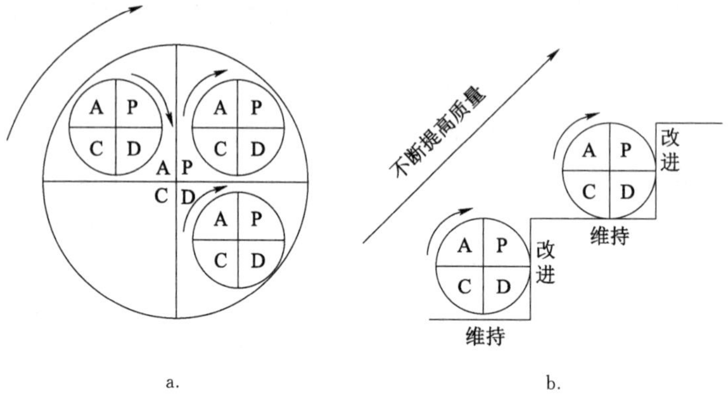

图 6-4 PDCA 循环示意图

a. 大循环套小循环;b. 持续改进

2. PDCA 循环的内涵

ISO 9001:2000 标准 0.2 条款的“注”指出,PDCA 方法可适用于所有过程。其模式可简述如下。

P——策划:根据顾客的要求和组织的方针,为提供结果建立必要的目标和过程;

D——实施:实施过程;

C——检查:根据方针、目标和产品要求,对过程和产品进行监视和测量,并报告结果;

A——处置:采取措施,以持续改进过程业绩。

3. PDCA 方法适用范围

PDCA 循环理论存在于所有领域，既包括人们的专业工作，也包括日常生活，它被人们持续地、正式或非正式地、有意识或下意识地使用于自己所做的每件事和每项活动。

4. PDCA 循环的主要步骤

(1) 分析和评价现状，以识别改进的区域；

(2) 确定改进的目标；

(3) 寻找可能的解决办法，以实现这些目标；

(4) 评价这些解决办法并做出选择；

(5) 实施选定的解决办法；

(6) 测量、验证、分析和评价实施的结果，以确定这些目标已经实现；

(7) 正式采纳更改；

(8) 必要时，对结果进行评审，以确定进一步改进的机会。

5. PDCA 循环的特点

(1) PDCA 循环的四个阶段

策划——实施——检查——处置(改进)是使用资源，将输入转化为输出的活动或一组活动的一个过程，必须形成闭环管理，四个阶段缺一不可。

(2) 大环套小环

在 PDCA 循环的四个阶段中，大环套小环，一环扣一环，小环保大环，推动大循环，每个阶段都有自己小的 PDCA 循环。比如，ISO 9001:2000 标准的管理职责(5)和资源管理(6)是 PDCA 循环的 P 阶段，产品实现(7)是 D 阶段，测量、分析(8)是 C 阶段，改进(8)是 A 阶段。而"改进"中的"纠正措施"则是该标准大的 PDCA 循环中 A 阶段的小 PDCA 循环。

应当指出，PDCA 循环中的 A 是关键环节。若没有此环节，已取得的成果无法巩固(防止问题再发生)，人们的质量意识可能没有明显提高，也提不出上一个 PDCA 循环的遗留问题或新的质量问题。所以，应特别关注 A 阶段。

(3) 循环前进，阶梯上升

由图 6-4b 可见，若按照 PDCA 循环前进，就能达到一个新的水平；在新的水平上再进行 PDCA 循环，便能达到一个更高的水平。

在质量管理体系中，PDCA 循环是一个动态的循环，它可以在组织的每一个过程中展开，也可以在整个过程的系统中展开。它与产品实现过程及质量管理体系其他过程的策划、实施、控制和持续改进有密切的关系。

(4) PDCA 循环的灵活运用

日本著名质量管理专家池泽辰夫主张灵活运用 PDCA 方法，可先从 CA 入手，然后再进入 PDCA 循环，即先"检查""处置"(改进)前一循环的实施效果后，再进入"策划"阶段。在制定年度方针、目标及实施计划方案时，应回顾上一年度方针、目标的实现情况，即对上年度的 PDCA 循环效果进行充分验证后，再制定本年度的计划。

事实证明，毫无准备地进入策划阶段与检查前一循环的实施效果后再进入策划阶段，其效果截然不同。所以，进行 PDCA 循环时，尤其要注意 CA 环节，在此基础上进行策划，对提高策划的水平和有效性有着重要的意义。

二、质量分析与控制

在生产过程中,产品质量的优劣,除了工艺和设备的影响外,原辅料的质量把关,产品的中间控制和产品质量控制也是极为重要的。

1. 原辅料的质量控制

车间要想生产优质的产品,就必须有合格的原料做保证。原辅料规范检验室避免不合格原料流入生产线的关键。当外购原辅料进厂后,由质检科进行对原辅料实行检验,分析工应根据生产原理的厂家提供的产品质量证明文件,对原辅料的产地、品种和批号进行核对,确认无误后,即可按照《原材料采样及验收标准》中的有关规定采样,并在规定时间内,按照规定的方法对有关分析项目进行检验(留样保存;以备复检)。检验完毕,由化验员填写原辅料化验单交供销科和生产调度。凭原料化验合格单,该原辅料方可入库待用。对于不合格的原料,应办理退货或按其他方式处理。

若生产急用,需紧急放行时,生产科应先填写紧急放行申请单交安质部,安质部应立即对其进行采样,先根据紧急放行申请单中的项目进行检验,若符合紧急放行申请单上的所提出的指标,立即在紧急放行申请单上签字,方可放行,但生产科或生产车间必须在该批原料上做好明确的标记或流向记录,以便在需要时采取必要措施。

生产车间在使用外购原辅料过程中,如对安质部的检定持有异议时,可填写内部质量信息反馈卡,向安质部反馈。安质部接到反馈单,立即组织交检,并将交检结构填写在反馈卡上,交生产车间和生产科。若交检合格后,维持生产,车间查找原因;若交检不合格,安质部应通知生产科和车间停止使用,并由供应部门办理退货手续。

2. 生产过程的中间控制

从原料到产品的形成,要经过一个中间过程,对中间过程的控制,是预防不合格品流入产品工序的重要手段。

生产科和生产车间等有关部门,通过工艺分析,共同商定设置流程质量管理点位置并通过温度、压力控制,各控制点的数据要详细进行记录,并随时做好调整系统的记录。由于化工生产具有连续性的特点,分析过程要做到"三及时"即及时采样、及时做样和及时报结果。在有中间存储设施时,一般检验结果没有出来前,该过程的产品不得转入下一工序。对生产装置出现不平稳的情况下,生产车间可以通过临时增加频次和分析项目来指导生产直至生产平稳。

中间控制应包括原料投料后进入生产运行状态的所有规定的中间产物分析和打入成品罐前的成品分析。

3. 产品质量控制

当原辅料打入车间原料罐后投入生产,经过中间过程的质量把关,最后生成出成品。经检验合格的成品才能打入产品库。生产的每一批成品,都必须经过分析室分析员检验,分析员必须按照相应的规定采样和留样。对有包装容器的产品,则应同时核对数量,核查批号是否符合,标识是否清楚。

采样结束后,由化验员按照产品质量标准中所规定的项目方法逐项进行检验分析。各项检验结果填写在原始记录上,需计算的应按所规定的方法进行计算,结果的精度应与所用仪器的精度一致。所有检验过程的原始记录应属实、正确、清楚，不得随意涂改，分析员应签名并对数据负责。

桶装成品的重量验证由安质部检查组对每批产品抽样检验并做检验记录，检验合格后方可入库。当产品装入桶后，成品化检员还必须抽验，直到检查合格后，才能开产品合格化验单。

对于化验不合格的产品，检验人员应在检验报告单、检验记录上填写清楚，应通知有关部门及时纠正，已包装好的产品则应做好标记隔离存放。

第四节 生产管理

学习目标：通过学习，了解生产管理的基本内容，掌握四氟化铀生产过程中产品收率的计算方法，具有对生产线进行经济分析的能力。

一、生产计划管理

生产计划说明在可用资源条件下，企业在一定时间内，生产什么、生产多少、什么时间生产的问题。

1. 生产计划的作用和意义

生产计划是按时间分段方法，去计划企业将生产的最终产品的数量和交货期。生产计划是一种先期生产计划，它给出了特定的项目或产品在每个计划周期的生产数量。这是个实际的详细制造计划。

生产计划是物料需求计划的一个重要的计划层次。粗略地说，生产计划是关于“将要生产什么”的一种描述，它根据客户合同和预测，把销售与运作规划中的产品系列具体化，确定出厂产品，使之成为展开物料需求计划与粗能力计划运算的主要依据，它起着承上启下，从宏观计划向微观过渡的作用。

生产计划是计划系统中的关键环节。一个有效的主生产计划是生产对客户需求的一种承诺，它充分利用企业资源，协调生产与市场，实现生产计划大纲中所表达的企业经营目标。主生产计划在计划管理中起“龙头”模块作用，它决定了后续的所有计划及制造行为的目标。在短期内作为物料需求计划、零件生产计划、订货优先级和短期能力需求计划的依据。在长期内作为估计本厂生产能力、仓储能力、技术人员、资金等资源需求的依据。

生产计划是生产部门的工具，生产计划又是联系市场销售和生产制造的桥梁，使生产计划和能力计划符合销售计划要求的顺序，并能适应不断变化的市场需求；同时，生产计划又能向销售部门提供生产和库存信息，提供可供销售量的信息，作为同客户洽商的依据，起了沟通内外的作用。

2. 生产计划的编制原则

生产计划是根据企业的能力确定要做的事情，通过均衡地安排生产实现生产规划的目标，使企业在客户服务水平、库存周转率和生产率方面都能得到提高，并及时更新、保持计划的切实可行和有效性。生产计划中不能有超越可用物料和可能能力的项目。在编制生产计划时，应遵循这样一些基本原则。

最少项目原则:用最少的项目数进行主生产计划的安排。如果生产计划中的项目数过多,就会使预测和管理都变得困难。因此,要根据不同的制造环境,选取产品结构不同的级,进行主生产计划的编制。使得在产品结构这一级的制造和装配过程中,产品(或)部件选型的数目最少,以改进管理评审与控制。

独立具体原则:要列出实际的、具体的可构造项目,而不是一些项目组或计划清单项目。这些产品可分解成可识别的零件或组件。生产计划应该列出实际的要采购或制造的项目,而不是计划清单项目。

关键项目原则:列出对生产能力、财务指标或关键材料有重大影响的项目。对生产能力有重大影响的项目,是指那些对生产和装配过程起重大影响的项目。如一些大批量项目,造成生产能力的瓶颈环节的项目或通过关键工作中心的项目。对财务指标而言,指的是与公司的利润效益最为关键的项目。如制造费用高,含有贵重部件,昂贵原材料,高费用的生产工艺或有特殊要求的部件项目。也包括那些作为公司主要利润来源的,相对不贵的项目。而对于关键材料而言,是指那些提前期很长或供应厂商有限的项目。

全面代表原则:计划的项目应尽可能全面代表企业的生产产品,反映关于制造设施,特别是瓶颈资源或关键工作中心尽可能多的信息。

适当裕量原则:留有适当余地,并考虑预防性维修设备的时间。可把预防性维修作为一个项目安排在生产计划中,也可以按预防性维修的时间,减少工作中心的能力。

适当稳定原则:在有效的期限内应保持适当稳定。生产计划制定后在有效的期限内应保持适当稳定,那种只按照主观愿望随意改动的做法,将会引起系统原有合理的正常的优先级计划的破坏,削弱系统的计划能力。

3. 生产计划管理的基本原理和基本流程

生产计划是闭环计划系统的一个部分。生产计划的实质是保证销售规划和生产规划对规定的需求(需求什么,需求多少和什么时候需求)与所使用的资源取得一致。生产计划考虑了经营规划和销售规划,使生产规划同它们相协调。它着眼于销售什么和能够制造什么,这就能为车间制定一个合适的“生产进度计划”,并且以粗能力数据调整这个计划,直到负荷平衡。

然后,生产进度计划作为物料需求计划的输入,物料需求计划用来制订所需零件和组件的生产作业计划或物料采购计划,当生产或采购不能满足生产计划的要求时,采购系统和车间作业系统就要把信息返回给生产计划,形成一个闭环反馈系统。

生产计划编制过程包括:编制生产计划项目的初步计划;进行粗能力平衡;评价生产计划,这三个方面。涉及的工作包括收集需求信息、编制主生产计划、编制粗能力计划、评估生产计划、下达生产计划等。制订生产计划的基本思路,可表述为以下程序:

(1) 根据生产规划和计划清单确定对每个最终项目的生产预测。它反映某产品类的生产规划总生产量中预期分配到该产品的部分,可用于指导主生产计划的编制,使得主生产计划员在编制主生产计划时能遵循生产规划的目标。

(2) 根据生产预测、已收到的客户订单、配件预测以及该最终项目的需求数量,计算毛需求量。需求的信息来源主要:当前库存、期望的安全库存、已存在的客户订单、其他实际需求、预测其他各项综合需求等。某个时段的毛需求量即为本时段的客户订单合同以及预测之关系和。“关系和”指的是如何把预测值和实际订单值组合取舍得出的需求。这时,生产计划的毛需求量已不再是预测信息,而是具有指导意义的生产信息了。

(3) 根据毛需求量和事先确定好的批量规则,以及安全库存量和期初预计可用库存量,自动计算各时段的计划产出量和预计可用库存量。

(4) 自动计算粗能力,用粗能力计划评价生产计划方案的可行性。粗能力计划是对生产中所需的关键资源进行计算和分析。关键资源通常指瓶颈工作中心。粗能力计划用于核定主要生产资源的情况,即关键工作中心能否中满足生产计划的需要,以使得生产计划在需求与能力取得平衡。

(5) 评估生产计划。一旦初步的生产计划测算了生产量,测试了关键工作中心的生产能力并对主生产计划与能力进行平衡之后,初步的生产计划就确定了。

二、生产过程管理

1. 生产过程和生产管理的基本概念

(1) 生产过程

1) 生产与生产过程

生产是人类社会人们从事的最基本的活动,社会的一切财富都是通过生产活动创造出来的,不进行生产,人类就无法生存,社会的发展也无从谈起。

“生产”是通过劳动,把资源转化为能满足人们某些需求的产品的过程,这一把资源转化为产品的过程就是生产过程。

生产过程是一个通过劳动,把一定的资源转化为产品或服务的过程,这个过程同时也是价值增值的过程。要实现这个转化过程需要有一定的支撑环境,包括生产场地、生产设施、生产组织、管理制度和技术方法等,这些统称为生产系统。生产过程的运行,同时还受社会环境的制约,特别是市场需求、社会经济发展水平、政府有关的政策法规等,这里需要指出的是,生产过程的输出,不仅指有形的实物产品,还包括无形的产品——服务。传统的观念认为只有出产实物产品的才算是生产,像商贸、金融、通讯、文教、医疗等不是生产。随着社会经济和科学技术的飞速发展,社会的消费水平、消费观念和消费需求发生了深刻的变化,特别是第三产业迅速成长,其在国民经济中的地位发生了重大的变化。

2) 生产过程的构成

狭义的生产过程指产品生产过程,是对原材料进行加工,使之转化为成品的一系列生产活动的运行过程。

广义的生产过程是指企业生产过程和社会生产过程。企业生产过程包含基本生产、辅助生产、生产技术设备和生产服务等企业范围内各种生产活动协调配合的运行过程。社会生产过程是指从原材料开采,到冶炼、加工、运输、储存,在全社会范围内各行各业分工协作制造产品的运行过程。

产品生产过程由一系列生产环节所组成。一般包含加工制造过程、检验过程、运输过程和停歇过程等。产品生产过程是企业生产过程的核心部分。

(2) 生产系统

1) 生产系统的构成要素

生产系统是企业大系统中的一个子系统,是支撑企业生产过程运行的物质基础,生产系统由系统的硬件和软件两部分组成。生产系统的硬件通常是指生产场地、厂房、机器设备、工具器具、运输车辆、通讯设施等。它构成生产系统的物质形式。生产系统的软件指的是生产组织形式、人员配备要求、工作制度、运行方式以及管理上的各种规章制度。

2) 生产系统的功能目标

用户的需求:品种款式、质量、数量、价格、服务、交货期、环保与安全。相应地对企业生产系统提出了创新、质量、柔性、继承性、成本、按期交货和环保与安全。

3) 生产系统的组织形式

① 生产工艺专业化

② 产品对象专业化

2. 生产管理的目标与职能

(1) 生产管理的目标

1) 为保证实现企业的经营目标,组织生产过程按计划要求高效运行,全面完成产品品种、质量、产量、成本、交货期和环保与安全等各项要求。

2) 有效利用企业的制造资源,不断降低物耗,降低生产成本,缩短生产周期,减少在制品,压缩占用的生产资金,以不断提高企业的经济效益和竞争能力。

3) 为适应市场、环境的迅速变化,要努力提高生产系统的柔性(应变能力),使企业根据市场需求不断推出新产品,并使生产系统适应多品种生产,能够快速地调整生产,进行品种更换。

(2) 生产管理的职能

生产管理的基本职能包括:计划、组织、指挥、协调、监控与考核。

1) 生产管理的首要职能是计划。

2) 合理组织生产过程是生产管理的主要职能。

3) 指挥与协调是组织计划与实施的重要职能。

4) 监控与考核是促使生产过程严格按计划进行,保证计划实现的有力手段。

3. 生产现场管理

产品是在生产现场制造的,人(生产工人,管理人员)的活动,物(原材料、能源、生产设备和工艺设备)的使用,原始数据的采集都集中在现场。产品质量、生产成本、合同交货期与生产现场工作的好坏直接相关,现场管理就是要将各种生产资源进行合理配置和优化组合,使整个生产过程运行更加有效。

生产现场管理的内容包括:

(1) 制定和贯彻作业标准。

(2) 组织好现场服务。

(3) 建立目视管理。

(4) 建立安全、文明生产保证体系。

(5) 消除无效劳动,不断改进生产。

三、产品收率的计算

在理想状况下的氢氟化生产过程中,投入一定量的原料二氧化铀,根据理论反应,就会有相对应的一定量四氟化铀的产出，产率是 100%，收率也就是 100%。但是在实际操作中，很难达到 100%的转化率，产率也很难达到 100%，甚至收率更低。

1. 转化率

转化率是参加反应的原料量与投入反应器的原料量的百分比。它表示原料被转化的程度，转化率的大小，说明参加反应的原料量的多少。转化率越大，参加反应的原料越多，反之则越少。一般情况下，投入反应器的原料不可能完全参加反应，因此，转化率就不会为 100%。其三者的关系为：

参加反应的原料量=投入反应器的原料量-未反应的原料量

二氧化铀的转化率可按下式计算：

$$\text{转化率} = \frac{\text{参加反应的原料量}}{\text{投入反应器的原料量}} \times 100\%$$

以一次投入反应器的原料量计的转化率，称为单程转化率。原料量的单位为千克(kg)或千摩(kmol)。

2. 产率

在规定的生产条件下，会同时发生不同的反应，即主反应和副反应，除得到目的产物之外，还有副产物。为了表明反应的实际效果，衡量参加主、副反应的原料量之间的关系，通常用产率表示：

$$\text{产率} = \frac{\text{生成目的产物所消耗的原料量}}{\text{参加化学反应的原料量}} \times 100\%$$

原料量的单位是千克(kg)或千摩(kmol)。

3. 收率

转化率和产率是从不同角度来表示某一反应的进行情况。转化率仅表示投入的原料量在反应过程中的转化程度，它不表明这些生成物是目的产物，还是副产物。产率只说明被转化的原料中生成目的产物的程度，但不说明有多少原料参加了反应。但在实际生产中，总希望在获得高转化率的同时，也要获得较高的产率。为了描述这两方面的关系，常采用收率这个概念：

某产物的收率=原料的转化率×目的产物的产率×100%

或

$$\begin{aligned}\text{某产物的收率} &= \frac{\text{参加反应的原料量}}{\text{投入反应器的原料量}} \times \frac{\text{生成目的产物所耗原材料}}{\text{参加反应的原料量}} \times 100\% \\ &= \frac{\text{生成目的产物所耗原材料}}{\text{投入反应器的原料量}} \times 100\%\end{aligned}$$

在生产过程中，想要获得高收率的四氟化铀，往往要控制好各个工艺过程，如反应温度、氟化氢浓度等。

4. 消耗定额

是指生产单位产品所消耗的原料量，即每生产 1 t(或千克)四氟化铀所消耗的二氧化铀量或氟化氢量。

$$消耗定额 = \frac{原料量}{产品量}$$

工厂中消耗定额包括原料、辅助材料及动力等。消耗定额的高低,说明生产工艺水平的先进与否及操作技术水平的高低,高产低耗,才能降低成本。

第二部分　高级技师技能部分

第七章　二氧化铀氢氟化法生产四氟化铀

学习目标：通过学习，了解流化床技术的基本工艺原理，知道流化床技术的特征，熟悉流化床操作技术参数的计算和选择，掌握氢氟化工艺设备的选型原则和二氧化铀氢氟化法生产四氟化铀生产工艺的工艺流程，能够熟练操作氢氟化反应器等关键主体工艺设备，并能够分析、判断和解决二氧化铀氢氟化生产线运行过程中的异常工况和运行故障。

第一节　工艺准备

学习目标：通过学习，了解流化床技术的相关基础知识和设备选型计算原则，知道氢氟化生产线的工艺流程，熟悉生产线开车前的工艺技术、物料、工具和安全措施等必备条件，掌握氢氟化生产线开车前的具体工艺准备工作内容，并掌握氢氟化生产线开车试生产的关键工艺技术条件。

一、生产准备

1. 流化床技术基础

在气体的作用下，固体颗粒处于流动状态的现象称为固体流态化现象。

对于流态化而言，有气-固流态化、液-固流态化和气-液-固三相流态化。由于二氧化铀氢氟化法生产四氟化铀是气-固化学反应，气-固化学反应通常采用流化床技术。二氧化铀为原料通过流态化技术生产四氟化铀，属于气-固流态化技术。

(1) 固体流态化现象与床层状态

在下部安装有分布板的圆筒或锥形筒的设备，内装固体颗粒物料即形成一个床层。当气体自下而上通过床层时，随着气体流速的变化，床层将会出现固定床、临界流化床、流化床和稀相输送床四种状态。

在流化床生产过程中，以上四种状态我们经常遇到，而且常利用这些状态进行操作，并将床层控制在所需要的操作状态。在开车时，床层必然经过临界流化状态；在正常操作时，床层应处于良好的流化状态；当停车前需要将一级床的物料输送到中间料斗时，就要加大一级床的气体流速，使床层处于稀相输送状态，以便将床内大部分较细的物料送向中间料斗。

(2) 流化床的特征

处于流化状态的床层称为流化床。流化床的流化质量好坏是稳定操作的关键,研究一些流化床的典型特征,对正确认识流化床和正确地判断流化质量的好坏是有帮助的。

1) 气-固相充分接触

对气-固各类反应床形而言,流化床中气-固接触最好。因为在正常流化状态情况下,整个床层的所有固体颗粒都处在悬浮状态。也就是说,每个颗粒都浸泡在流化气体之中。我们知道,一个比重和水相同的固体浸泡在水中时,它的所有表面都会充分被水浸润。同样道理,流化床中的每个颗粒都能和流化气体充分地接触,这是我们采用流化床于气-固反应的良好特征之一。在气-固化学反应中,由于有充分的气-固接触条件,就加快了反应中的传质作用,因而有利于加快反应速度,提高生产强度和产品质量。

2) 返混现象

气体在一个圆柱床内自下而上地流动时,由于床壁和气体的摩擦作用,使床壁附近的流速小于中心部位的流速。对于流化床层来说,由于轴向中心部位的气速较大,所以固体颗粒将在此部位随气流向上流动加快,使得床中心的松密度减小,而在下端床壁附近密度较大的床层将流向中心部位,随气流从中心又向上流动。另外,由于床壁附近的气速小,底端向中心流动时,必引起较大的颗粒向下沉降,这就形成床壁处的颗粒向下流动的现象。在床层的上部,由于中心的向上和周围的向下流动,则必引起中心向周围的流动。这样整个床层将形成返混流形状态,如图 7-1 所示。

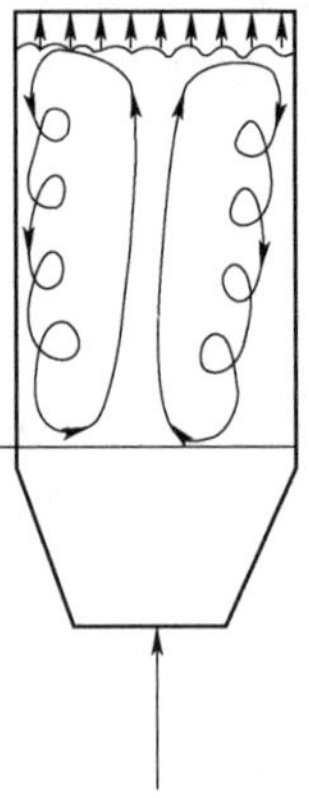

图 7-1　流化床返混流形状态示意图

固体物料的返混是流化床固有的一个特征。这种返混现象使床层温度分布趋向均匀,这对于保持床内某一恒定温度进行化学反应有利。例如:在热脱硝过程中,由于脱硝速度迅速,而且能吸收大量的热,这就很需要有较大的返混加速床内的热传递,及时供给脱硝区的热能。但对于建立一定的温度梯度的氢氟化反应,这种返混是一种不利的因素。

另外,由于床层的返混,带动一部分气体返混,这对于可逆的气-固反应而言,使一部分产品回到反应区,增加了逆反应的可能性,势必在一定程度上影响到转化率,因此,反应产生的气体和产品应及时从床内排出,才对反应有利。

虽然说返混现象是流化床的一个特征,但可根据需要从流化床的结构上和操作上加以改进,以发展有利的一面,克服其不利的一面,即可将流化床用于各类气-固形反应的工业生产上:当需要较大的返混时,可采用较大的气速和具有强烈返混的床型(如圆柱床);当不需要返混时,可采取相反的措施降低返混现象。

3) 类似液体特征

流化床的类似液体特征,即当床层处于流化状态时,整个床层具有一些和液体相似的性质,一般称为似液体性能,如比重比流化床轻的物体放在床内会上浮,比重比流化床重的物体则下沉。另外像液体一样具有流动性,可以由料面高的设备流向料面低的设备等。我们了解到流化床这一特性后,就可利用它对生产有利的一面,如串联流化床中,利用它可以从高料面向低料面的流动性质,从一级床向中间料斗溢流送料。但在操作流化床时,也应防止漏洞向外流动喷料,造成生产事故。

4) 气泡现象

对气体流化床而言,存在着稀相区和密相区,二者有一明显的界面。对于密相区来说,是由乳化相和气泡相所组成。所谓气泡相是由许多大大小小的气泡所组成。在气泡相中,几乎都是流化气体,而几乎没有固相存在(尾迹除外),这样大量的气泡通过床层必将影响到气-固的充分接触和化学反应。为此,了解气泡产生的原因、影响气泡大小和产生气泡量的因素、气泡对反应中的传质传热的影响及生产操作的稳定性等,十分必要。

图 7-2 为流化床气泡和乳化相传质示意图。

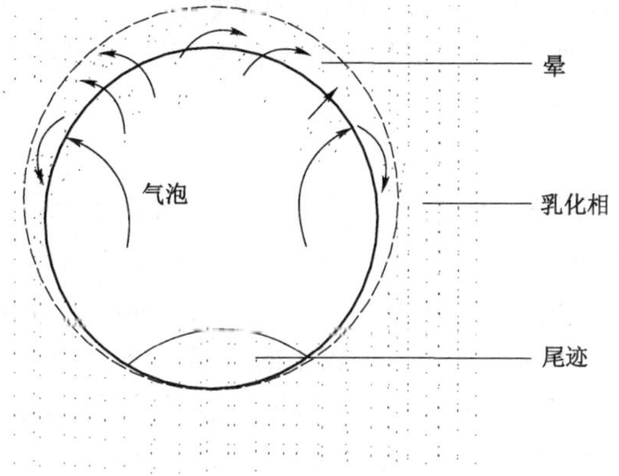

图 7-2　气泡和乳化相传质示意图

气泡产生的原因是超过使床层流化、均匀膨胀的最小气速的气体流量所引起的。当气体的空床流速达到临界流化速度 ω_{mf} 时,床层开始松动,再提高气速,床层均匀膨胀,当气速达到某一值 ω_{mb} 时,床层即开始出现气泡。所以有人把 ω_{mf} 到 ω_{mb} 的床层称为膨胀床,但实际上当气速由 ω_{mf} 增到 ω_{mb} 时,其变化量是很小的,以致可以认为二者是重合的,所以有的书上把气泡的产生说成是大于初始速度 ω_{mf} 的气体流量均以气泡相通过床层。而在初始速度 ω_{mf} 以内的气泡流量和固体粒子组成孔隙度较小的、均匀的乳化相(也称连续相)。

由气泡产生的原因可知,在流化床生产中,气泡的产生是不可避免的。因为实际的操作速度要比初始气速大数十倍,而实际上以气泡相通过床层的气量要比以均匀的乳化相通过床层大得多。这就是常说的流化气体大都以气泡通过床层,即形成所谓不均匀的"聚式床",或称为气泡床、鼓泡床等。

气泡通过床层的过程:当气泡刚通过分布板时,以大量极小气泡存在。在上升的过程中,由于床层静压力的下降,气泡自身膨胀变大,然后相邻气泡相互合并、增大,达界面时破裂。在气泡向上运动的过程中,气泡内的气体,并非是静止不动的,除了内部气体作循环流动外,还时刻和乳化相进行着质的变换。

在气泡上升过程中,内部气体从上部逸出,进入气泡周围的乳化相,而周围乳化相中的气体从部底又进入气泡中,进入气泡内的气体中当然包括反应所产生的气体。这样在气泡周围形成一层气体渗透的乳化相层(如图 7-2 虚线内的一层乳化相),一般称为气泡晕,简称"晕"。另外在气泡上升过程中,底部压强有所降低,因而使周围乳化相的粒子进入尾部被气泡带着一起上升,这部分称为气泡的尾迹。尾迹中的固体颗粒也能和周围进行质的交换。

气泡的晕和迹是气泡相中的气体和乳化相进行物质交换的媒介。一般较小的气泡晕层较厚,说明小气泡完全能够起到气-固的传质作用,但大的气泡晕层反而薄,也就是说其传质作用就差了。由此可知,在流化床生产中,不是不需要气泡,而是如何改进设备和操作条件,使气泡成为碎小气泡,以提高气-固的传质效果。

另外在气泡上升过程中,尾迹要携带一部分气-固颗粒一起上升,加强了固体颗粒轴向流动混合的作用。这样一方面起到迅速传热的作用,另一方面给可逆反应带来不利,不能建立良好的转化率梯度。

气泡的大小与很多因素有关。其中,床体的结构如分布板开孔情况、有无内部构体等,起着很主要的作用。另外,高床层大流量都易造成大的气泡,这是操作时应加以注意的。

大气泡除了影响传质外,还会造成操作的不稳定,引起强烈的振动,严重时形成气节,使流化质量恶化。

5) 气体的夹带现象

尽管流化床在操作过程中,在气流的作用下,床层界面上下波动得厉害,但仍存在一个可以测量的界面,在界面以上虽主要是气体,但仍含有一定量的固体颗粒,只是浓度较稀,所以我们称它为稀相区。稀相区中固体颗粒主要是流化气体的夹带作用形成的。这种夹带可以从两方面说明。其一是固体颗粒的粒径较小的一部分,在操作气速下,已达到了它的带出速度,所以被带出密相区。其二是在大气泡达界面破裂时,使部分粒径较大的颗粒,也飞溅出界面,进入稀相区。这种在气流使气泡破裂,将部分固体颗粒带到稀相区的现象,称为气体的夹带现象。

在流化床操作中,气体的夹带现象也是流化床正常的特性之一,夹带现象的存在给流化床操作中的气-固分离带来了一定困难。但只要在设计时对床体的结构采取一定的措施,并安上有效的除尘分离设备,即能达到气-固分离之目的。

气体夹带的大小,主要和操作气速有关,操作气速大,夹带严重。另外,气体夹带的大小也和气泡大小有关、固体颗粒粒度大小有关。过大的夹带将给固体除尘器带来较大的负荷,使操作不稳定。对于操作而言,应尽量避免过大气速操作,以减少气体夹带,减少除尘器设备的负荷,这是对长期稳定生产有利的。

(3) 流化床的几种不正常现象

流化床的不正常现象是指床层流化的不正常现象,它有两层意思:其一,在设备结构合理,操作参数适宜,操作正确的情况下,这些现象一般不会发生;其二,这些现象的出现,对稳定生产起着不良的影响。主要包括沟流、大气泡和腾涌三种情况。

1) 沟流

沟流的特征是气体短路通过床层,使床层形成一条气沟流,沟流一般分贯穿沟流和局部沟流两种。

在实际操作中,可以通过床层压差和入口压力的参数变化、床体振动情况及尾气中原料气体的含量等表现参数加以判断。沟流是流化质量恶化的一种表现,它破坏了气-固的良好接触条件,使部分床层处于固定床状态,因此易形成转化率低,下部反应激烈,导热性能差等现象,严重时可引起床层烧结等严重事故。另外如固定床在送料口处,则易造成送料螺旋卡死,影响正常生产。

产生沟流的原因,主要是和床层高径比、分布板开孔情况、固体颗粒粒度及物性、操作气速等有关。在设备结构、床层高径比固定并符合要求的情况下,一般低气速、细颗粒和物料潮湿等情况下易产生沟流。

在生产中产生沟流时,应及时采取措施,加以消除。主要的消除办法是:短时间内大气量向床内吹冲,使固定床层松动流化。

2) 大气泡

在流化床操作中,大气泡产生的原因除了和设备结构有关外,过高的床层和过高的气速都能引起大气泡现象。

大气泡的表观现象是入口压力和床层压差及料面波动大,床体振动大。消除的办法:在操作中稳定操作气速,把料面控制在规定范围。另外,在设备结构上最好采用隔板床,因为隔板能很好地起到破碎气泡的作用。

3) 腾涌

腾涌也叫节涌,是大气泡直径大到和床直径相同时,将上层床层向上推,当推到一定高度时,料塞崩裂,大量固体物料向下再一次落入床层内,这种现象被称为腾涌。

腾涌的出现使操作极不稳定,气-固接触条件恶化,长期出现腾涌,则会严重影响产品质量,并造成气料的严重浪费。

床层的高径比越大,气速越高,则易出现腾涌现象。腾涌的消除办法和大气泡相同。

(4) 流化质量

"流化质量"是用来衡量流化床流化状态好坏的一个指标。流化质量是指气-固相混合和接触的状态:气-固相混合均匀,充分接触,则流化质量好;气-固相混合不均匀,接触不充分,则流化质量差,或者流化质量恶化。在实际生产中,气-固相的混合和接触情况是不能直接看到的,它只能从一些监测参数上反映出来。因此我们判断流化质量的好坏,只能根据一些参数的变化情况综合分析后才能得出正确的结论。

流化床的一些流化特征是客观存在的。有些特征严重时会影响到流化状态。而流化床的一些不正常现象,对流化状态的影响会更严重。对于气-固流化床而言,虽然不能得到像散式流化床那样的均匀流化状态,但通过设备结构的改进和严格的参数控制,可以改善流化状态。

大气泡和腾涌的出现、沟流的产生,都将恶化气-固接触状态。因此根据上述不正常现象在参数上的各种表现,如压力、床层压差和料面的变化情况等,即可综合地判断出流化质量的好坏。

既然流化质量是指气-固相的混合和接触情况,则良好的流化质量,必然提高转化率和产品质量。另外将会降低尾气中原料气的含量。再一方面,良好的流化质量,使操作平稳,能保证长期稳定的生产。流化质量的好坏,主要和如下一些因素有关:

① 小颗粒的物料比大颗粒的物料流化性能好,因此小颗粒的流化数可取几十到几百,而大颗粒则只能较小的流化数。

② 对相同平均颗粒度的物料而言,粒度分布宽比分布窄的物料流化性能好。

③ 气体的比重和黏度越大,则流化性能也越好。比如在氢氟化流化床操作中,N_2 比 HF 的比重大,则用 N_2 流化时就比 HF 流化时流化质量要好(当然也和其他因素有关)。

④ 较浅的床层和较低的气速,将会出现较好的流化质量。但过浅的床层和过低的气

速也会使流化质量变坏。另外低床层、低气速会降低产品质量和产量。

⑤ 设计与选择合适的床型和增设内部构件,如增加隔板等,同样能改善流化质量。

总之,在流化床生产中,严格按规程操作,细心观察各有关参数的变化情况,多方面地综合分析判断流化质量的好坏,遇有影响流化质量的因素应及时采取措施,保证流化床在生产中处于良好的流化质量,是长期安全稳定生产的重要保证。

2. 流化床的流化状态分析和临界流化速度

当气体通过固体颗粒床层时,随着操作气速的变化,可以出现四种状态的床层:固定床、流化床和输出床三个不同的阶段(临界流化状态和流化状态统属流化床阶段)。由此可知,流化气速在流化床操作中十分重要。

(1) 流化状态分析

对流化床的流化状态分析,首先要对床层压力降加以说明。所谓床层压力降是气体通过床层时压力的降低,常用ΔP来表示。床层状态的变化常通过测定不同气速和ΔP值的关系来看出其变化的规律。图 7-3 是气速和压力降ΔP之间的关系图。

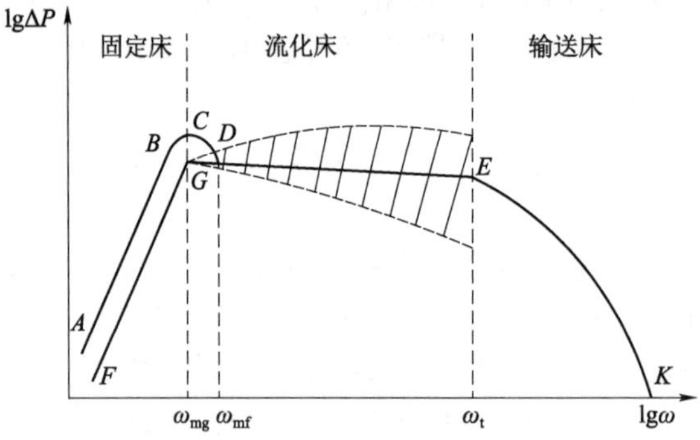

图 7-3 气速和压力降的关系图

图中:气速用符号 ω 来表示,其横坐标用 ω 的对数值 $\lg\omega$ 来表示,纵坐标用 $\lg\Delta P$ 表示。

在固定床阶段,随着气速的增加,ΔP 值沿 AB 线上升:此时气速较小,固体颗粒组成的床层静止不动,气体从静止颗粒的空隙间流过。在固定床阶段,床层的空隙是不变的,气速的增加,相当于流量的增加,因而使气体通过的阻力增大。

当气速增大到一定值时,床层压降ΔP 值增大到等于单位面积上床层重量时,如达 B 点时,气体则刚好将整床层托起来了。

此时的床层压力降ΔP 值为:

$$\Delta P = \frac{W}{S} \tag{7-1}$$

式中:W——整个床层重量,kg;

S——床层横截面积,m^2。

此时固体颗粒位置稍有松动,床层开始松动和膨胀,即空隙率开始增大,但此时的床层并未流化。

当气速再稍微增加时,ΔP值略有波动。随着气速的缓慢增加,ΔP值出现了 BCD 一般的"驼峰形"曲线,当气速增到 D 点值时,全床开始流态化,此时的床层处于临界流化状态。与

D 点相对应的气体流速被称为临界流化速度(也叫初速度),用符号 ω_{mf} 来表示。在临界流化速度下的床层压降值被称为临界压降值,所谓临界流化速度是使床层开始流化的最小气体速度,一般都用空床气速值表示。

当气速值继续增加时,ΔP 值几乎不再变化,即成 DE 直线。此时的床层已处于流化状态,即流化床阶段。在此阶段,气速的增加只使床层膨胀,即空隙增大。因为当床层处于流化床阶段时,气流通过床层所产生的阻力值ΔP,已经把整个床层托起,正像一个人举起一个重物一样,举高举低都是举起一样重的物体,也就是说用的相同的力,所以增加气速,ΔP 值就不再增加了。所以整个流化床阶段的ΔP 值都等于单位面积上的床层重量,而与操作气速的变化无关。

在实际生产中,由于气泡的产生、合并、上升和破裂,使床层压降值会有不同程度的波动。但良好的流化质量ΔP 的变化只能在一定范围内进行,如图 7-3 中的阴影部分。而其平均值应为 DE 直线,而且随着气速的增加,可能出现ΔP 稍微偏高的现象,这主要是床壁效应和离子之间碰撞拥挤所产生的阻力值稍偏高的原因。但这种偏高,除非气速变化特大时,在ΔP 的参数中是看不到的。

继续增加流化床的气速,床层将继续膨胀,空隙率不断地在增大。当气速增加到刚好使固体颗粒随气体流动时(即 E 点),则固体颗粒开始被气体带出床外(在没有过滤器时)和 E 点相对应的气速称为颗粒开始带出速度。当气速增大到 K 点,所有固体颗粒均匀地充满容器,随气速而流动,这时床层界面已不存在。如果没有气体过滤器,则固体颗粒将被气流全部带出设备,在不加料的情况下,床内将成为只通过气体的空床,在继续加料时,加进的物料将随气流一起输送出去。所以 E 点到 K 点的气速被称为颗粒带出速度,也称为气体输送速度,用符号 ω_t 表示。实际上从 E 点开始,颗粒已开始带出,所以从 E 点到 K 点随着气速的增加,空隙率越来越大,则ΔP 值也随着降低。

由上面分析可知,对于流化床的操作,流化气速是很重要的一个参数,它的变化可以使床层处于三个阶段。所以,准确地选择并严格地控制操作气速,对于流化床的正常生产是十分重要的。但要正确地选择操作气速,就必须先正确地确定临界流化速度 ω_{mf} 和颗粒带出速度 ω_t。

(2) 临界流化速度的确定

从上面分析可知,气速在临界流化速度之前则为固定床,所以流化床的操作气速必须大于临界流化速度,因此确定临界流化速度的大小就显得十分重要了。

对于某种物料而言,临界流化速度的确定有两种方法:即实验方法和理论计算方法。

1) 实验测定 ω_{mf}

一般都用小型专供实验用的流化床装置来测定临界流化速度。而且实验流化床大都采用有机玻璃制成,以便观察床层变化情况。一般实验装置如图 7-4 所示。

为了测定的准确性,在许可的条件下,尽量模仿实际生产条件进行测定,如分布板的结构要和生产型相同,而使用物料和气源也应尽可能使用生产中所使用的物料和气源。

对于生产型流化床来说,由于所用流量计的量程比较大,而且测量床层在差值误差也较大,所以一般不易测出准确的临界流化速度,当然改用小量程的流量计也是可以测量出其近似值的。

在上述实验装置中,逐步提高操作气速,由流量计每测定一个流量的数值(需经计算),测定一个相应的ΔP 值,由此可得出 ω–ΔP 的关系数据。然后在双对数坐标上可给出 $\lg\omega$–lg

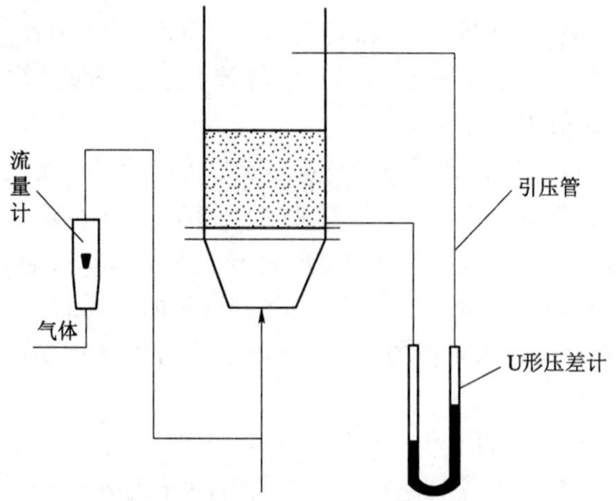

图 7-4　测定ω_{mf}的实验装置示意图

ΔP 的曲线图。经过反复测定,并通过观察床层变情况,即可较准确地测定临界流化速度ω_{mf}的值。

在反复测定过程中,ΔP 值可能有一定的波动,但在大量数据情况下,得出规律性的东西是一般实验的常规。国内某单位用 AUC 热分解料 UO_2 在小型有机玻璃实验流化床中冷模实验,测得其临界流化速度在 0.002 5～0.003 5 m/s。

在工艺设计中,往往把实验测得的临界流化速度,与理论计算值相结合,来相互加以校正,以便得出较为准确的数据。

2）临界流化速度的计算

临界流化速度主要是由固体颗粒和流体的一些性质所决定的。如固体的颗粒大则临界流化速度也大。当床层处于临界状态时,由于它是固定床和流化床的分界点,所以此时的床层阻力和固定床相等。另外由于此时固体颗粒开始悬浮在气体中。因此,固体颗粒的重力一定等于气体的向上浮力和向上流动的阻力之和。根据这些基本概念,通过理论分析和试验研究,总结出了许多有关临界流化速度的计算公式。在此我们介绍一种常用于工程上的计算公式:

$$\omega_{mf} = 4.08\,\frac{d_p^{1.82}(\gamma_s - \gamma_f)^{0.94}}{z^{0.88}\gamma_f^{0.06}}\ (\mathrm{m/s}) \tag{7-2}$$

式中:d_p——固体颗粒平均直径,m;

ω_{mf}——临界流化速度,m/s;

γ_s——固体颗粒的密度,kg/m^3;

γ_f——气体密度,kg/m^3;

z——气体黏度,厘泊。

3）影响临界流化速度的因素

由式(7-2)可以看到,影响流化速度的主要因素包括固体颗粒大小、固体及气体的密度和流体的黏度等。下面就各影响因素进行分析并举例进行计算。

① 固体颗粒大小的影响及计算

在日常生活中我们都有这样的经验,对于同样风力而言,较细小的沙砂尘易被风吹起,而较大的砂粒则不易被吹起。而较大的风则能将较大的砂粒吹得满天飞。这很能说明大颗粒不易流化。也就是式(7-2)中的临界流化速度和颗粒平均直径 d_p 的 1.82 次方成正比的数量关系。由此可知，d_p 对临界流化速度的影响是比较大的。

d_p 是固体颗粒的平均直径。在实际生产中，所使用的颗粒物料，是由各种不同直径的颗粒组成的。特别对于脱硝料 UO_2 物料而言，其大颗粒和小颗粒之间的直径相差很大。所以必须通过筛分后，求出其平均直径的大小。一般根据实际测定的筛分组成，按下式求出颗粒的平均直径 d_p 值：

$$\overline{d_p} = \frac{1}{\Sigma \frac{x_i}{d_{pi}}} \tag{7-3}$$

式中：$\overline{d_p}$——固体颗粒平均直径；

x_i——固体颗粒各筛分的重量百分比；

d_{pi}——固体颗粒各筛分的平均直径；

Σ——表示总和的符号。

上式中的 d_{pi} 可按算术平均值或几何平均值来计算。

按算术平均值时：$d_{pi} = \frac{d_1 + d_2}{2}$

按几何平均值计算时：$d_{pi} = \sqrt{d_1 \cdot d_2}$

式中 d_1 和 d_2 分别为上、下筛分目尺寸。

下面我们通过实例的计算，来熟悉求颗粒平均直径的计算方法。

例题 1：根据国内某单位测定 UO_2 的颗粒度筛分组成，如表 7-1 所示，以此来计算其颗粒平均直径 d_p 值。

表 7-1　UO_2 颗粒度分布表

筛目/(目/英寸)	实测开口尺寸/μm	$d_{pi} = \sqrt{d_1 d_2}$ /μm	x_i 重量分数	$\frac{x_i}{d_{pi}}$
60	285	533	2.9×10^{-4}	5.44×10^{-6}
80	210	245	3.7×10^{-4}	1.51×10^{-6}
100	156	181	7.5×10^{-4}	4.14×10^{-6}
120	131	143	1.64×10^{-3}	1.15×10^{-5}
140	103	116	6.06×10^{-3}	5.22×10^{-5}
160	94	98	3.06×10^{-3}	3.12×10^{-5}
180	89	91	3.1×10^{-4}	3.41×10^{-5}
200	82	85	1.35×10^{-2}	1.59×10^{-4}
250	66	74	1.04×10^{-1}	1.41×10^{-3}
300	50	58	6.98×10^{-2}	1.20×10^{-3}
320	46	48	5.58×10^{-2}	1.16×10^{-3}
360	42	44	0.157	3.57×10^{-3}
血球计数板测定	42～25	32.5	0.265	8.15×10^{-3}
	25～5	11.2	0.322	2.87×10^{-3}

解:其中:$\sum\frac{x_i}{d_{pi}}=44.50\times10^{-3}$,则:

$$\overline{d_p}=\frac{1}{\sum\frac{x_i}{d_{pi}}}=\frac{1}{44.50\times10^{-3}}=22.47\ \mu m=2.247\times10^{-5}\ m$$

② 固体颗粒密度γ_S和气体密度γ_f的影响

从公式(7-2)可知,临界流化速度ω_{mf}和($\gamma_S-\gamma_f$)的 0.94 成正比,而和$\gamma_f^{0.06}$成反比。也就是说,当固体颗粒密度大,气体密度小时,临界流化速度大。这就是说,固体颗粒比重大时不易流化,而气体比重大时则易流化。

在进行计算临界流化速度时,UO_2 固体颗粒密度即近似为其晶体密度,一般为 10 960 kg/m^3。无水 HF 气体的密度在 300 ℃时为 0.638 kg/m^3。

③ 气体的黏度 z 的影响

气体的黏度一般随温度的改变而改变。对于气体流化床,不同的气体具有不同的黏度。从(7-2)式可以看出,临界流化速度和气体的黏度的 0.88 次方成正比,也就是说气体的黏度越大,则临界流化速度越小。这并不难理解,因为气体的黏度越大,越易将固体颗粒向上带。各类气体的黏度可在有关手册中查到,无水 HF 在 300 ℃时的黏度为 0.024 77 厘泊。

4) 临界流化速度的计算举例

通过以上分析,现在用公式(7-2)来进行举例计算,并和实验所得数据加以比较,从而得出较为准确的临界流化速度。

在举例计算前,先介绍一个检验公式(7-2)的适用范围和公式的校正系数的问题。在工程计算中,常用一个叫作"雷诺数"的参数来检验和校正公式(7-2)的准确性。雷诺数是流体力学中常用的计算公式,它主要说明流体的流型情况。用符号 Re_t 表示。雷诺数值计算公式如下:

$$Re_t=\frac{10^3 d_p\omega_{mf}\gamma_f}{z} \tag{7-4}$$

这是一个没有单位的数群。由此可知,它主要和固体颗粒直径 d_p、临界流化速度ω_{mf}、气体的密度和气体的黏度等数值有关。

在此主要用雷诺数来检验公式(7-2)的适用范围,并根据雷诺数所给的校正系数来校正公式(7-2)计算的准确性。

在用公式(7-2)计算临界流化速度时,当计算出 $Re_t<10$ 时,可不必校正。但当 $Re_t>10$ 时,必须根据雷诺数所提供的表 7-2 的校正系数来进行修正。

表 7-2　雷诺数提供的校正系数表

雷诺数 Re_t	10	20	30	40	50	60	80	100	200	500
校正系数 f	0.96	0.85	0.77	0.71	0.67	0.64	0.58	0.53	0.42	0.30

现在根据公式(7-2)和公式(7-4)来举例计算在进行 UO_2 氢氟化时,无水 HF 的临界流化速度。

例题 2:根据上面各计算分析得出 UO_2 的平均颗粒直径为 2.247×10^{-5} m,并查得其密度为 10 960 kg/m^3,而在 300 ℃时,无水 HF 的密度为 0.638 kg/m^3,黏度为 0.024 77 厘泊,试求此时 UO_2 氢氟化的临界流化速度。

解:按公式(7-2)进行如下计算:

$$\omega_{mf}=4.08\times\frac{d_p^{1.82}(\gamma_s-\gamma_f)^{0.94}}{z^{0.88}\gamma_f^{0.06}}$$

$$=4.08\times\frac{(2.247\times10^{-5})^{1.82}\times(10\,960-0.638)^{0.94}}{(0.024\,77)^{0.88}\times(0.638)^{0.06}}=0.002\,36\ \ (m/s)=2.36\times10^{-3}(m/s)$$

在本题中所给的参数中,其雷诺数为:

$$Re_t=\frac{10^3d_p\omega_{mf}\gamma_f}{z}=\frac{10^3\times(2.247\times10^{-5})\times2.36\times10^{-3}\times0.638}{0.024\,77}=1.366\times10^{-3}$$

由计算可知,$Re_t<10$ 时,则计算出的临界流化速度不加校正。也就是说对本题公式(7-2)是适用的。

如果计算后,$Re_t>10$ 时,仍可按式(7-2)进行计算,但求得 ω_{mf} 值必须乘以相应的 Re_t 值的校正系数。

计算临界流化速度的公式很多,不同的研究者从不同的角度出发,就得出不同的经验公式。在此,我们再介绍一种在工程技术上较为适用的一个公式:

$$\omega_{mf}=\frac{d_p^2(\gamma_S-\gamma_f)}{1\,650\mu}\tag{7-5}$$

公式(7-5)与公式(7-2)相比较为简单,因为省略了几个较小数值的计算,用一个分母系数值进行全式的修正计算。但请注意,此式比式(7-2)的误差要稍大些。在计算时,雷诺数适于 $Re_t<20$ 的情况。黏度 μ 的单位为公斤・秒/米^3($kg\cdot s/m^3$),在查得黏度为厘泊单位时,再除以 9810 即变为 $kg\cdot s/m^3$ 的单位。

例题 3:在例题 2 所给的参数中,试用公式(7-5),对 UO_2 氢氟化的临界流化速度进行计算。

解:将所给的有关参数代入公式(7-5)中:

$$\omega_{mf}=\frac{d_p^2(\gamma_S-\gamma_f)}{1\,650\mu}$$

$$=\frac{(2.247\times10^{-5})^2\times(10\,960-0.638)}{1\,650\times\dfrac{0.024\,77}{9810}}=0.001\,33\ \ m/s=1.33\times10^{-3}\ \ m/s$$

根据以上两种计算方法所计算的数来看,公式(7-2)较为接近真实数值。一般认为,公式(7-2)的计算误差约为±22%,而公式(7-5)的计算误差约为±34%。这可由实验测得临界流化速度的数值加以比较说明。用 N_2 作为流化气体,冷模实验测得 UO_2 流化时临界流化速度在 0.002 5～0.003 5 m/s。

国内某单位用小型玻璃床,在常温常压下,用氮气体作为流化气体,以 AUC 分解料 UO_2 为流化物料,测得临界流化速度为 0.003 m/s。据此换算成 350 ℃时,90% HF 的气体流化时,其临界流化速度为 0.002 6 m/s。这和用公式(7-2)计算的 ω_{mf} = 0.002 36 m/s 非常接近。所以,300 ℃时,无水 HF 的临界流化速度应为:

$$\omega_{mf}=\frac{0.00236+0.0026}{2}=0.00248\ m/s$$

以上所用公式计算的临界流化速度，只适用于圆柱形流化床。对于锥形流化床临界流化速度的计算应加以修正，锥形流化床的临界流化速度可按下式进行修正：

$$\omega_{mf锥}=\omega_{mf}\left(\frac{D}{d}\right)^2 \tag{7-6}$$

式中：ω_{mf}锥——锥形床临界速度；

ω_{mf}——按公式求出的圆柱床临界流化速度；

D——锥形床底部直径；

d——在临界流化速度时料面处的直径。

公式(7-6)也是一种经验公式，适用应于锥度$\gamma<10°$的锥形床。

应当说明一点，公式(7-6)所求出的临界流化速度增加了一个修正系数$\left(\frac{D}{d}\right)^2$，是指的整个床层都处于临界流化时的速度。而分布板处的临界流化速度的计算仍按圆柱床进行计算。

3. 颗粒带出速度和操作气速的选择

对于流化床的操作而言，操作气速应大于临界流化速度，这是确定临界流化速度的重要意义。那么操作气速有没有最大值的限制呢?这就是分析流化状态时指出的颗粒带出速度问题。

(1) 颗粒带出速度

所谓颗粒带出速度，指的是固体颗粒被气流带走时的气体流速称为颗粒带出速度。即气速刚好能将固体颗粒向上带走的速度。计算颗粒带出速度的公式也很多，在此只介绍两个和我们生产上适用的公式。

$$\omega_t=\frac{d_p^2(\gamma_s-\gamma_f)}{18\mu}\ m/s \tag{7-7}$$

对于球形颗粒而言，上述公式适用于雷诺数$Re_t<1$的层流区。当雷诺数$Re_t>1$时，可按下述公式进行计算：

$$\omega_t=\left(\frac{4}{225}\cdot\frac{(\gamma_s-\gamma_f)^2\cdot g}{\gamma_f\cdot\mu}\right)^{\frac{1}{3}}\cdot d_p\ \ m/s \tag{7-8}$$

公式(7-7)和公式(7-8)中：ω_t——开始带出气速；

g——重力加速度，一般取 9.81 m/s^2。

公式(7-8)适用于雷诺数$Re_t\leqslant500$的情况；当雷诺数$Re_t>500$时，另有公式计算，但一般遇不到，在此不多做介绍。

在用雷诺数来检验使用哪个公式时，应按下式进行检验：

$$Re_t=\frac{10^3d_p\omega_t\gamma_f}{z}$$

式中：Re_t——雷诺数。

在利用上面的两个公式计算带出速度时，究竟选用哪个公式，要看雷诺数的大小而定。

但计算雷诺数过程中就含有未知数带出速度ω_t，故一般可先任选一公式，计算出带出速度后，然后再带入求出雷诺数的大小来检验公式的适用性。另外，也可根据所给的固体颗粒平均直径来选用计算公式：一般粒径小于50～80 μm的可选用雷诺数$Re_t<1$的层流区公式，即公式(7-7)；当粒径大于80 μm而小于1 mm时，可选用过渡流区的式(7-8)计算；当粒径再大时，就的选用其他公式。作为UO_2的氢氟化生产而言，一般使用公式(7-7)。

对于一个固体颗粒，当它在空气中自由降落时，开始由于颗粒本身的重力作用，向下作加速运动，但随着下降速度的增大，空气对固体颗粒的阻力也加大。当阻力量增大到和重力相等时，颗粒将做匀速下降，这个下降速度被称"自由沉降速度"，简称为"沉降速度"。由此可知，从时间和加速距离而言，小颗粒比大颗粒容易达到沉降速度。如果气速是向上流动的，当气流的速度等于颗粒沉降速度时，颗粒将被气流带走。所以在达到带出速度以后的气速才是真正的带出速度。但计算带出速度的公式都是依据气速和沉降速度相等来确定的，所以计算的速度为开始带出速度，习惯上也称为带出速度。

从上面分析和所介绍的两个计算公式可知，影响带出速度的主要因素是固体颗粒的粒径大小、固体颗粒密度以及固体颗粒密度和气体密度之差等。一般固体颗粒密度和气体密度相比大得多，所以气体密度影响较小，在计算中可将它们之间的差值$\gamma_S-\gamma_f$按近似固体密度γ_S计算，其误差是较小的。但在固体密度和气体密度之差值$\gamma_S-\gamma_f$较小时可按原公式计算。下面我们举例说明公式的选用情况。

例题1：在用空气流化沙子的试验流化床中，已知沙子的粒径为80 μm，密度为2 650 kg/m^3，20 ℃时空气的密度为1.205 kg/m^3，黏度为0.018 5厘泊，求在20 ℃时的带出速度。

解：已知：d_p=80 μm=8×10^{-5}m，γ_S=2 650 kg/m^3，γ_f=1.205 kg/m^3，z=0.018 5厘泊，

μ=0.018 5/9 810=1.886×10^{-6} kg·s/m^3，求ω_t=?

将已知条件先代入公式(7-7)：$\omega_t=\dfrac{d_p^2(\gamma_s-\gamma_f)}{18\mu}$

计算中因为沙子密度比空气大得多，即$\gamma_S-\gamma_f\approx\gamma_S$，所以上式可简化计算为：

$$\omega_t=\frac{d_p^2\gamma_s}{18\mu}=\frac{(8\times10^{-5})^2\times2\,650}{18\times1.886\times10^{-6}}=0.50\ \text{m/s}$$

用雷诺数来检验公式(7-7)是否适用：

$$Re_t=\frac{10^3d_p\omega_t\gamma_f}{z}=\frac{10^3\times(8\times10^{-5})\times0.5\times1.205}{0.018\,5}=2.6$$

$Re_t>1$，由检验可知，不能用层流区公式(7-7)计算，改用过渡区公式(7-8)计算，在计算中同样将$\gamma_S-\gamma_f\approx\gamma_S$计算。

$$\omega_t=\left(\frac{4}{225}\cdot\frac{(\gamma_s-\gamma_f)^2\cdot g}{\gamma_f\cdot\mu}\right)^{\frac{1}{3}}\cdot d_p=\left(\frac{4}{225}\times\frac{2\,650^2\times9.81}{1.205\times18.85\times10^{-7}}\right)^{\frac{1}{3}}\times(80\times10^{-6})$$
$$=(8.14\times10^3)\times(8.0\times10^{-5})=0.65\ \text{m/s}$$

用雷诺数进行检验：$Re_t=\dfrac{10^3d_p\omega_t\gamma_f}{z}=\dfrac{10^3\times(8\times10^{-5})\times0.65\times1.205}{0.018\,5}=3.39$

检验可知,所给条件可用过渡区公式(7-8)计算求出带出速度为 0.65 m/s,是正确的。

例题 2:按照上节例题所给的条件,计算其带出速度ω_t=?

解:已知 d_p=2.247×10^{-5},γ_{UO_2}=10 960 kg/m^3,γ_{HF}=0.638 kg/m^3,z_{HF}=0.024 77 厘泊。

将已知条件带入层流区公式(7-7),此时$\gamma_{UO_2}-\gamma_{HF}\approx\gamma_{UO_2}$

$$\omega_t=\frac{d_p^2\gamma_S}{18\mu}=\frac{(2.247\times10^{-5})^2\times10\,960}{18\times\dfrac{0.024\,77}{9810}}=2.463\times10^{-6}=0.054\ \text{m/s}$$

用雷诺数进行检验:

$$Re_t=\frac{10^3d_p\omega_t\gamma_f}{z}=\frac{10^3\times(2.247\times10^{-5})\times0.054\times0.638}{0.024\,77}=0.031<1$$

检验结果:Re_t<1,所以层流公式是适用的,计算结果带出速度为 0.054 m/s。

(2) 操作气速的选择

流化床的操作气速选择和确定是相当重要的。操作气速不能低于临界流化速度,以防形成死床(即固定床)。但操作气速大于临界流化速度多少呢?在此引出一个流化数的概念,所谓流化数,是流化床的操作气速ω和临界流化气速ω_{mf}之间的比值,用 n 来表示流化数,则表示流化数的关系式如下:

$$n=\frac{\omega}{\omega_{mf}}\tag{7-9}$$

选择不同的流化数也就是选择操作流化速度。对于不同的流化床生产来说,流化数的选用差别较大。操作流化速度的选定,要根据生产上的许多因素,如反应需要的气体量、生产强度、设备结构等,加以分析比较后才能选出一个适当的操作速度。

关于操作气速的上限,一般认为不要超过颗粒的带出速度,也就是说操作气速的选择应在临界流化速度和带出速度之间。这种出发点是针对单个粒子在气流中,当气速大于带出速度时,固体颗粒将被气流带出床外的。这种选择操作气速度在实际生产中有些是行不通的,例如,对于 UO_2 氢氟化流化床而言,从前面的例题计算和实验可知,用 N_2 和 HF 流化时,UO_2 的临界流化速度约为 0.002 5 m/s,而带出速度约为 0.045 m/s,但实际操作气速在 0.2~0.4 m/s。实际操作气速不但大于临界流化速度,而且还远远大于其带出速度。为什么在大于带出速度的操作中,固体颗粒不被带出床外呢?可能会有人回答,这主要是因为尾气设有过滤器的原因。当然这是其中的一个重要原因,因为如果没有除尘设备,会有一部分较小颗粒被气流带出流化床。但根据带出速度的定义,操作气速大于开始带出速度时,床层料面将不复存在,也就是说,整个床内(从分布板到除尘器)被均匀的颗粒充满。然而实际生产中,并不如此。如在 UO_2 氢氟化串联流化床中,操作气速采用 0.2 m/s,这是带出速度的 4 倍多。而在隔板单床氢氟化操作中,其操作气速为 0.4 m/s,它是带出速度的 8 倍多。实践经验证明,操作中床层流化界面并没有消失,而是明显地在电容料面计上反映出来,而且用γ仪测量床层料面时,从γ计数仪上清楚地看到密相区和稀相区之间的界面反映,这说明在大于带出速度数倍的情况下,仍能保持床层界面的正常操作。这难道是带出速度的分析计算不正确吗?现在让我们对流化床的颗粒带出问题加以分析说明。

关于颗粒带出速度，是基于单个颗粒在气流中，或颗粒均匀地分布在气流中，来进行理论分析计算带出速度的。所以当气速超过带出速度时，固体颗粒就被气流带出去，这一规律对于床层以上的稀相区是完全适用的，而对于向超过带出速度的空床内均匀地撒落颗粒时也是适用的。但对于原来有一定高度的床层来说情况就不同了。前已指出，在流化床中存在着乳化相和气泡相，而且大部分固体颗粒都处在乳化相中，乳化相是一种均匀的，固相密集的气-固相混合物。而在气泡现象分析中已指出，乳化相中，气体的流速近似等于临界流化速度，而多于临界流化速度的气体则以气泡相通过床层，所以在流化床中，尽管操作气速高于带出速度数倍，但乳化相中的气速仍是很低的，因而颗粒不会被带走，这就是为什么操作气速大于带出速度时，颗粒不仅没有被气体全部带出床层，而且带到稀相区的颗粒量也并不十分严重的主要原因。

当然，操作气速大，则颗粒带出量就增加。这主要是因为气速越大，则形成的气泡大而量多；特别是大的气泡上升速度较快，尾迹带的细颗粒量大，在达界面破裂时使细颗粒向上飞溅量也大，因而向稀相区的带出量增大。

由以上分析可知，流化床的操作是可以在操作气速超过带出速度的情况下进行的。特别是通常流化床都采用了尾气除尘装置，回收被带出的粉尘，因此，为了提高生产能力，流化床可以采取较高的气速。

对不同的工艺条件，流化床的操作气速可能相差很大。一般在相同的条件下，带出速度约为 10～100 倍，即 $\frac{\omega_t}{\omega_{mf}}=10\sim100$。而流化数的选择范围都宽得多，例如：$UO_2$ 氢氟化串联流化床的流化数为 80 左右；而隔板单床的流化数为 150 左右；石油催化裂化的流化数为 300～1 000。也有流化数低的操作，如醋酸乙烯的生产，其流化数在 2.4～3.0。究竟什么样的条件下选用高气速，什么条件选用低气速呢？

一般对于下列情况，应采取较低的操作速度：

① 在催化反应中，催化剂易破碎而且价格较贵；

② 固体颗粒粒度分布较宽，或颗粒参加化学反应时，其粒度随着反应过程而逐渐变小；

③ 在床内进行的反应速度慢，所需停留时间较长；

④ 反应热不大，对床层和传热面之间的传热速率要求不高；

⑤ 只需要较浅的床层高度，固体颗粒有较好的流化特性，而且在低气速下不易产生沟流现象；

⑥ 床内没有内部构件（即自由床），流速较大时将会产生大的气泡和较严重的返混，不利于生产要求；

⑦ 固料价格贵重，对粉尘回收严格，生产中要求有较高的直接收率；

⑧ 粉尘回收系统的率不高，或负荷过重，在较高气速时，则会造成固料粉尘损失过大。

以下情况可以适当提高操作气速：

① 反应速度快，需要停留时间短；

② 反应放热量大，需要迅速将热量通过传热而导出；气速高时有利于传热；

③ 床层不需要建立温度梯度，等温条件即能满足反应需要；

④ 粉尘回收系统的粉尘效率较高，而且负荷不重；

⑤ 床内设有内部构件，如隔板等，改善了床内流化质量；

⑥ 对粉尘的回收要求不高,固料价廉,并无毒无害。

以上所列条项,是从物性、反应性及床内结构等的要求,从理论上和流化床的普遍作经验总结而成。至于对于某种流化床的某项生产而言,究竟采用高气速或低气速,要全面分析权衡利害才能确定。在确定了的操作气速下,很可能和上述要求的某一项不一致,是完全可能的,这就看是否对生产有利而定。

目前,我国的 UO_2 氢氟化生产和脱硝还原生产 UO_2 的流化床,其操作气速一般在 0.2～0.6 m/s。对于同种性质的产品生产而言,由于采用的流化床结构、工艺流程的不同,其操作气速也相差较大。如 UO_2 氢氟化串联流化床的操作气速为 0.2 m/s,选择了较低的气速,这主要是从以下几点考虑而定的:

① UO_2 粒度分布较宽,一般其粒度在几微米到几百微米的宽度分布;

② 反应后期的速度慢,需要有较长的停留时间,并需要建立一定的转化率梯度,大的气泡易造成严重返混,不能保证产品质量;

③ 采用了内部没有构件的自由床,大气速易形成大的气泡和严重返混;

④ 粒料贵重,要求有很高的铀直接收率;

⑤ 过滤器的负荷较大,大的气速会使系统压力增大,使操作不稳定;

⑥ 由于反应的可逆性,要求有较好的温度梯度和转化率梯度,大气速造成的大的返混对正反应不利。

基于以上原因,在串联流化床的操作中,宜采用较低的操作气速,并在操作中应避免高气速操作。

但对于同样是 UO_2 氢氟化反应,有采用内部设有单旋隔板的锥形单床生产的情况,其流化操作气速为 0.4～0.6 m/s,采用了较高的操作气速,其主要原因是采用了较高单旋隔板内部构件。改善了流化质量,避免了大气泡,减小了床层的返混,因而采用高床层,增加了物料停留时间,保证了产品质量,所以可以采用较高气速操作。

4. 二氧化铀氢氟化生产四氟化铀的床型选择

二氧化铀氢氟化生产四氟化铀是一个可逆的气-固反应,而且反应中放出大量的热。反应速度和 UO_2 的物理性质关系很大。特别是后期反应困难,这就要求工艺过程应是气-固逆流,并能建立良好的转化温度和 HF 浓度梯度。对于 UF_4 产品的要求都较严,特别是金属级的要求更严。

根据对工艺过程的要求和多产品的要求,在选择流化床反应器时,必须要求具有气-固逆流、没有返混、稳定流化的活塞流。但在流化床反应器中,具有理想的流化特性的床型,目前还很少见。一般都采用圆锥床作为氢氟化的主反应器,但它的返混现象仍然存在,只是比圆柱床轻一点罢了。另外,由于反应气体的量是减小的,所以选用较大锥度的床型又不合适,为此目前各国为寻找合适的氢氟化床型都做了不少的研究试验工作。

目前,在氢氟化工艺中常使用的床型是锥形床和圆柱床相结合,并利用双床串联(或固料串联气料并联)的工艺流程。

5. 流化床主体尺寸的确定

目前,UO_2 生产和氢氟化所用床型主要是圆锥床和圆柱床。因此,讨论这两种床型的主体结构尺寸的确定问题,了解、学习并掌握流化床主体各部分之间的关系和结构的科学性很有必要，对我们进行设备安装、验收、维修和技术改革都是十分必要的，另外对于控制操作也是相当重要的。

流化床的主体尺寸主要包括各部分的直径和高度。图 7-5 是一般圆柱床的主体尺寸示意简图。

图 7-5 中 D_1 为流化床的直径；D_2 为扩大段直径；H 表示流化床总体高度，它主要是由流化床层高 H_1，分离段高 H_2，椎体高度 H_3 和扩大段高度 H_4 组成。

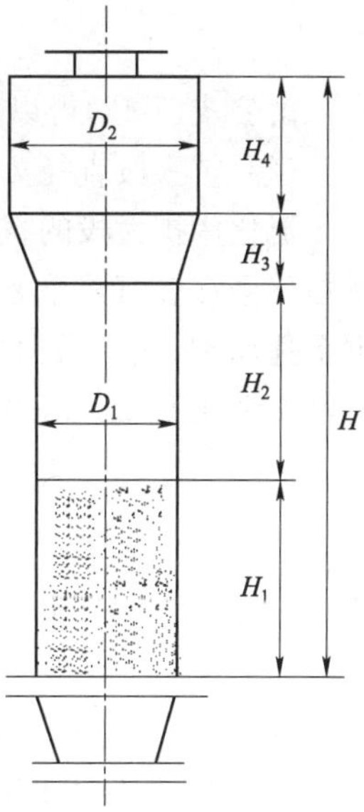

图 7-5　流化床的主体尺寸

(1) 流化床直径 D_1 的确定

流化床的直径是流化床的主要结构尺寸。如串联流化床氢氟化的圆柱床直径为 410 mm，锥形床分布板的直径为 360 mm 等。

根据工业生产的需要，计算出固料投料速率，然后根据原料的成分，如氢氟化过程中原料 UO_2 中、四价铀和六价铀含量及总的铀含量等。通过物料衡算，来求出在操作温度和压力 P 的总气体流量 $V(m^3/s)$。

气体的流量和流速存在下列关系：

$$V = \frac{1}{4}\pi D^2 \omega \tag{7-10}$$

上式为流量方程式，其中的流速 ω 是流化床的正常操作气速，主要取决于由气体和物料的某些性质所决定的临界流化速度和一些经验数据。

在流量方程中，当操作气速和总流量确定后，可有变形后的流量方程来求出流化床的直径 $D_1(m)$：

$$D_1 = \sqrt{\frac{4V}{\pi\omega}}\ \mathrm{m} \tag{7-11}$$

例如，在氢氟化串联流化床中，一级圆柱床的操作气速为 0.2 m/s，二级床的转化率按 25%算，通过化学反应和物料衡算，在一级床控制温度为 400 ℃，入口压力为 0.47 kg/cm^2 的情况下，计算出进入一级床的总气体($HF+H_2O$)流量为 95.3 m^3/h。由此可根据(7-11)的流量方程，计算出床径为：

$$D_1 = \sqrt{\frac{4V}{\pi\omega}} = \sqrt{\frac{4\times95.3}{3.14\times0.2\times3\,600}} = 0.410\,5\ \mathrm{m}$$

根据计算，按设备公称直径的标准加以圆整后，可得出一级床的直径为 0.410 m。

对于锥形床的直径确定，主要按上述原理先确定分布板处的直径，然后根据所选定的锥角和锥床高度来确定上口处的直径。可按下述公式进行计算。

$$D_{上} = D_{下} + 2H_{锥}\,\mathrm{tg}\alpha \tag{7-12}$$

式中：$D_{上}$、$D_{下}$——分别为锥体的上下直径；

$H_{锥}$——锥体高度；

α——半锥角。

例如，二级锥形床分布板处的直径为 0.36 m，锥床高为 4.21 m，全锥角为 3°，求锥床上口直径。

把已知条件代入公式(7-12)：

$$D_{上}=0.36+2\times4.21\times\text{tg}1.5°=0.58\ \text{m}$$

由公式(7-12)可以算出任一高度的床体直径(在锥角固定情况下)。

(2) 扩大段直径 D_2 的确定

流化床扩大段的直径主要作用是降低空床气速,使其小于较大颗粒的沉降速度,则这些颗粒就会在此沉降下来回到床层,以达到减轻过滤器的负荷之目的。扩大段的直径主要根据上述原理,然后根据物料筛分情况,确定在此沉降颗粒粒径的大小,根据此颗粒粒径大小与其夹带速度 ω_t,然后按下列计算公式算出扩大段的直径 D_2:

$$D_2=\sqrt{\frac{4V}{\pi\omega_t}}\ \text{m} \tag{7-13}$$

式中:V——进入扩大段的气体流量;

ω_t——确定沉降粒径的带出速度。

在扩大段直径的确定时,应考虑如下两个因素:一是扩大段是否安设有内过滤器,如有内过滤器时,还应考虑内过滤器的位置;二是应考虑粉尘量的大小,如粉尘量不大,而且床外回收后的粉尘不能顺利地装入床内时,也可不设扩大段。

总之,扩大段的直径的确定伸缩性较大。比如氢氟化串联二级床的扩大段直径主要是依据三组内过滤器的位置而确定的,在生产中仍能满足需要。

(3) 流化床总高度 H 的确定

流化床的床层高度主要和两个因素有关,即静止床(或称固定床)高和流化膨胀比(或膨胀率)有关,所以确定流化床高必须先确定静止床高 H_0 和膨胀比的值。

由图 7-5 可知,流化床的总高度 H 是由床层高度 H_1,分离段高度 H_2,锥段高度 H_3 和扩大段高度 H_4 所组成。即 $H=H_1+H_2+H_3+H_4$,只需将各段确定后,流化床总高度也就确定了。

① 静止床高 H_0 的确定

静止床高的与两个方面的因素有关:一是化学反应的特性和传质传热的性能,二是流化特性。

关于化学反应特性,主要指反应速度,以此来确定物料的停留时间:反应速度快的需要停留时间短,相应的静床高度应低一些,反之则应高一些,应考虑到传质和传热的情况。

关于流化特性问题,在不正常流化中已谈到。关于高径比(H/D)的问题,当高径比太大时,即静止床层太低,易出现沟流现象;当高径比太小时,易出现大气泡和腾涌现象。可见高径比有一个适当的取值范围,一般和物料性质、设备结构情况选用气速等有关,主要以实验来确定。但在具有工业级的生产数据时可拿来直接采用。在 UO_2 氢氟化流化床中,高径比一般在 4~10 之间,即能保证有一个较好的流化质量。

在如上流化床的直径确定后,即根据选用的高径比就可确定静止床层的高度。

$$H_0=K\cdot D \tag{7-14}$$

式中:H_0——静止床高;

K——高径比;

D——流化床直径。

例如:氢氟化二级床的高径选用 K=10.5,而分布板处直径为 0.36 m,由此可确定静止床高为:

$$H_0=K\cdot D=10.5\times0.36=3.78\ \text{m}$$

② 流化床膨胀比的确定

当流化气速超过临界流化速度ω_{mf}时，随着气速的增加而床层不断向上膨胀，由此我们引出一个膨胀比的概念。膨胀比是表示床层膨胀的程度。床层膨胀除了和物料特性有关外，主要和流化床的流化气速有关，其关系如图 7-6 所示。

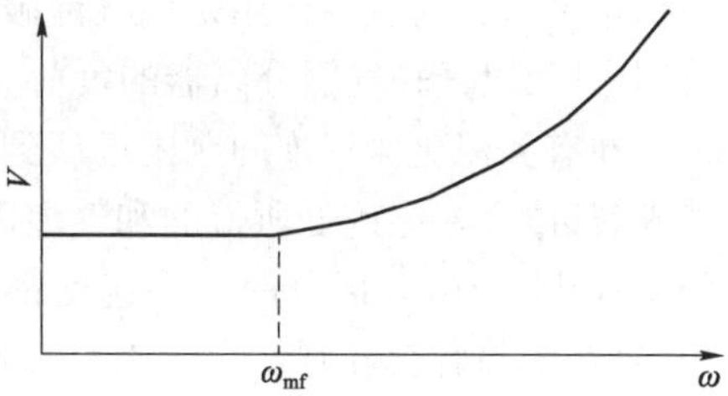

图 7-6　流化床层膨胀和气速的关系

从图 7-6 中可以看到，当气速大于临界流化气速时，流化床层的膨胀随气速的增加而增大。但在操作气速一定时，此时的膨胀比也就不再发生变化。膨胀比一般用流化床层的体积和静止床层体积之比表示。即：

$$R = \frac{V}{V_0} \tag{7-15}$$

式中：V——流化床的体积；

V_0——静止床的体积。

对于圆柱床来说，上下床径不变，因此其膨胀比就等于床层高度之比。

$$R = \frac{H}{H_0} \tag{7-16}$$

式中：H——一定流化气速下的流化床层高度；

H_0——静止床层高度。

关于膨胀比的确定，可以通过理论推导进行计算。但由于影响床层膨胀的因素很多，往往计算的结果和实际相差甚远。为此我们不多做介绍。现在一般对膨胀比的确定大都通过实验确定。由公式(7-16)不难看出在实验流化床内，用同样的物料，在选定操作气速下进行流化实验，在实验中尽可能模拟生产条件，如温度和压力等，通过测定静止床高和流化床高，即可求出操作条件下的膨胀比值。

以上所说实验的方法一般是在工业上没有应用的情况下进行。如果同类生产已有应用，则可在同类生产中进行试验取得数据，或借鉴生产中的膨胀数据进行流化床的床层高度的计算和确定。

③ 流化床床层高度的确定

当静止床的高度和规定操作气速下的膨胀比都确定后，按膨胀比的定义公式(7-15)就可计算出流化床的床层高度。当流化床为锥形床时，就用公式(7-14)来计算。

在氢氟化串联流化床的设计中，一般圆柱床的直径为 0.4 m，高径比确定为 4，则静高应为 0.41×4=1.64 m。根据小型实验膨胀比为 1.25，则流化床高应为：

$$H_1 = H_0 \cdot R = 1.64 \times 1.25 = 2.05 \text{ m}$$

在设计计算后的各数据中，有时由于条件的限制，如厂房高度限制等(在用旧厂房时)不得不修改设计数据，但只要能满足生产需要，适当的修改是允许的。如由于厂房高度的限制，一级床实际高度为 1.64 m，只是此时的静止床高径比不是 4，而是 3.2。

④ 分离段高度 H_2

在一般的流化床中，流化床层上面都有一段稀相空间高度，称为气固分离段，沉降段，也叫稀相段。它的主要作用是使气泡破碎时飞溅出床面的沉降速度大于气泡的颗粒有机会降落回床层,以减轻气固分离器的负荷。

在有关流化床气泡问题中已谈到,当气泡上升、合并、增大,然后到达床层表面时将会突然破裂,使气泡尾迹处所带的和气泡破裂处的较细颗粒被带出床层,或飞溅出界面。在带出的颗粒中,其中大部分的沉降速度都大于操作气速,但由于气泡上升破裂时所给的动能作用,这些颗粒将会在稀相段上升一段距离,然后由于沉降速的作用直落回床层。由此可知,离开床层的高度越高,颗粒的浓度越小,直到离床面一定高度后,固体颗粒浓度保持不变,此时稀相中只余下沉降速度小于或等于操作气速的颗粒,一般把使固体颗粒浓度保持不变的最小高度称为分离高度。由于影响沉降速度大于操作气速颗粒带出高度的因素很多,也较复杂,所以至今还没有见到适合这一高度的计算方法,一般是通过小型的实验,得出数据,然后放大处理来确定生产级流化床的分离高度。

由以上分析分离高度的含义可知,分离高度的确定并不是十分严格的。根据不同生产的需要,有的高些,有的低些,特别是在设有扩大段和气固分离器效果高而负荷不重时,在较小分离段的床中,同样能达到理想的生产效果。但从理论上讲,设立理论上的分离高度,对尾气的气固分离和减轻气固分离器的负荷是有益的。

⑤ 锥段高度 H_3

锥段是分离段向扩大段的过渡段,也可以归为扩大段的一部分。因为从锥段开始,直径已经开始扩大,它毕竟是一过渡过程。有人将此段归为分离段,这主要是从不同的角度出发。

锥段作为过渡段,它的高度确定和计算有一定的理论依据。所以将它作为流化床总高的一部分,即锥段高度。

锥段的高度确定有三个因素,即流化床径(对圆柱床而言,锥形床则为上口径)、扩大段直径和锥角。在床径和扩大段直径确定后,主要是选择一合适的锥角,锥角的原理是应小于固体物料的堆积角,并考虑到此处各种条件的变化,如温度、水分和颗粒的变化,再加以保证系数。

关于物料的堆积角,主要用实验的方法来确定。因为这种实验方法并不复杂,一般在一水平光滑板(如玻璃板)上,让物料通过小漏斗从一固定点慢慢将物料落下,待一定的量后,可进行测量计算自由堆积的角度,其实验装置和有关堆积角如图 7-7 所示。

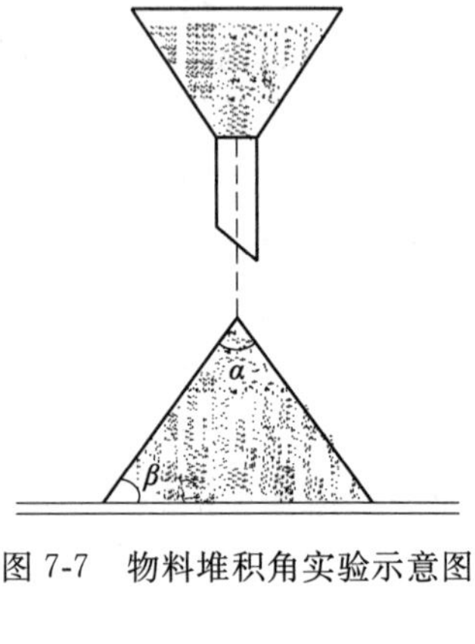

图 7-7 物料堆积角实验示意图

物料的堆积角有的按 $\angle\alpha$ 算,有的按 $\angle\beta$ 算,实际是一回事。国内有关单位曾做过 AUC 热分解料 UO_2 的堆积角实验,结果 $\angle\beta\approx42°$,由此计算出 $\angle\alpha=96°$。

当物料堆积角确定后,再加以保证系数,即成为锥段的锥角,用 α 表示。此时锥段的高度可按下式进行计算:

$$H_3=\frac{D_1-D_2}{2\mathrm{tg}\dfrac{\alpha}{2}} \tag{7-17}$$

例如:氢氟化串联二级床锥床上口径为 0.58 m,扩大段直径为 1.25 m,根据 UF_4 堆积角加以保证系数,取锥角为 60°,则锥段的高度为:

$$H_3=\frac{D_1-D_2}{2\mathrm{tg}\dfrac{\alpha}{2}}=\frac{1.25-0.58}{2\times \mathrm{tg}30^0}=0.58\ \mathrm{m}$$

在实际设计中考虑到整个床高确定为 0.56 m,只是此时的半锥角为 30.9°。

⑥ 扩大段高度 H_4

一般流化床都设有扩大段,其主要作用是使较细的固体颗粒在此沉降返落回床内。另外,在安设有内过滤器和内旋风除尘器的流化床中,它们均安装在扩大段内。因此,在确定扩大段的高度时,主要视内分离器的尺寸大小及安装和检修的方便与否而定。

(4) 与流化床主体尺寸有关的一些计算

当流化床主体尺寸确定以后,即可根据主要数据来进行一些有关的计算。

① 床层装料量 W

比重乘体积等于物重,即

$$W=V\cdot\delta \tag{7-18}$$

式中:W——床层物料重量;

V——床层体积;

δ——物料的堆比重。

其中,床层体积 V由下式计算:

圆柱床
$$V=\frac{\pi}{4}D^2H \tag{7-19}$$

圆锥床
$$V=\frac{\pi}{4}\left(\frac{D_1+D_2}{2}\right)^2H \tag{7-20}$$

式中:H——床层高度;

D——圆柱床直径;

D_1、D_2——圆锥床层小径和大径。

② 物料平均停留时间 t

用床层总装料量 W除以投料速率ω,即得物料在床内的平均停留时间:

$$t=\frac{W}{\omega} \tag{7-21}$$

③ 流化床层比重 δ' 的计算

流化床层比重是床层流化起来时的比重,它可由下式进行计算:

$$\delta'=\frac{W}{V_R}=\frac{H_0}{H_1}\delta \tag{7-22}$$

式中:H_0——固定床高;

H_1——流化床高。

④ 床层压降的计算

当床层开始流化时,气体将把整个床层托起,也就说,每个颗粒都浮在气流中,此时分布板处气体所产生的总压力等于床层总量。即:

$$F=W \tag{7-23}$$

由此式,可导出床层压降公式:

$$\Delta P=\frac{F}{S}=\frac{W}{S}=\frac{V\cdot\delta}{S}=H_0\delta \tag{7-24}$$

6. 氢氟化串联流化床基本工艺过程

目前,在国内四氟化铀生产中,串联流化床氢氟化工艺过程是较先进的一种氢氟化工艺。它不但具有流化床的所有特点,而且生产能力强、产品质量高(对 AUC 热分解料而言,转化率在 99%以上)、氟化氢过剩系数低(用分解料在 10%以下)的优点,但由于它是一种新的工艺,所以设备结构仍有一定缺陷,最佳控制参数仍需在实践中进一步探索,在操作中仍需摸索正确的操作经验。

1) 工艺流程

串联流化床的工艺流程如图 7-8 所示。

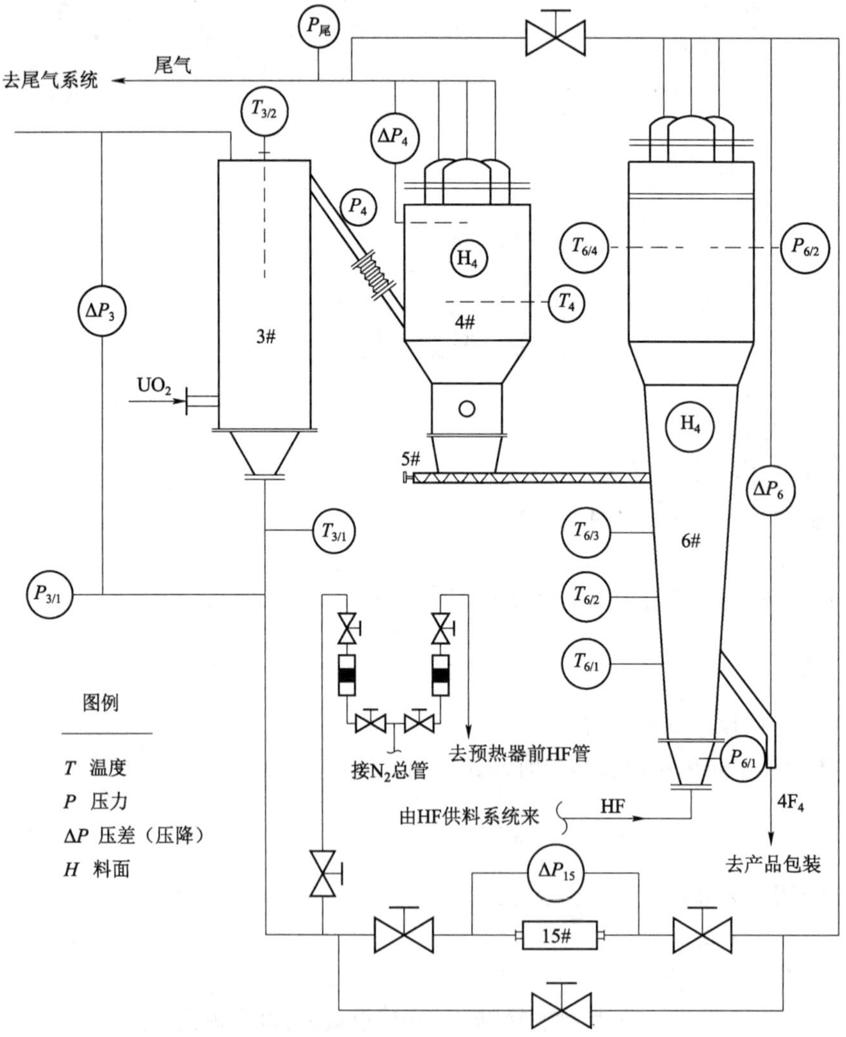

图 7-8 串联流化床工艺流程及主要工艺参数控制部位图

3#—一级床;4#—中间料斗;5#—送料螺旋;6#——二级床;15#——镍除尘器

为了便于根据主要工艺参数的变化来讨论生产中的异常现象，在工艺流程图中注明主要工艺参数的控制部位。所谓串联流化床工艺，是指固体物料和流化气料，对于一级床和二级床来说，均为串联流化床的一种氢氟化工艺。

对固体物料而言，由UO_2供料系统将粉状UO_2物料定量地送入一级床下部的流化床层，和二级床来的尾气中的 HF 反应生成中间产品。然后和流化气一起从一级床上部溢流口流入中间料斗进行气固分离，固料暂存中间料斗，并保持一定料面，然后由5号送料螺旋将中间产品送入二级床上部流化料层中。中间产品在二级床中和下端进来的无水 HF 流化气体逆流接触反应，制备合格UF_4产品，由二级床下部卸料管去产品系统包装入桶。

对于流化气料而言，经 HF 供料系统蒸发、预热并计量后的 HF 气体，由二级床底部预分布器和分布板进入床内，和由中间料斗来的中间产品反应后生成部分水气，然后和未反应的 HF 一起经过滤除尘器、$15^{\#}$镍网除尘器，然后从一级床底部经预分布器和分布板进入床内，其中一定浓度的HF和新进来的UO_2反应生成的尾气经溢流管进入中间料斗，然后通过过滤除尘器和固粉分离后去尾气系统处理净化。

在开停车或事故处理时，一级床和二级床可同时用N_2气并联流化，或一级床用N_2气，二级床用 HF 并联流化。在并联流化时，$15^{\#}$镍网除尘器前的阀门应关死，并打开二级床去尾气系统的阀门，则系统即成并联流化状态。

2）主要工艺参数的控制和讨论分析

在化工生产中，操作人员可根据工艺参数而判断生产是否正常。由此可知，对于操作人员而言，正确地了解工艺参数的意义，并在操作中严格地控制在最佳范围，对于稳定生产是十分必要的，串联流化床氢氟化工艺的主要工艺参数如表 7-3 所示。

表 7-3 串联流化床的主要工艺参数

序号	项目	参数编号	控制部位	控制范围	参数分类
1	温度/℃	$T_{3/1}$	一级床入口管内	200～300	监测
		$T_{3/2}$	一级床料层	300±20	控制和监测
		T_4	中间料斗料层(或气流)	200～250	控制和监测
		$T_{6/1}$	二级床下段床壁	450±10	控制
		$T_{6/2}$	二级床中段床壁	400～450	控制
		$T_{6/3}$	二级床上段床壁	350～400	控制
		$T_{6/4}$	二级床扩大段(气流)	300～400	监测
2	压力/(kg/cm^2)	$P_{6/1}$	二级床入口	1.3～1.5	控制和监测
		$P_{6/2}$	二级床扩大段	0.35～0.5	监测
		P_3	一级床入口管内	0.3～0.4	监测
		P_4	中间料斗气流	0.03～0.06	监测
		$P_{尾}$	尾气管道内	±0.03	监测

续表

序号	项目	参数编号	控制部位	控制范围	参数分类
3	压差/(kg/cm^2)	ΔP_3	一级床层+预分布器和分布板	0.28～0.34	监测
		ΔP_6	二级床层	1±0.1	控制和监测
		ΔP_4	中间料斗过滤器	0.02～0.04	监测
		ΔP_{15}	镍网过滤器	<0.01	监测
4	料面/m	H_4	二级床静止料高	3.82	控制
		H_6	中间料斗料高	0.3～0.6	控制
5	HF 浓度/%	/	尾气冷凝液	5～30	监测与控制

表7-3列出的工艺参数主要是利用AUC热分解料在串联流化床中氢氟化过程中的主要参数。还有一些参数,如供料系统的投料量及其他系统的一些参数均未列入。但在讨论分析工艺参数之间的一些关系时,有可能涉及表7-3以外的参数,在此特加说明。

在讨论分析工艺参数之前,必须对表7-3中工艺参数的分类加以说明。在所有工艺参数中,一般可分为两大类,即控制参数和监测参数。所谓控制参数,是指可以进行人为地将其调节控制在某一数值或某一范围的参数。例如UO_2和HF的供料量,可以通过调节送料电机的转数和调节HF流量计,将其控制在规定(或需要)的某一值,又如二级床内的下段温度,我们可以通过调节仪表的自控系统将其控制 400 ℃或 500 ℃等。另一些参数是一般不能通过人为地进行调节控制的,而是在生产实际中反应出来的一些参数值,我们称这些参数为监测参数。如一级床层的压差ΔP_3值,在正常速率的正常生产中,由于一级床的料层流化高度是个恒定值,在流速一定情况下,床层密度不变,所以ΔP_3值只能在流化气速和UO_2进料量的影响下,在一定的范围变化。但我们可以根据其变化的情况,来监测判断生产是否正常。例如:如果分布板被堵死(或大部分被堵死),ΔP_3值必然上升到正常生产值以外,若不检修清洗,我们无法通过调节将其控制在正常值,所以我们将这一类的参数称之为生产中不可调节控制的,只能作为监测生产状况的参数,简称为监测参数。在实际生产中,有些工艺参数既可是工艺参数,又是监测参数,如二级床压差ΔP_6值,既可以通过调节料面高度来控制压差ΔP_6值,又可以通过ΔP_6值的变化来监测料面高度和床内流化质量情况。

一些主要的工艺参数的意义及根据这些参数的变化所反应的工艺状态分别讨论如下。

① 温度

温度对于氢氟化反应的平衡及反应速度的影响明显,根据串联流化床的特点,对个别控制温度稍加分析。

一级床入口温度($T_{3/1}$),它主要反映从二级床来的混合气体的实际温度。在管道加热器正常工作和保温良好的情况下,由 $T_{3/1}$ 值的变化可以判断如下问题:当温度高时,说明主要反应在二级床内,说明中间产品中UO_2含量高,此时应和二级床各温度的变化一起加以分析讨论,生产中此情况甚少出现。当此温度降低时,可反映如下问题:其一,管道加热器没送上电;其二,二级床反应温度低;其三,从中间料斗串气(可根据其他参数一起判断)。温度过高和过低(除串气外)都将影响到一级床内的氢氟化反应。温度过低,如低于混合气的相变温度,则将发生相变,并严重地腐蚀蒙乃尔管道,严重时,将增加系统阻力,还将会使一级床分布板被酸液腐蚀并堵塞。

一级床床层温度（$T_{3/2}$）：$T_{3/2}$ 是起着控制和监测双重作用的温度参数，生产中可以通过对开式电炉的加热和拉开将温度控制在最佳范围。但有时如果床内反应过于激烈，即使拉开电炉，温度仍会上升超过规定值，因此我们可以根据温度的变化情况来判断床内的反应情况。当温度过高时，说明HF过多，过量大，床内反应激烈，应根据尾气酸度分析数据来判断。此时，应降低 HF 供料量，保证一级床内的最佳反应温度。过高和过低的温度都不利于 HF 的吸收利用，一般温度控制在 300 ℃可保证尾气中 HF 浓度在 10%以下。

中间料斗内的温度（T_4）：它是个监测参数。在电加热器和保温好用的情况下，它主要是受一级床内的温度影响。T_4 有两个作用，其一是保证向二级床送入温度相适的中间产品，以利于二级床内的深度氟化氢反应。其二是气相在过滤器和以后管路的气相温度，以免在此部位冷凝为液相而引起更多的麻烦。

二级床内的温度分四个部位控制，床层的温度分三段控制，试图建立床层内的温度梯度，以便接近理想的氢氟化过程。但各段温度的控制部位在床外壁的电炉膛内，则实际所测温度为床外壁或各段的炉膛温度。我们知道，由于流化床内轴向传热性能很强，要求下段温度高于上段，特别是主反应层在上段的情况下，除非对流化气和下端用强制加热方法外，是很难达到的，也就是说建立自下而上的温度梯度是困难的。二级床各段控制温度虽属于控制参数，但上段温度仍受中间产品转化率的影响，一般低转化率的产品，能使上段温度偏高，因为此时在上段反应激烈，必将影响到上段的控制温度。生产中，在上段温度偏高时，进入一级床内的流化气中HF分压必然偏低（在HF流量和UO_2进料不变的情况下），结果必然影响到一级床内的转化率。如此长期下去，就形成主要反应移向二级床的生产状态，此生产状态产生的原因主要是UO_2和HF投料比例失调，HF欠量而引起。此时如分析尾气HF浓度，则必然偏低，但也可能 HF 浓度偏高，这可能是中间料斗部分串气而致。此生产状态长期下去将会使产品中 UO_2 含量升高。而且应注意，改变这种生产状态时，不要突然升高 HF 的流量，因为此时两个流化床内 UO_2 含量均高，突然通入大量的 HF，则容易引起激烈的反应，形成物料烧结，给产品卸料带来困难，而且容易引起向产品系统串气。正确的处理方法是降低UO_2投料量和产品卸料速度，逐步缓慢地提升HF流量。当二级床上段温度和尾气HF浓度正常时，将UO_2供料提到需要值。

二级床扩大段的温度（$T_{6/4}$）主要是稀相的温度，它是一个监测参数。主要受床内温度的影响，可间接监测床内的反应情况。

② 压力

压力参数在正常生产中主要为监测参数。工业上所称的压力，物理学中称为压强，是单位面积上所受到的垂直压力。对流体而言，流体垂直作用于单位面积上的压力，称为压力压强，简称为压强。工业上常称之为“压力”。

对于气体而言，产生压力的原因主要是气体的密度和温度。无论气体处于流态或静态，只要温度和密度相同，则压力必相同（对同种气体而言）。在流化床生产中，气体处于流动状态，即从压力高的部位向压力低的部位流动。对于某一部位而言，如二级床入口处，使此处压力变化的主要原因是向低压部位流动的阻力，如分布板和床层的阻力等。因为阻力大时，气体向低压处流动不畅，使测压点处的气体密度增大，因而压力增加。当阻力小时，气体迅速向低压处流动，使测压部位气体密度下降，因而压力减小。在流化床技术一章已学到，流化床层的阻力在床层高度一定时,和流速的关系不大。但固定设备,如分布板,过滤器的阻力和气体流速成正比关系,但这些设备的阻力和流化床层相比,可以忽略不计,如分布板在 0.2 m/s 的正常流速时,其阻力只有几十个毫米水柱,所以在正常生产中,气体的流速对压力的影响是很微小的。

根据如上分析,现在我们讨论在串联流化床生产中,影响压力测量的几个主要因素。

二级床入口压力($P_{6/1}$),它是整个生产系统的阻力之和。在尾气压力不变的情况下,任一部位的阻力增加,如一级床分布板堵塞阻力增加,都将使 $P_{6/1}$ 增大。但在生产中,影响 $P_{6/1}$ 值变化的主要原因是二级床的料面高度(H_6)和流化情况,所以我们说 $P_{6/1}$ 既是控制参数,又是监测参数。我们通过调节 H_6 值来控制 $P_{6/1}$ 的大小。但更主要的是我们可以根据 $P_{6/1}$ 的变化和其他压力参数的变化来判断料层的高低和床层流化情况,如沟流等及发生阻力变化的地方。

二级床扩大段内的压力($P_{6/2}$),它主要是由扩大段至尾气风井之间的阻力之和而组成的。可根据此参数的变化情况来判断以后阻力的变化。并可参照以后各测压点压力变化情况来分析断定阻力变化的部位。

一级床入口压力(P_3)和中间料斗内的压力(P_4)的变化原因和上相同。

压力参数的控制范围,有两个来源,其一是根据实验数据和理论计算,如分布板的阻力及过滤器的阻力等,如确定料层高度后,流化床层的压力降和其他设备管道的压力损失之和,即可确定某部位的压力值。如串联流化床设计中 $P_{6/1}=1.58\ kg/cm^2$。其二是正常生产中,各测压部位所反映出的压力变化范围,一般都以后者来确定压力的控制范围。压力参数的变化偏离正常控制范围,说明生产中出现了不正常的现象。我们只能根据压力参数的变化情况来分析判断发生的问题及部位,来决定处理的方案,清除不正常现象,使压力恢复到正常范围。我们不能够主观地将某部位的压力通过调节控制在某一范围内。例如由于一级床分布板部分气孔被物料堵塞,阻力增大,使一级床入口压力上升到偏离控制范围,如不停车清洗分布板,想将此压力控制在正常范围是不可能的。

③ 压差

所谓压差(ΔP),是两个测压点之间的压力(压强)之差值。在流体流动过程中,流体将会受到各种不同的阻力,因此,也称为阻力值、压力降、压力损失等。

在流化床生产中,压差和床层高度之间的关系以及压差和流体流速之间的关系十分重要,有关压差的测量问题应加以说明。

从图 7-4 中的压差测量部位可知,一级床层的压差值ΔP_3,除了床内床层所产生的压差值外,应加上分布板,预分布器及入口前的一段管道阻力值。在正常生产中,由于这些阻力都很小,所以ΔP_3 值即可看作床层压差值。但当气体流速和 UO_2 进料量不变的情况下,ΔP_3 值的长期稳定性偏高时,在参考其他参数分析原因时,注意压差的测量部位是很有必要的。另外,床层高度情况是影响压差的主要原因,在遇到压差变化分析问题时,应首先弄清床层高度的变化情况,在连续进料的情况下,一级床层高度是一定的,因此对ΔP_3 值而言,此因可不加考虑,所以ΔP_3 是个监测参数。

但二级床的床层高度即料面 H_6 值,是一个可变值,而且根据ΔP_6 的测量部位,ΔP_6 值除了床层压差值外,应加上分布板的阻力值,但对二级床分布板而言,由于采用密孔型,而且流化气中不夹带其他固体粉状物,所以分布板被堵阻力大量上升的可能性很小,所以在讨论分析 ΔP_6 值变化偏出控制范围时的原因时,应注意考虑床层高度和流化质量。

④ 其他参数

二级床料面高度(H_6)也就是床层高度,在流化床技术一章中已讨论过高径比及床高和压差之间的关系等。在串联流化床氢氟化工艺流程中,二级床料面高度的参数有其特殊的意义,这主要是和向二级床的送料有关。我们知道,向二级床内送料,是用送料螺旋向二级床内的流化料层中送料,而且料面以刚埋住送料口为好,因为料面低于送料口时,是向稀相区送料,送料阻力小,送料时螺旋内填充不密实,流化气容易由此向尾气串气。如果料面太高,高径比值变大,而且从送料口中心至扩大段只有 430 mm 的距离,料面控制稍不注意就会到扩大段内。以上两个原因都会造成二级床内的流化质量恶化,使螺旋送料阻力增大,甚至造成送料电流升高,螺旋卡死不能运行的恶果,所以二级床料面参数是一个非常重要的参数,操作时必须严格细心地进行控制。

目前,H_6 的控制是利用电容料面计,但电容料面计的敏感性很强,料面的变化,如 UO_2 含量过高、流化介质的改变、N_2气改为 HF 气体以及温度的变化等因素,都能对电容料面计的指示产生影响。这必须及时和仪表工联系进行调整,以保证指示正确。另外,在料面计指示突然发生变化的情况下,可参看床层压差参数来确定料面的真实变化情况,以保证正确地控制料面。

中间料斗的料面高度(H_4)的大小没有做严格要求,根据目前电容料面计插头离螺旋处 330 mm 的情况下,只要料面计有明显的指示,即不影响生产,但应该注意的是,有时,如开车时底料及 HF 欠量时,会突然出现料面计上升到满量程,这除和内部料面变化有关外,大多数情况是由于一级床来的物料中 UO_2 含量太高,使电容料面计的绝缘破坏而致。

7. 二氧化铀氢氟化生产四氟化铀的基本工艺流程

二氧化铀氢氟化生产四氟化铀的基本工艺流程如图 7-9 所示。

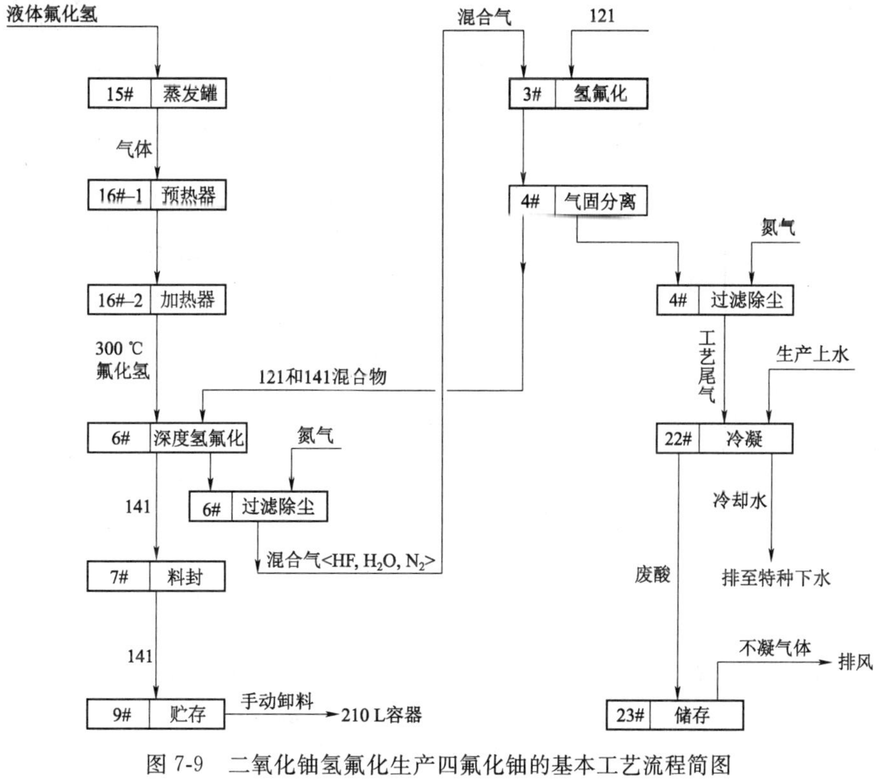

图 7-9　二氧化铀氢氟化生产四氟化铀的基本工艺流程简图

氢氟化生产工艺流程包括氟化氢蒸发、氟化氢预热、二氧化铀供料、氢氟化、四氟化铀产品卸出、尾气处理等主要工序。其中氢氟化是关键工序。

将无水氟化氢以液体形态压入氟化氢蒸发器内,向加入去离子水的蒸发器夹套内通入蒸汽,并通过调节蒸汽流量,控制水浴温度,使氟化氢不断气化,使氟化氢蒸发器的压力维持在工艺要求的范围之内,调节压力调节装置,向氢氟化流化床输送压力、流量稳定的氟化氢气体。

氟化氢蒸发工序提供的无水氟化氢气体经氟化氢预热器预热并进行流量计计量后,再经氟化氢加热器预热,按工艺要求流量进入氢氟化二级床,与来自中间料斗的物料反应,剩余氟化氢气体及反应生成的水蒸气,经二级床过滤器除尘后,由一级床底部进入一级床继续和二氧化铀反应,未进行反应的气体和反应生成的气体进入中间料斗。

底卸式料桶(210 L 容器)中的二氧化铀在重力的作用下落入料斗中,通过螺旋输送器推入一级床内,与来自二级床的混合气接触,在流化状态下反应,转化为四氟化铀,然后随气流进入中间料斗,在中间料斗中实现气-固分离:固体物料由螺旋输送器推入二级床,与来自其底部的无水氟化氢逆流接触完成深度转化,在流化状态下反应生成四氟化铀产品,从二级床下部的下料管流入伸缩料斗内,经螺旋输送器推入贮料仓。

工艺尾气(水蒸气、氟化氢和少量氮气等)经中间料斗顶部的内置式管式过滤器过滤除尘,先经淋洗塔淋洗后,经气液分离器排入风阱,经排风净化工序处理后排入大气。洗涤废酸液沿自流管线排到厂外中和石灰池进行中和处理。

8. 氢氟化生产工艺主体设备的工作原理

目前,在二氧化铀氢氟化生产四氟化铀的工业生产中,主要采用两级串联逆流流化床生产工艺。图 7-10 为氢氟化工艺一、二级床的基本结构图。

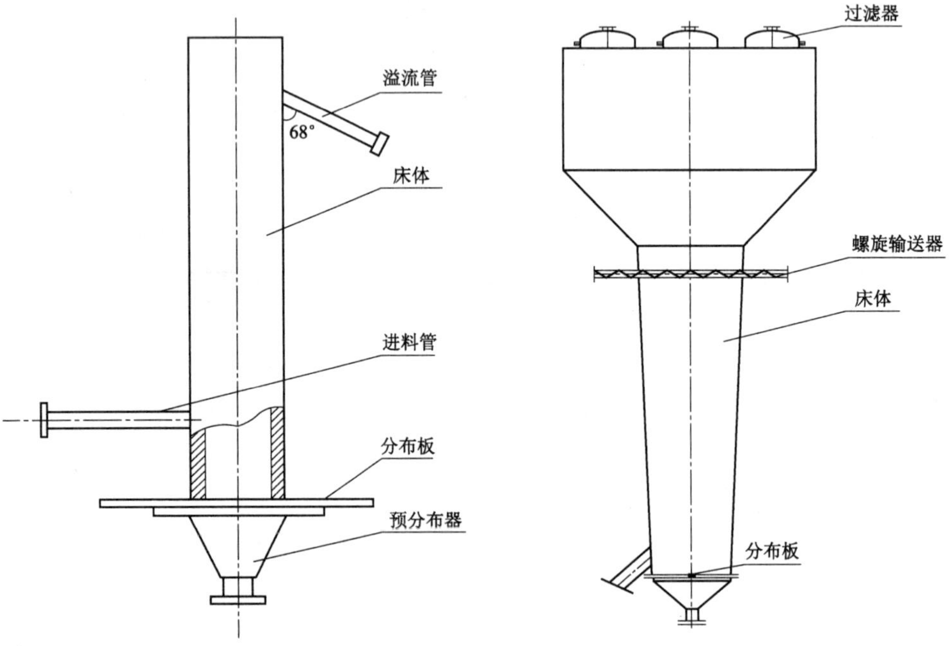

(1) 一级床

(2) 二级床

图 7-10 氢氟化工艺一、二级床的基本结构图

(1) 一级床

按照两级串联逆流流化床的设计要求，一级床主要是吸收床，即吸收二级床尾气中的HF，制成半成品，即中间产品，从而达到提高转化率，降低HF过剩系数之目的。一级床的材质为蒙乃尔。

一级床的固体供料为新鲜的UO_2，根据UO_2初始氢氟化反应速度很快这一原理，要求一级床有良好的导热性能。在流化床的结构原理中我们知道，圆柱床具有较大的返混和良好的导热性，为此一级床选用圆柱形流化床。另外，根据一级床的物料输送情况，气-固流几乎成并流状态生产。如此物料入口处的反应就会更加激烈，但采用圆柱床，利用其大的返混和良好的导热性，就会避免反应的过热使物料烧结。

一级床的结构，一级床主要由预分布器、分布板进料管、床体、溢流管以及测温测压等部件组成。预分布板采用铜环填充式。分布板选用锥帽式测孔型，进料管的中心线与分布板有一定距离，主要是为了避开分布板对流化床层流化质量的影响高度。向流化床层的送料是用送料螺旋从送料口处向流化床层内送料。气-固料流化上升，从溢流管向中间料斗，流化床顶端设有测温口，测温计插入流化料层内，以便测得料层的真实温度。另外在顶端还设有测压口，以便测量流化床层的压差值。整个流化床用对开式电炉加热。当床内温度超过控制温度时，可拉开电炉降温。

(2) 二级床

二级流化床的作用是利用无水氟化氢和来自中间料斗的中间产品进行深度氢氟化反应制备合格产品，所以二级床是成品床，为保证产品质量，在二级床应尽量避免物料的较大的返混，而且要足够的停留时间。因此，二级床是选用返混较小，以活塞流化为主的锥形床。

二级床的结构具有一般锥形自由床的特点，它主要由内过滤器、扩大段、进料管、锥形床体、卸料斜管、分布板和与分布板等组成。整个二级床用对开式电炉分三段加热，扩大段的加热保温方式和中间料斗相同。二级床的预分布器和一级床相同，分布板采用密孔型烧结蒙乃尔板，在距分布板一定距离处设有卸料斜管，床内的卸料速率是靠卸料系统的卸料螺旋输送器来控制的。二级床床体和扩大段均采用蒙乃尔板卷焊制成，锥体床的全锥角为3°。

选用了一级床为圆柱床、二级床为圆锥床的两级串联逆流流化床进行UF_4生产，能够大大的提高二氧化铀的转化率。

(3) 气体分布板

气体分布板是流化床的另一个关键性构件，其主要作用是支撑床内固体物料，并使流化气体均匀地进入到床层中并与物料接触和反应。分布板的结构形式很多，但适用于氢氟化反应的分布板主要有侧孔风帽式分布板和烧结金属密孔型分布板，如图7-11所示。

侧孔风帽式分布板的风帽呈球形或圆锥形、棱锥形，只要间距和气孔尺寸设计合理，分布板上方的物料就不易沉积或结块。在我厂一级床上的分布板就采用此种分布板。烧结金属密孔型分布板的气体分布均匀，但其机械强度和耐受交替变化的热应力能力有限，一般只适用于小直径的流化床。

为保证气体均匀地喷射进入到床层中，消除分布板上方可能存在的死角，是气体分布板设计、加工过程中应重点考虑的环节。分布板的设计应具备足够的出射速度、有紊乱的出射方向。开孔率和气体喷射速度是衡量分布板好坏的两个重要参数。实际生产中，氢氟化流化床使用的气体分布板，开孔率一般为1%左右。为具备更好的操作性能，防止某些偶然因素造成的流化不良及其持续恶化,开孔率也可选得更低一些,如美国的一家 UF_4 生产厂,其流化床气体分布板的开孔率仅为 0.49%。

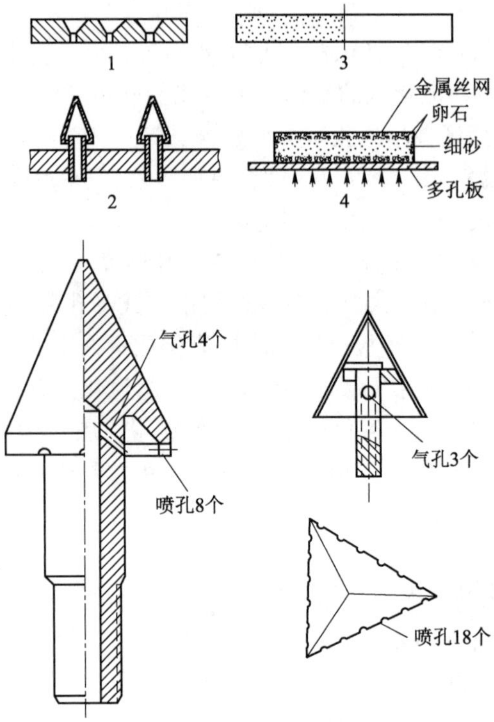

图 7-11　气体分布板及侧孔风帽

1—直孔板;2—锥帽侧孔板;3—烧结板;4—填充型板

(4) 中间料斗

中间料斗设在两级流化床之间,主要贮存中间产品,所以叫中间料斗。材质为蒙乃尔。它的主要作用有三个:其一,是在此分离一级床来的气体和固体;其二,是贮存中间产品,及时向二级床供料;其三,是和供料螺旋一起密封二级床的流化气,防止由此而串气。根据以上作用,中间料斗由烧结蒙乃尔过滤器、筒体、进料管和喂料锥体组成。

(5) 伸缩料斗

伸缩料斗的顶端用伸缩节和下料管相连接,作为二级流化床热胀伸冷缩时的补偿部件。其材质为蒙乃尔。伸缩料斗的作用有两个,其一是床体上下伸缩时通过伸缩料斗的伸缩节进行补偿;其二是贮槽一定量的物料起密封作用,防止流化气体从下料管向下串气。

(6) 产品储料料斗

产品储料料斗即冷却料斗是一个较大容积的贮料罐。冷却料斗的作用有两个,其一,贮存一定量的物料起料封作用,以防从伸缩料斗向冷却料斗串气时,气体在串向装料室;其二,产品在此停留一定的时间,进行自然冷却,保证装桶包装时产品温度小于100 ℃,以防高温外露时产品氧化水解。在冷却料斗上端设有放气管,以防由于向料斗内大量卸料而引起内部压力过大使卸料螺旋输送器不能顺利卸料时,开放空阀门向外排气。

9. 两级串联逆流流化床的设计原则

氢氟化反应器的设计和工艺控制均遵循了如下基本原则：

（1）有足够高的传热速率，反应器同一截面上的温度统一、分布均匀，以防止物料烧结引起的反应速率下降、固体物料停留时间延长等不良现象的影响；

（2）气、固两相逆流接触，沿物料流动方向建立气相氟化氢的浓度梯度、温度梯度和固相转化率梯度，使固体物料能以较高的氢氟化速率实现深度转化，并降低氟化氢的消耗量；

（3）最大限度的避免固相转化后因体积膨胀导致的物料流动受阻或堵塞反应器。

基于上述原则，国内外有关研究机构和铀转化生产厂投入了大量的人力、物力，以改善氢氟化反应器的传质、传热性能，极大地推动了氢氟化生产技术水平的提高。

10. 两级串联逆流流化床的工艺优点

生产实践中，无论是工程设计还是实际应用，氢氟化反应器均力求要实现适宜的温度分布和良好的气-固接触，并保证具备有良好的物料输送能力。适宜的温度分布可采用气-固逆流流动和分段控制温度的方式实现。在气-固反应接触方面，流化床反应器则具有明显的优势。

在单一的氢氟化反应器中，要同时满足逆流原则和充分的气-固接触，这在工程实践中是有相当大的难度。多级搅拌床基本实现了逆流接触原则，但气-固接触效果不佳，传质、传热效果不好。流化床具有良好的气-固接触效果，但返混现象不可避免，单级流化床也不利于建立良好的温度梯度分布和氟化氢浓度梯度的分布。为尽量降低返混现象的不良影响，国内外有关单位开发出了多级流化床氢氟化系统。目前，多级流化床氢氟化系统主要包括两级并流式流化床系统和串联式逆流流化床系统。相对于单级流化床，它们具有如下优点：

（1）一级床的流化介质为含水蒸气的氟化氢气体，使一级床中初期的氢氟化反应趋于缓和，有利于保持 UO_2 颗粒的化学反应性，且水蒸气的热容大，有利于反应热的顺利导出；

（2）物料初期的转化温度，可通过调节两床之间的转化率分配比或 UO_2 进料速率等办法实现有效调节和控制；

（3）可建立良好的氢氟化反应温度梯度分布，气相中氟化氢浓度梯度分布、固相转化率梯度分布，气-固接触效果良好。

由于具有如上优点，两级串联逆流流化床可以在较低的氟化氢过剩量下，实现高强度、高品质的生产 UF_4 产品。

二、开车准备

1. 操作人员培训

对从事氢氟化生产的所有工艺操作人员、分析检测人员和辐射防护人员进行岗位操作理论知识、安全、质量要求等知识的培训。使其掌握氢氟化生产的工艺原理、工艺流程、关键参数控制、异常工况处理等，根据现场运行情况判断机械、电气仪表运行情况，以及关键设备故障排除方法。所有参加氢氟化生产的工艺人员，应通过上岗资格考试，取得上岗资格证。

2. 机、电、仪等设备检查

机械（转动设备、泵体）具备使用条件，安全附件齐全。使用前空载或点试可以启动，且无异常响动。电气设备具备使用条件，请电气工作人员确认接地线已连接，自控系统运行正常。

仪表设备灵敏可用，且在检定期内；其他必备资源如：水、电、气（蒸汽、压缩空气、氮气等)、风(送风、排风)、应急物资等准备就绪。

氢氟化生产过程中的易损备品备件已备齐。

3. 生产原材料准备

生产原材料包括:合格的四氟化铀底料按开车方案要求送至现场;合格的无水氟化氢,已转移至蒸发器;分析试剂齐全,已放置到现场。

4. 工艺技术文件确认

与生产线开车相关的工艺技术文件包括工艺规程、岗位操作规程和开车方案。

工艺规程应是现行有效的技术文件版本,生产线开车前应在工艺运行岗位存放。

岗位操作规程应在有效期内,文本结构完整,内容涵盖全,具有可操作性,并放置于生产运行岗位。

开车方案为经过讨论适合本次开车的重要技术文件。其用来说明技术改造或革新项目实施的可能性和可靠性,分析技术改造或革新项目的安全隐患,制订预防措施。并应说明本次开车操作要点,已下达至岗位。

岗位记录表格,各类检查记录等已放置到现场。

5. 辐射防护与环境保护

对放射性工作场所已完成剂量本底普查,确认生产作业现场环境符合工业及辐射防护安全要求;尾气处理系统、废液处理系统正常可用,已具备接收条件;废液处理所需原材料已放置到现场。

三、试生产

1. 预运行试验

对于四氟化铀生产项目建成后,为保证热试车的顺利进行,需事先指定预运行试验项目。该项目应包括氟化氢蒸发器预运行试验、氟化氢预/加器预运行试验、氢氟化反应器预运行试验、工艺尾气系统预运行试验等,以验证设备设计性能是否满足生产要求。

(1) 预运行试验须具备的前提条件

1) 预运行试验须在工程验收合格后进行,试验方案须经运营单位和设计单位组织联合审查,确认试验方案的科学性、合理性。

2) 参加预运行试验的人员须由公司人力资源部进行试验内容培训和考核,考核合格,方可参加试验。使其熟悉预运行试验必须具备的条件,了解试验的组织与指挥系统,掌握试验的原理和方法、步骤。

(2) 预运行试验人员须具备的安全生产基本知识

1) 人身安全防护、防火防爆、防尘防毒防触电等安全知识;

2) 核辐射防护、危险化学品防护基本知识;

3) 熟知应急预案及特种防护用品的使用知识;

4) 压力容器的安全使用知识;

5) 安全生产责任制;

6) 巡回检查责任制;

7) 消防器材的使用知识。

(3) 预运行试验管理

预运行试验期间,须加强人员管理,确保试验的安全进行,并按照民用核设施核安全报告制度按期进行报告。

对特种设备原始资料审查合格后,方可投入使用。如压力容器资料审查:

1) 压力容器设计、制造单位的相应资格;

2) 压力容器出厂合格证书及其应附有的技术质量证明文件(含制造质量监督证书);

3) 由技术部门颁发的使用和登记证书;

4) 历次检验的检验报告及缺陷、处理记录;

5) 安全附件的检查:是否齐全、检查合格证书及校验报告;

6) 水压试验试验报告书;

7) 气密性试验试验报告书。

(4) 预运行试验报告

试验结束后,须编制预运行试验报告,提出整改意见。

2. 试生产

(1) 试生产任务来源

生产规定数量的四氟化铀产品,需经核材料管理部门审批。

(2) 试生产须具备的前提条件

1) 获得批准的装投料试车许可证;

2) 系统联动调试合格,存在问题得到整改,经过审评和确认,具备投料条件;

3) 试生产方案须经运营单位和设计院组织联合审查,确认试生产方案的科学性、合理性。

(3) 参加试生产人员要求

参加试生产人员,须由人力资源部门进行试生产培训和考核,考核合格,方可参加生产运行。

(4) 参加试生产人员须具备下列安全生产基本知识

1) 人身安全防护、防火防爆、防尘防毒防触电安全知识;

2) 熟知应急预案、核辐射防护、危险化学品防护基本知识。

3) 特种防护用品的使用知识;

4) 压力容器、起重机械的安全使用知识;

5) 安全生产责任制;

6) 巡回检查责任制;

7) 消防器材的使用知识。

(5) 核设施核安全报告

试生产期间,加强人员管理,确保试生产的安全进行,按照核设施核安全报告制度按期报告。报告内容如下:

1) 试生产情况,安全重要构筑物、系统和部件(或设备)的运行性能及对其进行监督、检查、试验和维修的情况;

2) 安全重要构筑物、系统和部件(或设备)的修改或变更以及对运行规程的修改;

3) 核临界安全的控制(包括临界物理参数监控仪表运行情况、监测结果及与运行限值

的比较);

4) 放射性废物的贮存、处理、处置情况和存在的安全问题及采取的预防措施;

5) 辐射防护情况;

6) 试生产中发生的事件综述与分析,构筑物、系统和部件(或设备)存在或潜在的安全问题及其所采取的措施;

7) 安全防护处和/或分公司认为需要报告的其他事项。

(6) 试生产现场要求

试生产现场应保持整齐清洁;注意排水和防止液体的渗透;排水沟渠应加盖,并且要定期疏通。

容易使脚部潮湿、受寒的工作地点,要设木头站板;墙壁和天花板都应该保持完好;设备和工作台等的布置,应该便于工人安全操作。

安全通道的宽度不能小于 1 m;升降口和走台应该加围栏。走台的围栏高度不能低于 1 m。

原材料、成品和半成品的堆放要分区摆放。

工作地点的局部照明的照度符合操作要求;通道应有足够的照明。

照明设备应该保持清洁完好。

室内工作地点的温度适宜。

对于和取暖无关的蒸汽管或者其他发散大量热量的设备,应该采用保温或者隔热的措施。经常开启的门户,在气候寒冷的时候,应该有防寒设施。

通风装置和取暖设备,必须有专职或者兼职人员管理,并且应该定期检修和清扫,遇有损坏应该立即修理。

供水、盛水和饮水用具应该每日保持清洁。

禁止在有粉尘或者散放有毒气体的工作场所用膳和饮水。工作场所根据需要设置洗手设施。

(7) 机械设备的要求

传动带、齿轮、砂轮、电锯、接近于地面的联轴节、转轴、皮带轮和飞轮等危险部分,都要安设防护装置。其他机械也应有必要的安全装置。

机器的转动摩擦部分,应定期加油;难于加油的,应该停车注油。

起重机械应标明起重吨位,并且要有信号装置。起重机械的挂钩和钢丝绳都要符合规格,卷扬限制器、行程限制器、缓冲器和自动连锁装置等使用前应进行检查。

使用起重机械不能超负荷、不能歪拉斜吊,禁止任何人站在吊运物品上或者在下面停留和行走,操作人员必须做到"十不吊"。

起重机械要定期检修;发现损坏,应该立即进行维修。

压力容器应该有安全阀、压力表等安全装置,并且要保持准确、有效;定期进行保养、检修和检验。

(8) 电气设备的要求

电气设备和线路的绝缘必须良好。裸露的带电导体应该安装于碰不到的位置;否则必须设置安全遮栏和明显的警告标志。

行灯的电压不能超过 36 V,在金属容器内或者潮湿处所不能超过 12 V。

电钻、打磨机等手持电动工具,在使用前必须采取保护性接地措施。

发生大量蒸汽、气体、粉尘的工作场所,要使用防爆电气设施;有爆炸危险的气体或者粉尘的工作场所,要使用防爆型电气设施。

(9) 有害气体、粉尘和危险物品

散放易燃、易爆物质的工作场所,应该严禁烟火。散放粉尘的生产,应该采用湿式作业。散放有害健康的气体和粉尘的设备要严加密闭,必要时应该安装通风、吸尘等装置。

发生强烈噪音的生产,应该尽可能在设有消音设备的单独工作房中进行。有毒物品和危险品应分别贮存在专设处所,并严格管理。

在接触酸、碱等腐蚀性物质并且有烧伤危险的工作地点,应该设有冲洗设备。废料和废水应妥善处理,确保职工和附近居民的安全。

(10) 生产辅助设施齐全

根据需要设置浴室、卫生间、更衣室、休息室等生产辅助设施,并保持完好和清洁。

更衣室内工作服必须和便服隔开存放。

(11) 个人防护用品发放

有下列情况之一的,应向参加试生产操作人员配备工作服或者围裙,并且根据需要分别供给工作帽、口罩、手套、护腿和鞋盖等防护用品:

1) 有灼伤、烫伤或者容易发生机械外伤等危险的操作;

2) 在强烈辐射热或者低温条件下的操作;

3) 散放毒性、刺激性、感染性物质或者大量粉尘的操作;

4) 经常使衣服腐蚀、潮湿或者特别肮脏的操作。

在有害气体、蒸汽或者粉尘的场所操作的职工,应该由企业分别供给适用的口罩、防护眼镜和防毒面具等。

工作中发生有毒的粉尘和烟气,可能伤害口腔、鼻腔、眼睛、皮肤的,应该分别供给必要的防护药膏。

在有噪音、强光、辐射热和飞溅火花、碎片,刨屑的场所操作的职工,应该分别供给护耳器、防护眼镜、面具和帽盔等。

经常站在有水或其他液体的地面上操作的职工,应该供给防水靴或者防水鞋等。

两米以上高处(高空)作业的职工,应该供给安全带。电气操作的职工,应该按照需要分别供给绝缘靴、绝缘手套等。经常在露天工作的员工,应该供给防晒、防雨的用具。

在寒冷气候中必须露天进行工作的职工,应该根据需要供给御寒用品。

对于工作服和其他防护用品,应该负责清洗和修补,并且规定保管和发放制度。

(12) 试生产过程中的安全防护措施

1) 试生产过程中,应制定相关的安全防护措施,确立各种安全限值,如温度、浓度、辐射防护个人剂量限值等,并严格落实,做到:

严格遵守岗位工作纪律,工作场所严禁进食、吸烟、打闹等,树立文明形象;

严格遵守操作程序,遵照指挥人员的指示;

严格执行动火制度和安全用电制度;

岗位工作人员进入现场时,均应佩带好相应的劳动保护服装、用品,妥善使用各种安全操作工器具,严防人身伤害事故和仪器仪表、设备损坏事故;

对易燃、易爆、有毒、腐蚀性物品的使用、保管进行严格控制和管理;

定期检查和确认火灾报警装置及灭火装置性能,严格按照限值操作,预防火灾和爆炸;

现场准备必要的急救物品和药品,确保有充足的干净水源;

及时清洁、整理作业场所,震期巡检,杜绝跑、冒、滴、漏;

对安全隐患和事故及时沟通和汇报相关信息;

发生触电事故时,应立即切断电源,立即对病人进行抢救,必要时,立即做人工呼吸。

2) 辐射防护管理措施

建立完善出入管理、作业环境管理、"三废"排放管理、个人辐照管理、辐射监测设备与测定机器类的维护管理、环境监测等辐射管理程序和制度,做到:

尽量将设备和设备室封闭,确保通排风的气流方向、排气量和负压;

划定辐射防护管理的区域并根据工作进展情况改进;

对进入放射性厂房的人员进行剂量检测和辐射防护知识的培训,配备必要的辐射防护用品;

进行厂房和环境的辐射监测,及时发现和解决问题;

对放射性操作和作业进行管理和控制;

采取措施防止放射性污染,一旦发生污染,采取有效措施和启动应急预案,最大限度保护人员、环境和防止污染扩散;

对物品进出辐射防护管理区域的搬运和移动进行控制和管理;

按照核材料实物保护的管理规定对核材料的实体保护、衡算、计量、转移等控制,确保核材料的安全与平衡;

对放射性排出物进行监测、控制和处理,按照规定排放。

3) 预防氟化氢和氢氟酸烧伤的安全措施

接触氟化氢、氢氟酸和四氟化铀产品时,必须戴好耐氟手套和防毒面具;

在开、关氟化氢和氢氟酸管道阀门时,要站在上风位置;

遇有酸或不明液体溅到皮肤上,立即用水大量冲洗;

在开、关氟化氢、氢氟酸供料阀、吹氮阀时,一定要认真谨慎,确认无误后再进行操作,避免开错、关错阀门;

处理紧急事故时,要戴防毒面具;

检修中拆开的管道开口处、设备开口处,应用塑料布包好;

对转动设备手动盘车时,必须有专为监护控制电源盘;

拆卸带酸管道或尾气分析时被酸液溅上,应立即用大量清水冲洗,冲洗 15 分钟以上;

严禁带压拆卸设备管道,如需要拆卸时,应先氮气置换,确认安全后再拆卸;

应避免电气及吊车的误操作等不安全因素,避免放射性伤害;

生产中发生设备问题,请示调度或车间领导后,可局部或全线停车;

吊车应由专人操作,严格遵守操作规程,防止操作中料桶与人或设备碰撞、吊链脱扣、损坏电机和控制盒等现象发生;

防止加料、卸料或检修时的物料逸散,经常打扫地面、设备卫生,保证设备整洁,文明生产;

出现异常情况后及时记录汇报并联系处理;

使用流量计时必须先开流量计出口阀门,然后再缓慢地开进口阀,防止压力过高,流量过大，浮子碰坏流量计；

在使用泵类设备抽酸抽碱时，必须戴好相应的防护用品，以防烧伤，不能有其他杂物掉入，防止堵塞喷射泵及管道阀门；

电机温升低于铭牌规定；

运行过程中应经常检查有无异常振动及杂音；

设备升温过程中应检查炉筒伸长情况；

不明液体禁止用手触摸，防止烫伤、冻伤、烧伤；

禁止与裸线接触；一旦发现裸线找电工处理；电气着火，先切断电源；

经常检查设备、管道、阀门有无泄漏，有漏点及时消除。

第二节　生产工艺运行

学习目标：通过学习，熟悉氢氟化生产线的各类工艺设备，掌握其操作方法，并能够根据生产线的运行状况，按照工艺控制要求调整各类运行参数，熟练判断各类不正常生产现象和异常工况，并能够作出正确的原因分析和故障处理方法。

一、系统调试

1. 调试活动的质量要求

(1) 质量计划与质量见证

工程调试活动通常包括：试车准备、冷调试、热调试三个阶段。各个阶段是在工程项目调试大纲、质量保证大纲、总体试车方案的统领下相互联系进行的。根据工程项目的基本情况，确定调试质量活动包括的内容。为保证调试活动有序进行，工程调试过程中，完成试验项目除经过作业人员确认外，还需核项目主管单位的认可和签字确认。为此，制定质量计划，并设定见证点 R 点、W 点和 H 点，使设施调试过程处于严格的控制状态。质量计划设有质量计划见证表，见表 7-4。

表 7-4　×××工程质量计划见证表

<table>
<tr><td colspan="2">质量计划名称</td><td colspan="3"></td><td>版本号</td><td colspan="2"></td><td colspan="2">出版日期</td><td></td><td colspan="2">页数/总页数</td><td></td></tr>
<tr><td colspan="2">符号代表含义</td><td colspan="4">R：记录审核点；W：现场见证点；
H：停工待检点</td><td colspan="8">A：车间 QC；B：生产运行部 QC；C：安防质量部 QA；
D：质量保证人员 QA</td></tr>
<tr><td rowspan="2">序号</td><td rowspan="2">项目名称</td><td rowspan="2">物项位置</td><td rowspan="2">控制内容</td><td rowspan="2">作业依据文件(标准、图纸、程序)</td><td colspan="4">控制点选取</td><td colspan="4">实施人员和见证人员签名</td><td rowspan="2">见证记录</td></tr>
<tr><td></td><td></td><td></td><td></td><td>A</td><td>B</td><td>C</td><td>D</td></tr>
<tr><td>1</td><td></td><td></td><td></td><td></td><td></td><td></td><td></td><td></td><td></td><td></td><td></td><td>W</td><td></td></tr>
<tr><td>2</td><td></td><td></td><td></td><td></td><td></td><td></td><td></td><td></td><td></td><td></td><td></td><td>R</td><td></td></tr>
<tr><td>3</td><td></td><td></td><td></td><td></td><td></td><td></td><td></td><td></td><td></td><td></td><td></td><td>H</td><td></td></tr>
<tr><td>4</td><td></td><td></td><td></td><td></td><td></td><td></td><td></td><td></td><td></td><td></td><td></td><td></td><td></td></tr>
</table>

R 点：记录审核点。见证人员审查检验记录或检查报告，审查后签字认可。

W 点：现场见证点。见证人员参加现场见证，审查后签字认可。

H 点：停工待检点。调试活动必须等待见证人员参加现场见证，经过见证人员审查认可签字后方可放行。

(2) 质量计划的总体要求

质量计划包括了设备完好的确认、单系统运行等部分,每部分都应按计划要求进行下述见证点的见证,因此对应产生的相关记录一定要标识清楚,予以识别和追溯。

根据专业分工组织见证人员见证。见证人员现场见证活动结束后,应在质量计划见证表的指定栏内签署姓名、日期,以示确认。

现场见证点(W 点)由实施人员提前半个工作日通知××QC 进行现场见证。如果在约定之时见证人员未能到场,预定的检修、检查或试验活动可以进行,该 W 点变成 R 点。

停工待检点(H 点)由××××提前一个工作日书面通知××××,由安××××组织见证人员现场见证。预定的检修、检查或试验活动必须在见证人员到场的情况下才能进行,除非事先书面通知确认放弃。

记录审查点(R 点):××××无需向见证人员发出书面通知,但必须加以准备以备见证人员到场检查。

参与本工程调试的×××应为见证活动提供现行有效的文件和质量记录。

(3) 质量计划的分发和归档

本质量计划由××编制,××审核并批准,由××发给质量计划涉及的所有单位和部门。

设施调试验证工作结束后,××××将签字齐全的质量计划交×××资料室归档。

2. 系统调试内容

(1) 水压试验

化工装置建成后投产前或者大检修后,均需按规定进行压力试验,就是通常所称的试压,它包括强度试验和严密性试验。

压力试验是对压力容器和管道系统的一次综合性考核。通过压力试验,就是检验容器和管道是否具有安全地承受设计压力的能力(即耐压强度)、严密性、接口或者接头的质量、焊接质量和密封结构的紧密程度。此外,可观测受压后容器和管道的母材焊缝的材料变形量,还可以及时发现材料和制造过程中存在的问题。

强度试验包括液压和气压强度试验,为防止试压过程中意外,通常采用液压强度试验。

液压强度试验的加压介质通常采用洁净水,故液压强度试验常被称为水压试验。如果不用水而改用其他液体时,所用的液体必须是流动性好、无毒、沸点和闪点高于耐压强度试验温度且不可能导致其他危险。

对奥氏体不锈钢容器和管道系统进行水压试验时应严格控制水的氯离子含量,因为氯离子对奥氏体不锈钢产生严重的晶间腐蚀。因此实验前应先检查水中氯离子含量,一般要求在 25 mg/L 以下,超过时应采取相应措施(例如加入硝酸钠溶液进行处理)。

水压实验前容器和管道系统上的安全装置、压力表、液面计等附件及全部内构件均应装配齐全并经检查合格。

水压试验时,试验环境和水的温度应保证高于试验容器材质的无塑性转变温度(NDT),目的是防止材质冷脆产生低应力脆性断裂。通常应该在环境温度为 5 ℃以上进行,否则应有防冻措施。对于碳钢和 16 MnR 钢制容器和管道,试验用水温应不低于 5 ℃,其他低合金钢(不包括低温容器),试验用水温不低于 15 ℃。如因板厚等因素会造成脆性转变温度升高,还应适当提高试验用水温。

关于水压试验的压力规定、升压程序、合格标准、安全措施和防范等，除了遵照设计文件规定外，还必须遵守《压力容器安全技术监察规程》。

水压试验前，应将不参与水压试验的系统、设备、仪表和管道加盲板隔离(加盲板的地方应有明显的标记和记录)。

水压试验时应将水缓慢充满容器和管道系统，打开容器和管道系统最高处阀门，将滞留在容器和管道内的气体排净。容器和管道外表面应保持干燥，待壁温于水温接近时方能缓慢升压至设计压力，确认无泄漏后继续升压到规定的试验压力，根据容积大小保压10～30 min，然后降压至设计压力，保压进行检查，保压时间不少于 30 min，检查期间压力保持不变。

检查重点是各焊缝及连接处有无泄漏、有无局部或整体塑性变形，大容积的容器还要检测基础下沉情况(对要求在基础上作水压试验且容积大于 100 m^3 的设备，水压试验的同时，在充水前、充水时、充满水后、放水时和放完水后，均应按预先标定的测点作基础沉降观察，详细记录基础下沉和回升情况，填写基础沉降观察记录)。

检查时可用小锤沿焊缝及平行于焊缝 15～20 mm处轻轻敲打。如发现泄漏，不得带压紧固和修理，以免发生危险。缺陷排除后，应重新做水压试验。

水压试验结束后，打开容器和管道的最低处阀门降压放水，排水时，不得将水排至基础附近，大型设备排水时，应考虑反冲力作用及其他安全注意事项。另外，排水时容器顶部的放空阀门一定要打开，以防薄壁容器抽瘪。水放净后，采用压缩空气或惰性气体将其内表面吹干，严防器内和管内存水。

试验用压力表不得少于两个并经校验合格，其精度不低于 1.5 级，表面刻度值为最大被测压力值的 1.5～2.0 倍。压力表应分别安装在最高处和最低处，试验压力应以最高处的压力读数为准。

试验压力遵照《压力容器安全技术监察规程》和设计文件规定执行，压力容器水压试验的试验压力见表 7-5。

表 7-5 压力容器水压试验的试验压力要求

压力容器名称	压力等级	水压试验压力($P_T=\eta \cdot p$)/MPa
钢制和有色金属制压力容器	低压、中压、高压	1.25p
铸铁		2.00p
搪玻璃		1.25p

对于设计温度(壁温)≥200 ℃的钢制或≥150 ℃的有色金属制压力容器，水压试验压力 $P_{T'}$ 按下式计算：

$$P_{T'}=P_T\cdot[\sigma][\sigma]t=\eta\cdot P_T\cdot[\sigma][\sigma]t \tag{7-25}$$

式中：p——压力容器的设计压力，MPa(对在用压力容器为最高工作压力)；

$P_{T'}$——设计温度下的耐压试验压力，MPa；

P_T——试验温度下的耐压试验压力，MPa；

η——耐压试验压力系数；

$[\sigma]$——试验温度下的材料的许用应力,MPa;

$[\sigma]t$——设计温度下的材料的许用应力,MPa。

(2) 其他试验方法

气密性试验所采用的气体通常应为干燥,洁净的空气、氮气或其他惰性气体。

如生产工艺无特殊需求,通常采用干燥、洁净的空气作为气密性试验介质。当然能采用氮气或其他惰性气体作为试验介质更好,更符合核化工生产工艺的要求。

如对易燃易爆介质的在用压力容器和管道系统中进行气密性试验,必须进行彻底的清洁和置换,否则严禁用空气作为试验介质。对要求脱脂的容器和管道系统,应采用无油的气体。

气密性试验时,升压应分段缓慢进行,首先升至气密性试验压力的 10%,保压 5～10 min,检查焊缝和各连接部位是否正常,如无泄漏可继续升至规定试验压力的 50%,如无异常现象、无泄漏、其后按每级 10%逐级升压,每一级稳压 3 min,到达试验压力时,保压进行最终检查,保压时间应不少于 30 min。

检查期间,检查人员在检查部位喷涂肥皂水(铝合金容器、铝管用中性肥皂)或其他检漏液,检查是否有气泡出现,如无泄漏、无可见的异常变形、压力不降或压力降符合设计规定,即为合格。

气密性试验时,如发现焊缝或连接部位有泄漏,需泄压后修补,焊缝后要重新进行耐压强度试压和气密性试验。如要求作热处理的容器,补焊后还应重做热处理。

真空设备和真空管道系统在强度试验和气密性试验合格后,再联动试车运行,还应以设计压力进行真空度试验。

真空度试验宜在气温变化很小的环境中进行,试验时间为 24 h,检查变化率,变化率按下式计算。

$$\Delta P=\frac{P_1-P_2}{P_1}\times 100\% \tag{7-26}$$

式中:ΔP——24 小时的变化率,%;

P_1——试验初始压力(表压),MPa;

P_2——24 小时后的实际压力(表压),MPa。

变化率ΔP,A 级管道不应小于 3.5%;B、C 级管道不应小于 5%。

二、操作氢氟化反应器

1. 系统检查

对氢氟化生产线的系统检查采用全面检查、重点检查和随机检查三种方式。

全面检查是对于整个生产线,按不同任务分区管理,按固体、气体(液体)原材料走向,对系统进行逐步排查,对存在安全隐患或生产隐患的地方应做出标记,并指定相应的解决措施,待问题解决后再进行下一步工作。重点检查是根据历次开车时易出现故障的设备、电气仪表、管道阀门等进行重点检查,以确保其具备开车条件。随机检查是随机抽取部分生产线设备、管道阀门、电气仪表等进行检查,测试其是否具备开车条件。

2. 充床

在开展生产前,要求在一级床内完成二氧化铀物料转化率为 70%～75%的氢氟化反应,然后再由二级床完成深度转化反应，故二级床大部分物料为四氟化铀。鉴于固体物料 UO_2 在流化床内反应的分配方式，工艺开车前主要完成二级床四氟化铀底料充床操作。充床流程如下：

(1) 手动启动各转动设备运转 1 min，确认其运转正常后，将各个部位秤清零，然后启动中间料斗和二级床反吹氮系统，对中间料斗、二级床各组过滤器手动反吹 3～5 次，然后设置反吹氮系统处于自动控制状态，同时将卸料螺旋输送器出口处加装聚四氟乙烯盲板。

(2) 将备好的四氟化铀产品循序加入料斗。加四氟化铀底料的同时对一级床、中间料斗、二级床、氮气预热器及相关管道的加热器送电升温，以 40 ℃/h 的梯度升温，至 200 ℃时恒温 2 h，然后按 40 ℃/h 升温梯度升至各点生产温度。

(3) 开始升温 1 h 后，为了保障气体分布板在充床过程中的畅通性，避免物料瞬间堵塞部分气孔，将系统改为并联模式。一级床、二级床分别通入氮气，通过流量计控制调节一级床、二级床氮气流量，尾气经除尘器过滤后排入风阱输送至尾气净化中心。同时开启螺旋输送器水夹套冷却水，螺旋输送器每半小时启动转动 1 min。

(4) 二级床床层温度升至工艺要求时，启动螺旋输送器，并按工艺规程要求调整其转速，一级床氮气流量调节提高至工艺要求。

(5) 中间料斗电子秤显满足工艺要求时，低速启动螺旋输送器向二级床送料，二级床氮气流量提高至工艺要求；中间料斗电子秤满足工艺要求时，调整中间螺旋输送器转速，与进料螺旋输送器转速匹配。

(6) 二级床床层压差达到工艺要求时，停止螺旋输送器运转和所有气源，检查系统，拆除卸料螺旋输送器底部盲板，低速转动后停止。检查完毕后，将系统改为氮气串联流化，二级床按工艺要求控制氮气流量，关闭一级床入口氮气阀门。再次启动进料、中间、卸料螺旋输送器，做好通 HF 生产准备；

(7) 四氟化铀底料全部加完后，根据加料料仓秤显，估算在当前进料螺旋输送器转速下加料料仓内四氟化铀物料全部进入一级床的时间。然后开始加二氧化铀物料，将尾气走向更改为经冷凝器冷凝自流至尾酸储罐。

(8) 根据预估时间，待一级床内进入二氧化铀物料时，二级床入口流化气体改为无水氟化氢与氮气的混合气体流化。二者流量按工艺要求控制。逐步调节 HF 与 N_2 比例，直到全部通无水氟化氢流化生产。

(9) 待流化气体流量稳定后，匹配各螺旋输送器转速，根据中间料斗、二级床的料面高低逐步调整达到系统物料平衡；同时，打开卸料料仓下部闸板阀，准备气力输送四氟化铀产品，完成流化床充床操作。

3. 串联生产

用二氧化铀和无水氟化氢为原料，以两级串联逆流流化床为主体设备生产四氟化铀产品。在正常情况下，两级串联逆流流化床以串联流化形式组织生产，串联流化可以在床层内建立温度梯度、转化率梯度、氟化氢浓度梯度，实现气-固两相间的良好逆流接触，降低氟化氢的消耗。

(1) 固体走向

打开二氧化铀容器(底卸式料桶)的底盖，其中的二氧化铀物料在重力的作用下落入加料料仓中,新鲜的二氧化铀物料通过加料螺旋输送器推入一级床内。一级床底部为锥冒分布板,具有支撑物料的作用。在一级床内二氧化铀物料与来自二级床的混合气接触并反应,大部分转化为四氟化铀物料,在较高的操作气速下,一级床能够实现处于输送床阶段,固体物料随气流通过溢流管输送至中间料斗。气体通过中间料斗顶部的管式过滤器除尘后排入尾气管道,固体物料在 4 号料斗内沉降,实现气-固分离。气-固分离后的固体物料由中间螺旋输送器推入二级床,在二级床内部固体物料与氟化氢进一步深度反应。为了保证二级床内部良好的流化状态,根据中间料斗和二级床料面情况,及时调整螺旋输送器转速,使物料在各设备间的传输达到动态平衡。固体物料深度转化为四氟化铀产品后,由二级床底部的下料斜管流入伸缩料斗,在伸缩料斗中,四氟化铀产品在压力作用下,沉积在料斗底部,并经卸料螺旋输送器输送至卸料料仓。利用卸料口,将四氟化铀产品卸入四氟化铀产品容器中,并在电动平车和电动单梁起重机的配合下转运至氟化工序或库房。

(2) 气体走向

来自氟化氢蒸发器的氟化氢气体,在系统压力的作用下,经管道输送至氟化氢预热器,按工艺要求控制氟化氢预热器壁温,对氟化氢气体预热,使氟化氢解缔。解缔后的氟化氢气体,根据流量计计量结果,调节其流量,输送至氟化氢加热器(内盘管式硝盐加热器),按工艺要求控制氟化氢加热器壁温,对氟化氢气体进行加热。经两级加热后的氟化氢气体,在系统压力作用下,进入到二级流化床下部的气室中,经气体分布板均匀分布后,进入二级床。在二级床中,气体与来自中间料斗的床层固体物料接触并进行深度氢氟化反应。剩余氟化氢气体及反应过程中生成的其他气体经二级床上部的管式过滤器除尘后,进入一级床底部气室,经锥冒分布板分布后,进入一级床和二氧化铀物料反应。在中间料斗实现气-固分离后气体进入尾气管道,尾气中的可凝气体通过石墨冷凝器冷凝,冷凝后的尾酸经管道自流入尾酸储罐暂存。

氮气串联流化时,关闭氟化氢阀门,打开氮气阀门使氮气从二级床底部通入,固体物料与氮气走向与氟化氢串联流化时固体物料和氟化氢走向一致,完成流化后通过中间料斗内部过滤管过滤,气体直接排入风阱,经排风净化工序处理后排入大气。

为保证过滤器的畅通,每隔一定时间对过滤器反吹一次氮气。所用氮气来自氮气缓冲罐,按工艺要求控制反吹氮气压力,氮气经预热器加热至工艺要求温度,自动或手动控制进入过滤器实现反吹,将过滤管上的粉尘、物料反吹至床层中,保证尾气系统的畅通性。进入二级床的氮气和工艺气体混合后进入一级床,进入中间料斗的氮气与工艺尾气混合,经过滤器进入尾气处理系统。

(3) 为保证四氟化铀产品质量,无水氟化氢要有一定的过剩量。每条生产线设置两个取样点,分别取四氟化铀产品与冷凝后尾酸样品,分析产品质量和尾气酸度。在生产过程中,依据产品取样要求在卸料料斗手动卸料口取四氟化铀样品,并送分析室分析。在石墨冷凝器底部取样口进行手动尾酸取样,用滴定方法测定冷凝液酸度,也可以利用尾气酸度自动分析装置进行尾气酸度分析。通过尾气酸度反馈及时调节二氧化铀物料投料速率和氟化氢流量。

在生产操作中,HF 的过剩系数不能直接测定,一般都通过制定尾气中 HF 的浓度来控制其过剩系数。尾气 HF 浓度和过剩系数之间的关系如下式所示:

$$n=\frac{MW_3}{W_1(1-M)} \tag{7-27}$$

式中：n——HF 过剩系数；

M——尾气中 HF 浓度(重量%)；

W_1——理论 HF 用量；

W_3——产生的理论水量。

在转换计算中，如果将原料当作核纯 UO_2，而且其转化率为 100%，则式(7-27)可用下式表示：

$$n = 0.45\frac{M}{1-M} \tag{7-28}$$

在氢氟化生产控制中，在原料和产品都符合规定要求情况下，尾气 HF 浓度和过剩系数之间的关系可按式(7-28)计算，因为尽管原料中含有一定量的高价铀氧化物对 HF 的理论用量 W_1 所产生的水汽理论量 W_3 有一定影响，但对他们的比值 W_3/W_1 影响却极微小，所以一般情况下，式(7-28)是适用。

4. HF 浓度的测量方法

HF 浓度的测量方法目前有两种：化学分析法和电导流线分析法。

(1) HF 浓度的化学分析方法

化学分析的原理是用标准的 NaOH 溶液，来滴定所冷凝下来的氢氟酸液。当滴定到终点时，由下述关系式：

$$N_2 = \frac{N_1V_1}{V_2} \tag{7-29}$$

式中：N_1——NaOH 当量浓度；

V_1——所有 NaOH 的容积；

N_2——被测氢氟酸的当量浓度；

V_2——所取氢氟酸的容积。

在滴定分析中，N_1、V_1、V_2 都是已知数。所以可以求出尾气冷凝液中的当量浓度 N_2 的值。但习惯上都用质量分数来表示尾气冷凝液的 HF 浓度，则 N 与 M 之间的关系如下式所示。

$$M = ZN_2\% = \frac{ZN_1V_1}{V_2}\% \tag{7-30}$$

式中：M——质量分数。

值得提出的是，所分析计算出的 M 值是尾气冷凝液中的 HF 质量分数，它和 HF 过剩系数 n 是两个不同的概念。但有一定的关系，需通过计算才能换成过剩系数。即我们平常习惯所说的过剩量，实际这种说法是不正确的。

化学分析，特别是酸碱滴定，是一个非常成熟的方法，它的准确性是可靠的，只要取样设备的安装和取样分析的操作正确，则误差是极小的。但是化学分析方法有一个最大的缺点是间断式操作，不能及时了解尾气中 HF 的浓度情况，在使用化学分析方法过程中，一般要在 2 小时内分析一次，而且每一个分析程序(取样，分析程计算)需要 5～10 分钟，这样，既不能及时测量尾气中 HF 浓度，又增加了操作人员的工作量和不安全因素。

在干法氢氟化生产中，连续准确地测量尾气 HF 浓度，是保证产品的质量，并将 HF 过剩系数控制在科学水平上最关键的一环。但是，由于氢氟酸的强腐蚀性，特别是在冷凝成液体时的相变过程中,其腐蚀性就更强,因此给冷凝的连续分析测量到来一定的困难。

(2) HF 浓度的电导连续分析法

目前在干法氢氟化生产工艺中,用于连续分析测量氢氟酸浓度的方法是电导连续分析法。

对于无水 HF,其比电导为一定值($1.4\times10^{-5}\ \Omega^{-1}\cdot cm^{-1}$)。当无水 HF 混入水后即成为氢氟酸,随着氢氟酸中 HF 的浓度变化,其比电导相应地发生变化,其变化情况如表 7-6 所示。

表 7-6 氢氟酸的电导和 HF 浓度的关系

序号	HF 浓度/%	比电导/(10×/Ω · cm)	当量电导/(cm^2/Ω · mol)
1	95.84	7 513.2	2.96
2	78.05	6 739.2	/
3	50.97	5 297.0	17.31
4	34.23	3 537.9	/
5	15.85	18.96	22.17
6	7.75	19.77	24.17
7	4.8	/	24.27
8	1.5	/	26.21
9	0.48	/	27.72

由表 7-6 可知,当氢氟酸的浓度发生变化时,其导电度也相应地发生变化。为此可用一平衡桥路来测定氢氟酸中导电度(或电阻)值。工作桥路先由振荡器供给一定的电压值,当氢氟酸的浓度发生变化时,就会引起工作桥路输出电压的变化。通过电压放大器将桥路输出的电压信号放大并经相敏整流后送到指示表和自动记录仪指示记录。这样就由氢氟酸浓度的变化值,转变成电压流量,经指示表直观地指示出氢氟酸的浓度来。这样的分析过程,称为电导连续分析,或称为电导流域分析。这样分析的原理和流程如图 7-12 所示。

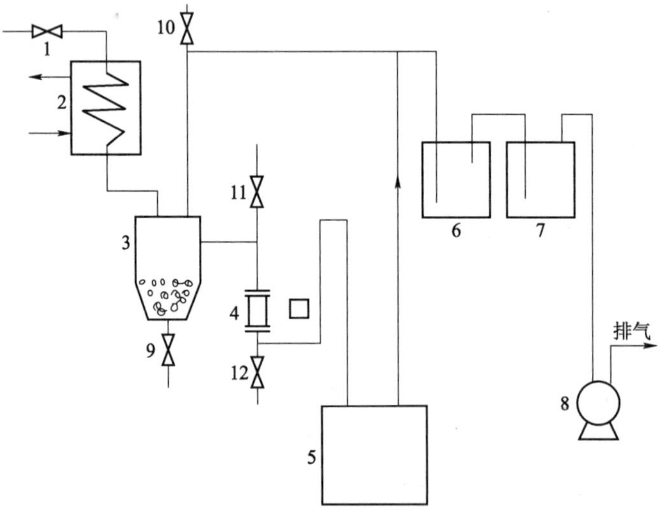

图 7-12 电导法测量氢氟化尾气中 HF 含量的在线分析系统示意图

1—进气阀;2—冷凝器;3—气液分离器;4—电导池;5—废酸收集罐;6—中和罐
7—干燥器; 8—真空泵;9—排空阀; 10—放空阀; 11—清洗阀; 12—取样阀

从单管冷凝器以后的管路下面设一个喇叭管口，被冷凝成的氢氟酸由喇叭口收集后经引出管进入净化池。经净化后的清酸液流入测量池下段入口，在测量池内，由于 HF 浓度的变化，由电极得到变化的电导信号，然后信号去工作桥路等如上二次仪表指示和记录出 HF 浓度值。经测量后的酸液由测量池上部流出，酸液的流动靠淋洗塔出口管内的负压抽动和进出口之间的位差推动。

净化池的作用是除去酸液中的固体杂物，保证测量的稳定性。在安装时，并联安装两台，在一台拆下清洗时，可切换为另一台工作。净化池由聚四氟乙烯制成，内装四氟乙烯碎屑，以便过滤酸液中的固料物质。

测量器是测量的一次元件，它直接接触氢氟酸，所以使用聚四氟乙烯材料制成圆桶形。测量器内设有两个电极支柱，在电极支柱上分别缠上两根 $\Phi 1$ mm 的铂金电极，用来测量酸液的电导值。测量器的规格 $\Phi 30$ mm×80 mm，为了保证测量的稳定性，测量电极(即电极在支柱上的缠绕部分)应浸入酸液的底部，使液面的变化不影响电极的测量。

关于冷凝液的取液方法，对于较小的单管冷凝器和蛇管冷凝器来说，直接从冷凝器的冷凝液中取样，滞后现象较轻，但对较大的石墨冷凝器来说，滞后现象就较严重。最好另设取样冷凝装置，以保证分析的准确性。

电导连续分析仪在使用前，必须用配制好的标准浓度的氢氟酸来标定。然后画出其特性曲线，或者在显示刻标上直接标出氟化氢浓度的刻度，以便操作时只管看到氟化氢的浓度读数。

使用电导连续分析的优点是能随时掌握尾气中 HF 的浓度情况，并能及时来调节 HF 的供料来使尾气中 HF 浓度控制在最佳值，另外也可以和 HF 的供料的气动阀门联锁成自动控制系统，以保证尾气中 HF 浓度控制在最佳的恒定值。

5. 降低 HF 过剩系数的途径

随着工艺技术核反应器的改革与完善，目前较好的工艺和设备能使 HF 过剩系数降到 10%以下。由此可知，提高工艺技术，改革反应设备，提高操作水平，可以把 HF 过剩系数降到较低的水平。

(1) 改进工艺过程和设备

按照干法氢氟化反应的特性，存在一个理想的工艺过程问题。如何改进工艺过程和反应设备，使干法生产中的工艺过程更接近理想的工艺过程是降低 HF 过剩系数的根本途径。目前我国的两级串联流化床可以将 HF 过剩系数降低到 10%以下，而法国的“L·C”炉可以将过剩系数降到接近理论化学计量水平。这些事实充分说明，改进工艺过程和反应设备，使氢氟化工艺过程更接近理想的工艺过程，是降低 HF 过剩系数的最好途径。因为这样 HF 的直接利用率高，而且不附设尾气 HF 回收设施，并给尾气的处理净化带来极大的方便。

(2) 改善 UO_2 活性

对于同一种氢氟化工艺过程来说，使用活性好的 UO_2，如使用 AUC 热分解生产的分解料 UO_2，则生产稳定，转化率高。但在同样工艺条件下，使用活性不好的 UO_2 物料，如一步脱硝料，则转化率就低得多。如想使活性不好的 UO_2 转化率达到规定要求，则必须使用更高的 HF 过量。而活性好的 UO_2 生产流程长，费用高，劳动强度大。活性不好的 UO_2 物料，其生产流程而简单，操作方便而易于实现自动化，是工业生产发展的方向。所以如何改善脱硝 UO_2 的活性，也是氢氟化工艺适应新的UO_2生产技术,降低 HF 过剩系数的又一不可少的途径。

(3) 提高操作技术

提高操作技术水平,来降低HF过剩系数,对操作人员来说是十分重要的,因为对于生产工艺和设备已确定的情况下,操作技术就显得十分重要了。关于如何提高操作技术来降 HF 过剩系数的问题,应从以下几个方面着手。

首先,应努力提高技术理论水平,全面掌握工艺技术,并认识到保证产品质量和降低 HF 过剩量的重大意义,坚决克服那种只顾转化率而不管HF过剩量的错误思想;其次,在工艺操作中,应严格控制好各控制参数,如控制好各关键点的温度,使整个反应过程有一个较良好的温度梯度。对反应器的供料应控制得平稳、匀速供料,因为进料量的忽高忽低最易造成 HF 欠量或过量系数上升;第三,及时准确地检测尾气中 HF 的浓度,最好使用电导连续分析仪。这样能及时观察尾气中 HF 的浓度情况,就能及时发现问题,及时调整 HF 的供料流量,使 HF 的过剩系数连续地控制在最佳值范围内。

6. 异常工况处理

在生产过程中,要密切关注生产系统运行情况,对于系统出现异常情况要第一时间发现并着手处理。表 7-7 为氢氟化生产线异常工况及处理方法。

表 7-7 氢氟化生产线主要不正常现象及处理方法

序号	工序名称	不正常现象	原因分析	处理方法
1	氟化氢蒸发工序	蒸发器内供料压力不够	1. 液面过低 2. 温度过低	1. 及时补充氟化氢 2. 提高水浴温度
		蒸发器内供料压力过高,超过规定值	1. 不冷凝气体过多 2. 温度过高	1. 及时放空 2. 降低水浴温度
2	氢氟化工序	料斗电子称指示重量不变化	1. 料架桥 2. 料结块 3. 仪表故障	1. 敲打、搅动架桥部位 2. 吊起料桶,捣碎料块 3. 调整仪表
		电机电流上升	1. 窜气 2. 料内有异物 3. 减速器缺油或其他机械故障 4. 电机缺相运行	1. 调高料面 2. 若不能自行恢复,则停车排除异物 3. 加油或排除机械故障 4. 请电工检查
		一级床床层温度过高	氟化氢过量	1. 拉开电炉 2. 降氟化氢量或提高螺旋输送器转速 3. 调整送风量
		各输送器盘根处漏料	1. 填料环变形破裂 2. 法兰未上紧	1. 更换填料环 2. 紧固法兰
		二级床上段温度超高	1. 进料螺旋输送器送料过快 2. HF 过剩量小	1. 降进料、卸料螺旋输送器转速 2. 提高 HF 流量
		二级床扩大段温度超过工艺控制要求	1. 二级床料面过高 2. 一级床转化率过低	1. 降进料螺旋输送器转速或提卸料螺旋输送器转速 2. 降二氧化铀进料速率或提高 HF 流量

续表

序号	工序名称	不正常现象	原因分析	处理方法
2	氢氟化工序	HF 预热器出口温度显著下降	1. 电炉缺相供电或断电 2. HF 流量过大	1. 请电工检查排除 2. 减低 HF 流量
		淋洗塔壁温过高超过工艺控制要求	1. 淋洗液过少 2. HF 过剩量大	1. 加大水流量 2. 降低 HF 过剩量
		排酸管内有鼓泡声	排酸管内有硬水形成的氟盐晶体堵塞	改尾气风井或停车，拆管道疏通
		产品不合格。 (1) 二氧化铀、氟化铀酰含量偏高，颜色暗绿或发黑 (2) HF、H_2O 较多 (3) 杂质元素较多	1. 氟化氢欠量或物料推进速度过快，导致反应不完全 2. 酸过剩量大 3. 加料带进杂物或原料不纯	1. 加强产品分析，提高氟化氢流量并检查各输送器转速 2. 加强尾气分析，及时降低和稳定 HF 流量，产品抽气半小时 3. 注意加料时不要混入杂物并加强原料监控

7. 氢氟化工艺尾气的除尘和净化

UO_2 和气态 HF 在流化床内进行氢氟化反应后，生成 UF_4 产品和尾气(含有 H_2O、HF 等)。氢氟化反应的尾气主要是水气，另外由于反应器中 HF 的用量是过剩的，还有反吹除尘器时向系统内吹的 N_2，所以尾气中仍含有一定量的过剩 HF 和 N_2。由于氢氟化反应是在气-固充分接触的情况下进行的，所以尾气在离开料层以后将夹带部分颗粒较细的固体粉料，所以离开料层的尾气主要成分为水蒸气，过剩 HF 和它们夹带的粉料。

工艺尾气除尘和净化的目的有两个：其一是回收其中贵重和有用成分，如回收其中贵重的铀化物的粉料和有用的 HF，以便降低产品的成本，增加经济收益；其二是将尾气中有害的成分除去，以免放入大气后污染环境，造成公害。

(1) 氢氟化工艺尾气除尘和净化的流程

在干法氢氟化工艺过程中，其工艺尾气除尘净化的流程情况如图 7-13 所示。

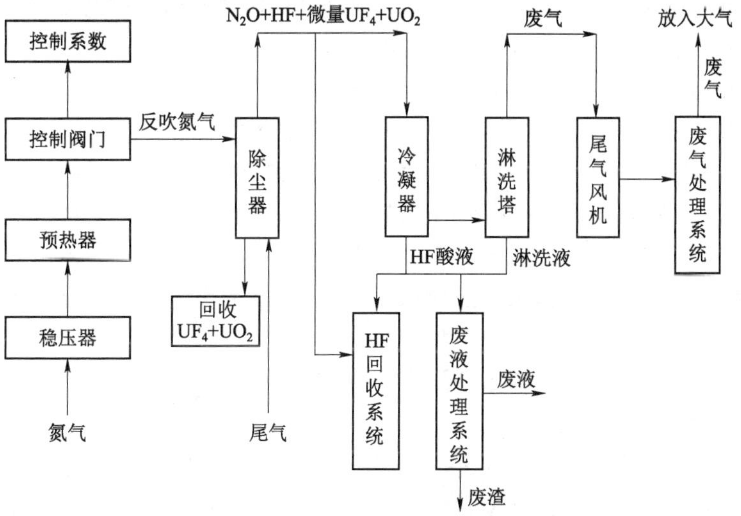

图 7-13　尾气除尘和净化系统流程示意图

从图7-13可以看出,尾气除尘和净化系统大体分四大部分,即尾气的除尘、反吹氮、尾气的净化和废液处理部分。其流程概述如下:

氢氟化反应器的尾气经过除尘器后,进行了气-固分离,分离下来的铀氧化物粉尘又返回反应器。除去固尘的尾气经冷凝器后,其中大部分 HF 和水气被冷凝为一定浓度的氢氟酸。余气进入淋洗用水或碱液进一步洗去有害气体HF和铀化合物粉尘,淋洗后的废气经尾气风机送废气处理系统处理后排入大气。

除尘器经一段时间使用后需经氮气进行反吹使其恢复除尘功能。从氮气源来的氮气现进入稳压器以保证反吹氮气的稳定压力。然后经预热器预热到规定温度,再经反吹氮气反吹一组除尘器后经其他两组除尘器去尾气净化系统。

(2) 氢氟化工艺尾气除尘系统

我们知道,流化床氢氟化尾气夹带固体粉尘量较严重,而且这种固体粉尘是很贵重的铀氧化物,所以必须选用除尘效率高,能长期稳定运行的除尘设备。

尾气除尘的任务是使尾气中气-固分离,回收尾气中的贵重金属铀,提高铀的直接收率,并初步净化尾气。

在氢氟化反应过程中,粉尘颗粒都比较小,一般以悬浮态分散在气体中,如不采取气-固分离措施,则铀化合物的粉尘将随气体一起漂浮到尾气系统,这不仅造成贵金属铀的大量损失,而且给尾气系统的处理带来困难,并且这种化合物随气体进入大气,将造成严重的公害,所以氢氟化工艺尾气的除尘是非常重要的工艺环节。

气-固分离的原理是根据气体分子和固体粒子在性质上的差异,如固体粒子的密度比气体分子大得多,因此可用沉降的方法将气-固分离。由于固体粒子的质量较同体积气体大得多,因而可用改变气流的流动方向,利用二者惯性不同的性质进行惯性分离,由于固体粒子直径比气体分子大得多,则可用过滤的方法进行气-固分离;由于固体粒子能被水润湿,并使颗粒增大则可用湿法洗涤的方法进行气-固分离;另外,因某些粒子带有一定的电荷,能在电场中能作定向运动,所以可用高压电场的作用来进行电除尘等。

综上所述,目前气-固分离的方法(或称除尘方法)大致可分如下三大类:

1) 气-固干法分离:包括重力沉降分离、离心分离、惯性分离和过滤分离等。

2) 气-固湿法分离:一般采用水液淋洗和泡沫洗涤等方法。

3) 气-固电场分离:使固体粒子在高压电场的作用下沉降下来。

在干法氢氟化过程中,气-固分离采用的是以干法为主、湿法配合的气-固分离方法。这主要原因是由于固体粉尘是贵重的铀化合物,其主要成分是一定量的 UO_2 和 UF_4。这种固体粉尘的组成就要求采用干法高效率的除尘设备,尽可能将尾气中的固体粉尘用干法分离下来,并重新回到反应器内全部转化成 UF_4 产品,才能提高铀的直接收率。但由于这种铀化合物的粒度分布较宽,而特别是采用流化床反应器时,由于流化反应可能会使个别颗粒粉碎成更细的颗粒,使细小的颗粒用干法分离出来是较困难的,而这些物质放入大气是非常有害的,所以必须配以湿法除尘以达到更高的气-固分离效果。

(3) 氢氟化工艺尾气过滤管

目前,在氢氟化过程中,采用的气-固分离设备主要是烧结金属过滤器,对流化床系统,在设计时,在反应床层二段都设有粒子沉降分离室,所以流化床的尾气干法除尘是沉降分离和过滤分离两级串联使用的。对于粉尘量较少的卧式搅拌床,则只设过滤分离即能满足生产上的需要。流化床的沉降分离段只是床体的一个组成部分，所以干法氢氟化尾气干法除尘设备主要是烧结金属过滤器。

用于氢氟化尾气除尘的烧结金属过滤器的结构形式大体分两种，即内过滤器和外过滤器。所谓内过滤器是直接将过滤器安设在反应器的扩大段内，如两级串联流化床的二级床过滤器即为内过滤器。内过滤器和床体扩大段的组合如图 7-14 所示。

图 7-14a 可知，三组过滤器的过滤管均挂放在流化床的扩大沉降室内，当通过过滤管过滤分离后的尾气，由三个集气室收集分为三路从三个尾气出口管送到尾气净化系统处理。 图 7-14b 图是三组过滤器在扩大段截面上的分布简图。

外过滤器是将三组或两组过滤安装在反应器之外，并分别用管道将尾气引到过滤器内。则过滤器回收下来的粉料通过导气管返回反应器。以前外过滤器使用较多，如卧式搅拌床，并联流化床和单床隔板流化床的除尘设备均采用此种形式的过滤器。现以单床隔板流化床的过滤器为例，由图 7-15 为外过滤器和床体组合结构的情况。

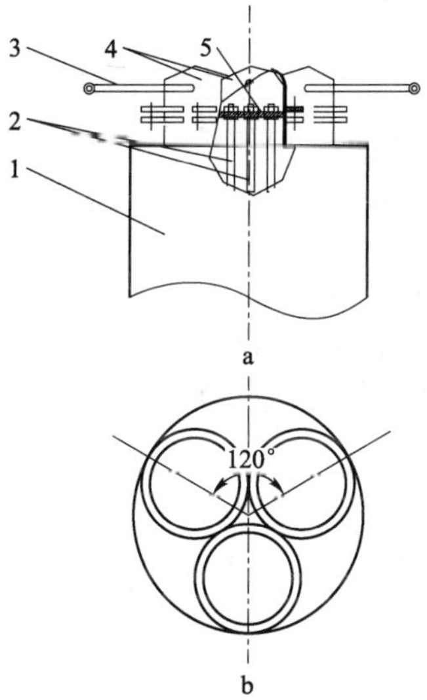

图 7-14　内过滤器组合结构简图

1—流化床沉降段；2—过滤管；3—尾气出口压力管；4—集气室；　5—隔离孔板

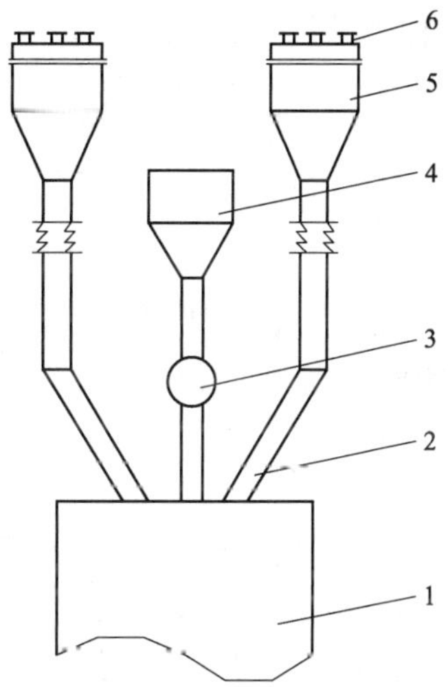

图 7-15　外过滤器与床体组合结构示意图

1—流化床沉降段；2—尾气导管；3—螺旋送料器；4—料斗；5—过滤器；6—三组尾气管

由图 7-15 中可以看出，经流化床扩大沉降段沉降分离后的尾气，由尾气导管引出，然后进入外过滤器过滤分离。外过滤器的内部结构和内过滤器基本相同，也分三组，每组由 14 根过滤管组成。每台过滤器共安装 42 根过滤管，一个流化床反应器共设两台过滤器。在生产中可根据使用情况，可使用一台而另一台作为备用设备，也可两台同时使用，以增大过滤面积。

内过滤器和外过滤器的比较，由于内过滤器设在流化床的扩大沉降段内，所以不需要另设保温加热设施。也不担心因温度低而使 HF—H_2O 在过滤管部位冷凝为液体，降低了能量消耗，方便操作；但由于沉降段的容积有限，所以只能安装三组过滤管。在生产中，如果其中一组内的过滤管损坏，而其他两组不能承担过滤任务时，则必须停车更换。

由于外过滤器设在床外,所以可以用导管引出尾气来安装两台过滤器,这样在其中一台不能使用时,可转换另一台使用。而且在生产中可进行检修更换过滤管的工作,因此外过滤器能保证长期连续生产过程除尘作用。但由于过滤器设在床外,其导管和过滤器都需要加设电加热保温措施,以保证过滤器的使用温度在150 ℃以上,以防止HF—H_2O凝为液体堵塞和腐蚀过滤管及其他设备。这样必使能量消耗和设备费用增加,而且占有较多的厂房空间。

尾气过滤器的核心部件是过滤管,特别是用承插管和蒙乃尔销钉连接的过滤管较好地改善了过滤管的强度,延长了使用寿命,能满足流化床长时间的使用。

在干法氢氟化过程中,最早使用的过滤管为烧结镍管。在生产中过滤器易从连接法兰下部断裂,生产中更换频繁,给生产带来浪费和困难。分析其原因,主要是管太长,而受力矩最大的地方(法兰下部)管壁较薄,为了生产中的选择使用,我们在此再介绍另一种改进型烧结蒙乃尔过滤管。这种过滤管主要是在生产加工工艺上进行改进。这样既减少了过滤管来回摆动的力矩,另外增加了连接法兰处的管壁厚度,由原来的 2.5 mm 增加到 4 mm,加强了受力矩最大地方的强度。加厚管和薄管之间用锥管过渡。另外在制造时,升高烧结温度,增加了管壁的强度,这样的改进型过滤管能满足生产的需要。

关于过滤器的过滤效率问题,没有做过这方面的试验工作,但从过滤后的尾气冷凝液和水淋洗液中看不到 UF_4 的沉淀物(UF_4 的溶解度很小),说明不破裂损坏,这种过滤器完全能满足干法氢氟化工艺中尾气的除尘需要。

(4) 除尘器的反吹

烧结蒙乃尔过滤器在过滤过程中,尾气中的铀化合物粉尘经过滤后,大部分都附在滤管外壁,形成滤饼层,随着滤饼厚的增加,对系统的阻力就增大,当过滤器的阻力增大到一定程度时,就会影响到生产。在生产操作中都知道,过滤器工作一段时间后,就必须用氮气进行反吹,以便清除管壁处的滤饼层,使过滤器更新再用。

目前,除尘器的氮气反吹有两种形式:即动压反吹和静压反吹。动压反吹是采用特别的喷嘴和喷管,在过滤管工作时,高压气源,突然使过滤管内产生一个脉冲压力,从而达到清过滤管外壁滤饼之目的。在采用动压反吹时,在每个过滤管都要设置特制的喷嘴和喷管。喷嘴、喷管和过滤管的结构组成。当反吹时,高压氮气通过喷嘴。

高速氮气直喷入喷管。氮气经过喷管时,减速增压,使过滤管内获得一个较高的脉冲气压,在脉冲气压作用下,氮气穿过管壁将滤饼吹落,管动压反吹装置的设计多种多样,但最基本的部分是不可少的,那就是喷嘴和喷管,而且,喷嘴和喷管的设计要求较严格。高压氮气通过喷嘴时的气速应相当于声速或大于声速,才能使氮气经过喷嘴直喷入过滤管内。否则反吹氮气将从尾气出管和尾气一起跑掉而起不到反吹作用。

氮气反吹时,在过滤管内,脉冲压力越大,则反吹效果越好。脉冲压力的大小除了与喷管的实际尺寸及相对位置有关外,主要还和反吹氮气的压力、脉冲反吹时间及总反吹氮气流速和流化气速之比值等因素有关。调节反吹氮气压力、反吹时间、反吹氮气流速和流化气速之比,即能获得较好的反吹效果。

采用动压反吹具有的优越性是反吹时不管尾气出口阀门,即不造成该组尾气的断路区间,过滤管只在反吹的瞬间不起过滤作用,因此反吹时不倒换过滤器,反吹后即可投入工作,可省去备用过滤设备(在过滤管能连续运行的情况下),也简便了许多操作程序。另外,反吹时产生脉冲气压较高,所以反吹效果较好。但动压反吹的设计较复杂,影响因素较多,操作技术要求较高,稍有误差则起不到反吹作用。所以动压反吹目前在国内还没有在工业上广泛采用,只处在研究试验阶段。不过动压反吹是较先进的反吹技术,相信不久的将来会在核工业中广泛应用。

静压反吹在国内核工业生产中应用较广。它主要是利用一个恒定的气压,在其中一组处于断路区间时,反吹一定的时间,以达到清除过滤管外壁上的滤饼层之目的。

采用静压反吹时,需要设置一组备用过滤器,这主要是在反吹过程中,需要关闭该反吹一组的尾气阀门,以造成断路区间,然后才能反吹。在反吹时启动备用一组过滤器,由于静压反吹使用的氮气压力较低,一般在 3 kg/cm^2 以下而且经过反吹分路降压后,实际进入过滤管内的压力就更低,如果不造成一个断路区间,反吹氮气将向压力更低的尾气系统流动,起不到反吹的作用。所以静压反吹需要将过滤器分隔为数组(一般为三组),而且每组需设专用尾气出口管和控制阀门,所以使整个过滤器的结构复杂化。但采用静压反吹时,只要控制尾气的阀门好用,则反吹氮气必然经过滤管壁进入未过滤的尾气中,能够保证反吹效果。所以目前各厂家都乐意采用这种反吹技术,特别现在采用集成数字电路三组控制反吹装置,使静压反吹实现了自动化。操作人员只观察和检查反吹情况即可完成反吹操作。

(5) 尾气的净化和废酸液的处理

尾气净化的任务是除去其中的HF和微量铀化合物粉尘,使尾气达到排放标准而排入大气。

尾气的净化一般采用三个步骤:尾气的冷凝、尾气的淋洗及碱液泡沫净化。

尾气的冷凝是利用各种形式的冷凝器,将尾气中的大部分 HF 和水汽冷凝下来,形成一定浓度的氢氟酸,以达到除去大部分 HF 并加以回收之目的。尾气如不进行冷凝直接去淋洗,一方面用水淋洗时增加淋洗量和废液量;另一方面用碱液淋洗时增加碱液的消耗量;另外,淋洗低浓度 HF 比淋洗高浓度 HF 的净化效果好。

氢氟化生产工艺中,尾气冷凝器采用圆块状孔式石墨冷凝器(简称石墨冷凝器)。这种冷凝器内部是由数块孔式石墨冷凝块所组成。石墨冷凝块是用酚醛树脂浸渍后加工而成,以保证水气介质互不串通,而且具有耐各种浓度HF酸的腐蚀性。在冷凝块上设有横向孔和竖向孔,块与块之间的竖孔相接通,使尾气自上而下通过。横向孔在中心水道处成切线方向布置,上下相邻两块的切线旋转方向相反,以减小水流的阻力。

石墨冷凝器工作时,冷凝的自来水从下端入口进入,然后按图中所标方向通过冷凝块的每一个横孔进入中间水道,然后又经过相邻的上一块横孔流到外水环道,由此折流旋转到上出口流出,较高温的尾气从顶端入口进入冷凝器,沿石墨封头间的环道进入冷凝块的各竖孔自上而下通过个冷凝块,并将热量通过石墨传给冷却水,使尾气温度降低并冷凝为酸液,酸液从下端出口经液封器去废酸处理系统,而没有冷凝的尾气从出口的分道去淋洗塔淋洗再净化。

石墨冷凝的下段设有放水口,以便在停车不用或检修时将下部冷却水全部放出。上段设有放气口,主要在开车通水或长时间较高温使用时,将水道内的气或蒸汽放出,使冷凝水顺利通过冷凝器。

在冷凝器的操作中,应注意冷凝水的流量,使尾气出口温度小于 65 ℃,以保证下部衬胶淋洗塔的使用温度,在使用石墨冷凝时,应避免高压冷凝水或吹氮高压的冲击,因为石墨性质较脆,防止击穿破损。在石墨冷凝器前应采取第二级除尘设备(如镍网除尘器等),以免过滤器万一损坏时,固体物料进入冷凝块的孔道,造成堵塞。另外,在一段使用后,应常检查流出冷凝水中是否含有氢氟酸,即检查石墨的隔离作用是否破坏,否则氢氟酸将强烈腐蚀钢外壳和其他附件。

尾气净化的第二道工序是用自来水或碱液淋洗尾气,吸收其中的剩余 HF 和微量的粉尘,用水淋洗时,是利用 HF 能以任意比溶于水的性质,使尾气中的 HF 被水所吸收。用碱液淋洗时,一般使用氨水和碳酸钠等碱性溶液,使尾气中的 HF 与淋洗液时,和碱液起中和反应,因而被化学吸收下来,达到净化尾气的目的。

用碱液淋洗时,一般都用 5%以下的稀碱溶液,应注意不能用浓度过高的碱液,用浓度过高的碱液生成的 NaF(或 NH_4F)将以结晶析出,堵塞淋洗塔进出口,影响系统畅通。

淋洗尾气的主要设备是淋洗塔。淋洗塔一般都用碳钢制成,并将里面接触介质的部位均用橡胶衬里。塔身一般分数层,而中间各层装入塑料拉西环,其目的是分离气体中的液滴,以防对尾气风机的腐蚀。如果淋洗液使用碱液时,淋洗液可流入碱液贮槽内,然后用循环泵将碱液打入淋洗塔上部喷淋。当碱液循环使用到中性时,去回收处理,并更换新碱液。

淋洗后的尾气用风机送全厂废气处理系统,用碱液泡沫洗涤后,用风机通过排气塔排入大气。在淋洗塔的操作中,应注意控制好喷淋液的流量,一般根据尾气和塔内容积而决定喷淋量,根据目前我国生产能力而言,喷淋量一般控制在 60～80 L/h,即能达到较好的喷淋效果。另外应注意控制好入口尾气的温度不要太高,对衬胶来说,一般入口温度不宜高于 65 ℃,以防衬胶老化损坏。在使用碱液喷淋时,应注意控制循环的酸碱度,到中性时应及时更换碱液。

酸液和淋洗液的处理主要目的有两个:其一是回收其中微量铀化合物和氢氟酸,以提高经济效益,降低生产成本;其二是将废液用碱液中和成无害的中性液排至厂外。

尾气经过滤器分离后,仍含有微量的极细的铀化合物微粒。在冷凝和淋洗过程中,特别是在淋洗过程中,将其中微粒润湿后随液体进入酸液和淋洗液贮槽。我们知道,尾气中铀化合物的主要成分是 UF_4(和少量 UO_2),UF_4 在氢氟酸液中是不溶的(UO_2 则生成 UF_4),为此用水淋洗时,酸液和淋洗液在贮槽中存放一定时间后,其中 UF_4 将沉入槽底,上部清液中铀含量极微(一般小于排放标准)可压出处理后排出厂外。其底部沉淀物可送回收系统回收其中金属铀。在使用碱液淋洗时。碱液能破坏 UF_4,但仍生成不溶性的四价氢氧化铀[$U(OH)_4$]。但在较高温时,可能有部分被氧化为六价铀,将使溶液中铀含量升高。此时可根据溶液中铀含量情况,分别送回系统处理回收金属铀。

酸液的处理主要用 $Ca(OH)_2$ 中和后排入环境。但必须保证废液中不含有害性的 HF,以防污染环境。

8. 四氟化铀产品质量控制及影响因素分析

UF_4 是铀化工转换过程中重要的铀化合物。UF_4 的主要用途有两个:一是用 Ca 或 Mg 将 UF_4 热还原为纯金属铀,进而制成精铀棒作为核反应堆的燃料元件;二是用氟气进一步氟化成 UF_6,用以分离富集 ^{235}U。UF_4 用作制备金属铀的原料,称为"金属品位",用作生产 UF_6,则称为"级联品位"。对于金属品位和级联品位的 UF_4 质量要求有一定的差别。

(1) 金属品位的四氟化铀质量标准

在用 Ca 或者 Mg 还原 UF_4 制备金属铀的过程中,将使 UF_4 中其他化学杂质浓集在金属铀中,也就是说在热还原冶金过程中,不起净化作用。不仅如此,而且还能引进一些像还原剂 Ca 或 Mg 及熔炼炉的一些炉衬材料的某些杂质成分。这些冶炼出的粗金属在下一步的精炼过程中只能除去为数不多的杂质。用作反应堆燃料的金属铀，对其杂质元素的要求是相当严格的，特别是对那些吸收中子截面积大的杂质元素，如果这些杂质元素的含量超过标准要求，将会使核燃料"中毒"，严重者甚至会影响到反应堆的正常运行，所以核纯金属铀对 UF_4 的要求也应当是核纯的。

在这里介绍一下"核纯"的概念。所谓"核纯"，其实质是基于各种杂质元素具有不同的核性质，对其在产品中的含量应有不同的要求。具体到核燃料生产领域，其实质是与各种不同杂质元素俘获(吸收)慢中子的有效截面有关。那些对中子吸收(俘获)截面大的元素，如 Cd、B、Hf、Gd、Sm 等元素，对慢中子的俘获截面大，会造成反应堆中中子的损失，即"中子毒物"。因此必须在产品中严格限制。

金属品位的四氟化铀质量控制标准列于表 7-8。

表 7-8 金属品位的四氟化铀质量控制标准

品位/%		堆比重/(g/ml)	化学杂质/10^{-6}												
总铀	$UO_2+UO_2F_2$		K+Na	Fe	V	Ni	B	Si	Mn	Cu	At	W	Cr	Mo	H_2O/%
>74	≤8	≥1.5	≤100	≤150	≤20	≤80	≤0.2	≤100	≤20	≤40	≤100	≤6	≤60	≤10	≤0.2

在干法氢氟化过程中，虽然对某些杂质元素有着一定的纯化作用，如元素周期表中的第五、六、七和八族元素，这些元素在氢氟化过程中能生成易挥发的氟化物和 UF_4 相分离。但对于第一、二和三族及一些副族金属元素来说，和 HF 反应后会生成不易挥发的金属氟化物而留在 UF_4 产品中。

根据核燃料的要求，和干法氢氟化过程中对杂质的净化情况，对表 7-8 中一些金属杂质的要求，在生产中应严格检查控制，以能适应于金属品位的质量要求。

在杂质要求中，其中水分的要求也是相当严格的(≤0.2%)，因为在热还原冶炼过程中，还原反应相当猛烈，并放出大量的热量，因此水分的含量过高时，在冶炼过程中，将迅速气化成气体，将引起物料的喷溅或放炮，恶化操作条件，严重者有使反应炉爆炸的危险。

对于金属品位的 UF_4 中的 UO_2 和 UO_2F_2 的要求做了明确的规定，因为它们的含量较高时，在热还原过程中，不仅要多消耗较贵重的还原剂，而且还会使还原后的熔融物分层不好。要想获得较纯的金属铀锭，则分层排渣时，将会造成金属铀的大量损失，降低金属铀的直接收率。

对金属品位的 UF_4 的堆比重也有一定的要求，一般来说堆比重越大越好。因为在热还原时，先将 UF_4 和还原剂的粉或屑混合调配成反应炉料，UF_4 堆比重大时，调配后的炉料堆比重也大，在还原时还原炉单位容积放出的热量就多，经点火还原时，所放出的热量已足能使还原后的金属铀熔融。若 UF_4 堆比重太小时，可能在热还原反应中要补充一定的热量才能完成熔化过程，这将给加热设备带来很大困难，所以对金属品位的 UF_4 来说，其堆比重不能小于 1.5 g/mL，一般在 3～3.5 g/mL 为好。

(2) 级联品位的四氟化铀质量标准

天然 UF_4 中，大部分用来制备 UF_6，而有少部分来制备天然金属铀。在辐照过的堆后回收料中,由于铀-235的降低,所以不能用来制备反应堆的核燃料金属铀,只能用来制备 UF_6 以供分离富集铀-235,所以堆后回收料制备的 UF_4 只能是级联品位的 UF_4。

在用氟气(F_2)氟化 UF_4 的过程中,大多数金属元素的杂质都被氟化成不易挥发的氟化物,如铁、铝和铜等,被氟化成不易挥发的 FeF_3、AlF_3、CuF_2,被留在氟化炉的炉渣内和 UF_6 分离开,所以级联品位的 UF_4 对大部分金属元素不做要求,而只对在氟化过程中能生成易挥发的氟化物的某些金属杂质元素,如 W、Cr、Mo 和 V 规定具体的要求标准,因为这些杂质元素在氟化及产品冷凝过程中将混入 UF_6 产品中,所以对级联品位 UF_4 应对 W、Cr、Mo 和 V 作较严格的要求。级联品位 W、Cr、Mo 和 V 的质量要求标准如表 7-9 所示。

表 7-9　级联品位四氟化铀质量标准

品位/%		堆比重/(g/mL)	总γ/(克镭当量/克铀)	化学杂质/10^{-6}				
总铀	$UO_2+UO_2F_2$			M	Cr	Mo	V	H_2O(%)
≥74	≤8	≥1.5	8.6×10^{-9}	≤6	≤60	≤10	≤20	≤0.2

对于级联品位 UF_4 中的 UO_2 和 UO_2F_2 在氟化过程中,都能被氟化成 UF_6 产品。只能比 UF_4 氟化成 UF_6 要多消耗一部分价格较高的氟气,当氢氟化所用 UO_2 是 AUC 热分解料时,无论在卧式搅拌床或者是在流化床内,一般 UF_4 产品中 $UO_2+UO_2F_2$ 的含量都能合乎标准要求。但当使用脱硝 UO_2 原料时,$UO_2+UO_2F_2$ 含量必然升高。级联品位 UF_4 的堆比重要求不严格,而堆比重小一些反而更有利于氟化。

级联品位 UF_4 一般都是堆后料,在反应堆内核裂变生成的一些短寿命强放射性物质,在后处理净化过程中的净化情况,对后工序的转化加工的质量及人身健康都有一定的影响。所以,对于堆后料的放射性(总γ值)做了一定的要求,以保证后序加工人员的健康情况。

UF_4 中的水分在氟化过程中能生成有害的 HF 气体,一方面在 UF_6 产品冷凝包装时不易和 UF_6 产品分离,增加 UF_6C 产品中的 HF 含量,另一方面增加氟化设备的腐蚀。另外 UF_6 遇到水后将会水解生成不挥发的 UO_2F_2,一方面多耗氟气,另一方面 UO_2F_2 如进入炉气,增加粉尘量,给除尘带来负担,所以级联品位 UF_4 中的水分要求较严格。

(3) 影响四氟化铀产品质量的主要原因分析

目前,我国氢氟化生产的 UF_4 主要是级联品位,主要分析在流化床生产中对 UF_4 质量影响的因素。

1) 使产品中 UO_2 含量升高的原因分析

根据分解料 UO_2 氢氟化动力学数据,在流化床内氢氟化时,只要反应温度和 HF 用量在最佳控制范围,在反应时间大于 50 分钟的情况下,可以得到转化率大于 99%的 UF_4 产品,但在生产实践中,往往会出现 UO_2 含量较高的产品。使产品中 UO_2 含量升高的主要原因如下。

首先我们分析流化床的结构及流程的影响,锥形床的轴向返混比圆柱床小,所以产品床采用锥形床转化率较好,另外在床内加设隔板可以破碎气泡,改善流化质量,所以也能提高转化率,对于两级流化床来说,在同样原料的情况下,串联流化比并联流化能获得较高的转化率。在床型和流程的固定情况下,影响 UO_2 转化率的主要因素一般有 UO_2 活性、工艺控制参数、流化质量和连续稳定的运行等因素。

在其他条件都相同的情况下，采用活性好的热分解 UO_2 时，在串联流化床内可以获得转化率 99%以上的 UF_4 产品，而采用一步脱硝料在同样工艺条件下只能使转化率达 80%左右。

对于使用分解料而言，控制好工艺控制参数是相当关键的。一般来说，将温度、HF 过剩量和停留时间控制在最佳范围即能获得较高转化率的 UF_4 产品。而温度过高或过低，HF 过剩系数控制过低将会使床内反应不好，UO_2 转化率将降低，另外停留时间过短也会影响 UO_2 的转化率。

对于流化床而言，流化质量相当重要的。在流化操作中，如出现腾涌，则气-固接触条件恶化，固料出现大的返混，使未反应完全的 UO_2 回流到产品卸料口处，即会引起产品中 UO_2 含量升高。在出现沟流时，HF 气体走短路，同样会造成产品中 UO_2 含量的升高。

2）使产品 UO_2F_2 含量升高的原因分析

对于流化床而言，使产品中 UO_2F_2 升高的主要原因是原料中 U^{6+} 含量高、向床内通入大量的工业级流化氮气及在产品包装时温度过高等原因。

我们知道，UO_2 中的 U^{6+} 在氢氟化过程中将全部转化为 UO_2F_2，这些 U^{6+} 大都以 UO_3 和 U_3O_8 的形式存在，它们在氢氟化过程中有如下反应：

$$UO_3 + 2HF = UO_2F_2 + H_2O$$

$$U_3O_8 + 8HF = 2UO_2F_2 + UF_4 + 4H_2O$$

根据以上化学反应式推算出，原料中 U^{6+} 含量为 x%时，则产品中 UO_2F_2 的含量为 1.12x%。由此可见，严格控制检查原料中 U^{6+} 含量是十分必要的。

除了原料中 U^{6+} 含量引起产品中 UO_2F_2 定量升高外，生产过程中的氧化现象及在产品包装进程中的热氧化现象都会引起产品中 UO_2F_2 的升高。这可由上述原料中 U^{6+} 含量和产品中 UO_2F_2 含量之间的关系来确定生产过程中和产品包装过程中是否有氧化现象发生。如果原料中 U^{6+} 含量为 x%，而产品中 UO_2F_2 的含量大于 1.12x%，说明过程中有氧化现象发生。

在流化床氢氟化过程中，能够引起氧化现象发生的主要原因是流化氮气中的氧含量。在工业级氮气中，一般氧含量 1%～2%。如在开停车及在流化状态不好时，将采用或补充氮气流化，另外在反吹时，需要向反应床内吹一定量的氮气。这些氮气中的氧气与高温 UO_2 接触后将生成 U_3O_8，因而在氢氟化反应中转变成 UO_2F_2。当氧气遇 UF_4 和水汽时也会发生如下水解-氧化反应：

$$UF_4 + H_2O + \frac{1}{2}O_2 = UO_2F_2 + 2HF$$

水解-氧化结果生成 UO_2F_2，当然这种高温氧化和高温水解氧化物的原因主要是过程中引进了一定量的氧气。除了上述谈及的流化氮气引入氧气外，在开车时系统吹氮置换也是有可能的。由于生产时的流化床是在高于大气压下操作的，所以床体、管道的密封性不好，只能引起气固料外溢，不会将空气引入床内。

由上分析可知，加料系统的密封，少用流化氮气等均能降低过程中的氧化作用。另外，流化床连续稳定运行是减少过程中的氧化作用、降低 UO_2F_2 含量的重要保证。我们知道，在生产中，停车开车频繁，设备常打开检修，都会造成氧气的引入，UO_2F_2 的升高。在连续稳定的运行情况下，一般 UO_2F_2 的含量较为稳定。

3）杂质升高的原因分析

在应控制的化学杂质中，其中 W、Si、Cr、Mo 和 V 五种元素，一般不会升高，而在氢氟化过程中,还能起到一定的净化作用。

在其他几种杂质的控制中,最易使产品中升高的杂质主要的是 Fe、Ni 和 Cu 三种。这主要是生产设备所选用的材质内的成分问题。一般氢氟化反应器和接触热产品和尾气过滤设备都是采用蒙乃尔和新 1 号合金材料,而这些材料的主要成分是 Ni 和 Cu,在氢氟化过程中,设备的腐蚀和磨损都会玷污产品,使产品中 Ni 和 Cu 的含量升高,关于 Fe 含量升高的主要原因也是如此,因为生产中使用 Fe 材料设备也是较多的,如有些送料螺旋,料斗及 HF 气体的管道。在正常情况下,一般 Fe 不会大量增加,但在有些情况下,如当送料螺旋处在串气或料斗口架桥时,HF-H_2O 汽进入并接触铁制设备,这将加快这些设备的腐蚀,腐蚀下的铁元素随物料进入产品后,便会使产品中 Fe 含量升高。另外,对新加工的设备,经检修补焊后的设备,如果对锈渣清除不干净,同样会使得产品中 Ni、Cu、Fe 元素含量升高。

在流化床生产中,产品的水分含量一般都低于标准要求,至于少量桶装产品的水分含量的升高,主要是 HF 含量高而引起分析误差,另外取样分析时,样品露置在潮湿的空气中,使样品吸湿也是有可能的。

第八章　二氧化铀络合法生产四氟化铀

学习目标：通过学习，了解二氧化铀络合法生产四氟化铀的基本工艺原理，知道二氧化铀络合法生产四氟化铀的工艺流程和关键设备，掌握二氧化铀络合法生产四氟化铀生产工艺的关键工艺，能够熟练操作络合法的关键主体工艺设备。

二氧化铀络合法生产四氟化铀是最早的“湿法”生产工艺流程。它是将水冶厂生产的二氧化铀经还原处理、络合溶解、氢氟化沉淀、过滤洗涤、干燥和煅烧后，以制得合格的四氟化铀产品。

相对于四氟化铀的“干法”生产工艺而言，“湿法”生产工艺具有明显的优点：适应性强，可处理不同来源与不同杂质含量的二氧化铀原料；纯化效果好，生产过程中的络合溶解和沉淀操作，对二氧化铀中的杂质具有很好纯化作用；物料输送简便，生产过程中物料为固态或液态，便于物料生产过程中输送。

由于二氧化铀络合法生产四氟化铀具有上述优点，至今仍为一些生产厂家采用。

第一节　工艺准备

学习目标：通过学习，了解二氧化铀络合法生产四氟化铀的基本工艺原理，掌握二氧化铀络合法生产四氟化铀生产工艺流程。

一、二氧化铀络合法生产四氟化铀的基本工艺原理

二氧化铀络合法生产四氟化铀主要是利用 UF_4 水合物难溶于水和酸性溶液的性质，在盐酸或硫酸介质中制备出 U^{4+}料液后，向料液中加入一定数量的氢氟酸，使铀以 $UF_4 \cdot nH_2O$ 的形式沉淀出来，然后通过固-液分离（过滤、洗涤）干燥和煅烧等工艺过程，制备出水含量小于 0.2%的核纯 UF_4 产品的过程。

上述过程所依据的基本反应如下：

$$U^{4+}+4F^{-}+ nH_2O \rightarrow UF_4 \cdot nH_2O \downarrow$$

二、二氧化铀络合法生产四氟化铀的基本工艺流程

二氧化铀络合法生产四氟化铀的基本工艺流程包括络合液制备、四氟化铀沉淀的过滤洗涤和四氟化铀的干燥和煅烧等三个基本工序，如图 8-1 所示。

在二氧化铀络合法生产四氟化铀的“湿法”生产工艺中，无论是 U^{4+}料液的制备，还是四氟化铀的沉淀反应，均需在酸性水溶液中进行，四氟化铀均是以水合晶体的形式析出。因此，二氧化铀络合法生产四氟化铀的“湿法”生产工艺主要由以下 4 个部分组成：U^{4+}料液的制备、U^{4+}料液中沉淀析出四氟化铀水合晶体、四氟化铀水合晶体过滤、四氟化铀水合晶体的

干燥和煅烧。

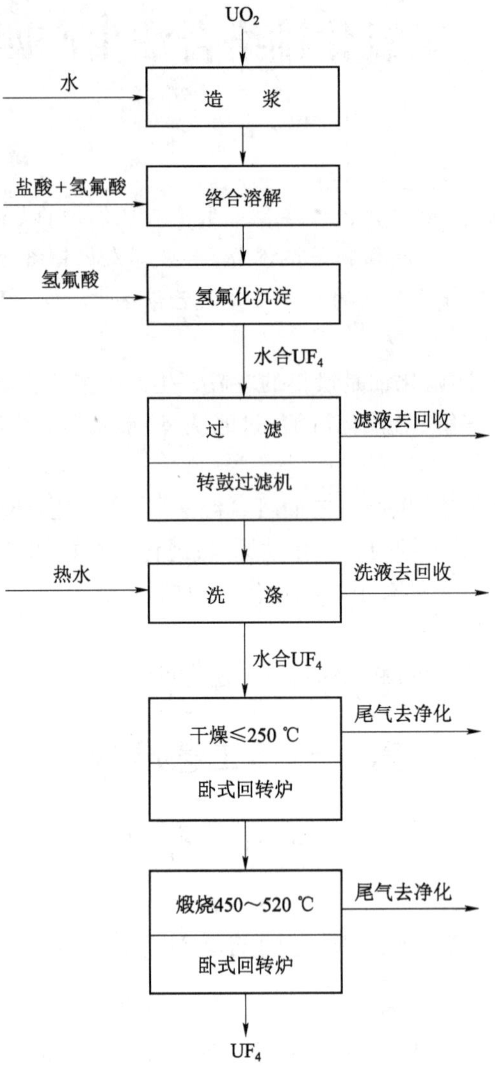

图 8-1 络合法生产四氟化铀的基本工艺流程图

1. U^{4+}料液的制备

向盐酸介质中假如一定量的氟化氢,将二氧化铀原料加入酸性溶液中进行络合溶解,可以直接制备出 U^{4+}料液。

二氧化铀原料溶解的目的在于能够制备出满足工艺要求、性能稳定的 U^{4+}料液,该溶液通常为铀与盐酸-氢氟酸形成的络合液。

2. U^{4+}料液中沉淀析出四氟化铀水合晶体

四氟化铀水合晶体的沉淀析出是一个液-固相转变过程,可分为 3 个基本阶段:形成热力学上不稳定的过饱和溶液阶段、生成具有稳定结构的晶核或结晶中心阶段、晶体形成阶段。

沉淀析出四氟化铀水合晶体过程主要受外界条件如料液浓度、温度等控制。随着沉淀过程外界条件的不同,沉淀析出的绿色四氟化铀水合晶体($UF_4 \cdot nH_2O$),Q 其 n 值在 0.25～

2.5 之间变化。其中,沉淀温度对 $UF_4 \cdot nH_2O$ 晶体的组成、结构和物理性能影响最大。在约 50 ℃的温度下,从 U^{4+}料液中沉淀析出的 UF_4 水合晶体,主要为 $UF_4 \cdot 2.5H_2O$。它比较稳定,晶粒极细,密度小,难于过滤和洗涤,滤饼中含水量可达到 20%~25%,且夹杂有大量的母液,为后续的干燥和转化加工带来不便。在 50~90 ℃的温度范围内,随沉淀温度的升高,$UF_4 \cdot nH_2O$ 中的 n 值将减小。在 90 ℃左右时候,水合晶体的组成 $UF_4 \cdot H_2O$;高于 90 ℃时,沉淀产物 n 值 0.5~0.75。随 UF_4 水合晶体中 n 值的减小,沉淀产物的过滤性能有所改善。

不同类型的 UF_4 水合晶体,其脱水的过程规律也不完全相同。但在加热到 150~200 ℃时,所有的 UF_4 水合晶体均能迅速脱水至 $UF_4 \cdot (0.5 \sim 0.75)H_2O$。其后,在较大的温升范围内,脱水效果不明显。$UF_4$ 水合晶体的完全脱水,温度需达到 350 ℃以上。

除沉淀温度外,料液中铀浓度、氢氟酸过剩量、沉淀时间、加料方式及搅拌强度等均对 UF_4 水合晶体的生成具有一定的影响。如在 68~75 ℃的温度范围内,控制适宜的氟化氢加入速度,得到的沉淀产物中含水量约为 16%(质量分数),其中,结合水约为 6%~7%。此沉淀物具有良好的过滤性能,放置后不结块,造浆和洗涤时未发现有晶粒变细现象的发生。脱水后产品的堆密度约为 2.0 g/cm^3。

另外,由于 UF_4 的溶解度随溶液温度、酸度的升高而增大,实际生成中,应适当控制母液中铀含量及其酸度。如母液中的铀含量过高,当溶液冷却后,会生成胶状的 $UF_4 \cdot 2.5H_2O$ 沉淀。为避免该现象的发生,UF_4 水合晶体的沉淀及其浆体的过滤应在适宜的温度下进行。滤饼用水进行造浆洗涤,以降低酸度、滤除杂质,然后进行二次过滤。

在 UF_4 湿法生产中,UF_4 水合晶体的沉淀条件对 UF_4 产品质量和铀收率等具有重要影响。为制备出过滤性能良好的 UF_4 水合晶体,沉淀温度一般要求高于 90 ℃。在 90 ℃以上的操作温度下,沉淀析出的 UF_4 水合晶体,多以 $UF_4 \cdot 0.75H_2O$ 的形式出现,煅烧后形成的 UF_4 产品,堆密度可达 2.5~3.0 g/cm^3。

由于 UF_4 水合晶体析出后的水溶液中尚含有一定数量的铀,需进行回收处理。常用的铀回收技术有离子交换、溶剂萃取等。

3. 四氟化铀水合晶体的干燥和煅烧

过滤、洗涤后的四氟化铀水合晶体滤饼,仍含有一定量的结晶水和部分游离水。为满足后续工艺生产需要,需要对四氟化铀水合晶体滤饼进行干燥和煅烧,制备出核纯的四氟化铀产品,控制其水分含量在 0.2%以下。

第二节　生产工艺运行

学习目标:通过学习,熟悉络合法生产线的各类工艺设备,掌握其操作方法,并能够根据生产线的运行状况,按照工艺控制要求调整各类运行参数。

一、工艺运行操作

按照二氧化铀络合法生产四氟化铀的基本工艺流程,其运行操作相应的也包括四个部分:络合液制备、四氟化铀水合晶体的沉淀/过滤/洗涤操作和四氟化铀的干燥和煅烧操作。

1. U^{4+}料液的制备操作

(1) 造浆操作

将二氧化铀原料加入 600～650 ℃的还原炉经氢气还原后,螺旋输送器推入造浆槽,加水造浆,控制二氧化铀浆体的固液比为 1.0∶0.5～1.5。

(2) 络合溶解操作

开启将造浆槽中的扬液器,将二氧化铀浆体压入溶解槽,加入规定量的盐酸,开启溶解槽搅拌器,并通入蒸汽加热,待溶液温度上升到50 ℃左右时,再缓缓加入化学计量的氢氟酸,控制溶解液温度在 65～75 ℃范围内。

(3) U^{4+}浓度调整操作

溶解操作 2 小时后,停止搅拌,取样分析络合液中的 U^{4+}浓度,并加水调整使溶液中的 U^{4+}浓度控制在 300 g/L。

将络合液澄清 0.5～1.0 小时后,开启络合液扬液器送至板框压滤机压滤,滤液再经扬液器送入氢氟化沉淀槽。

2. 四氟化铀水合晶体的沉淀/过滤/洗涤操作

(1) 沉淀操作

在氢氟化沉淀槽内加入一定量的水、盐酸和氢氟酸配制的底液,体积约为沉淀槽的 1/2,控制底液中盐酸的浓度在 150～180 g/L,F^-离子浓度为 3.0～6.0 g/L。

启动搅拌器,通入蒸汽加热至 70～80 ℃,然后将络合液和氢氟酸以一定的流量连续加入沉淀槽中。

沉淀操作过程中控制母液中 U^{4+}浓度为 0.6～1.5 g/L,F^-离子浓度为 3.0～5.0 g/L。

(2) 过滤操作

开启扬液器,将沉淀母液送入转鼓过滤机中。调整并控制转鼓过滤机的转速在 0.18 转/分钟左右,转鼓过滤机真空度控制在−53.3～−66.7 kPa 范围内,使滤饼的含水量小于 11%。

(3) 洗涤操作

滤饼的洗涤是在造浆槽中进行的。滤饼加入造浆槽后,加入蒸馏水并开启搅拌器对滤饼进行洗涤。洗涤蒸馏水的温度控制在 60～70 ℃,搅拌强度与氢氟化沉淀操作大致相同。

3. 四氟化铀水合晶体的干燥与煅烧操作

(1) 预干燥操作

洗涤过滤后的四氟化铀先进入电加热预干燥器内,干燥 2～3 分钟,除去部分水和酸气。

(2) 干燥操作

预干燥后的四氟化铀经螺旋输送器送入干燥炉,干燥炉的温度控制≤250 ℃。物料在干燥炉的平均停留时间约为 2.5～3 小时,干燥排出的尾气经旋风分离器和填料吸收塔后放空。

(3) 煅烧操作

煅烧操作是在氢气保护状态下进行。

1) 煅烧炉准备操作

煅烧炉运转前,在其两端密封的料斗内装料,然后按工艺规定的梯度升温至预定温度,对系统进行气密性试验合格后通入氢气。

2）煅烧炉进料操作

煅烧炉准备工作完成后，将干燥合格的四氟化铀经研磨机粉碎，开启螺旋输送器将四氟化铀粉末送入煅烧炉。

3）煅烧操作

控制煅烧炉的温度在 450～520 ℃，四氟化铀物料在炉内与氢气逆向流动，四氟化铀在煅烧炉内的停留时间为 6～8 分钟。

4）出料操作

煅烧后的四氟化铀产品，经过冷却后通过螺旋出料器装入产品桶，包装、称量后暂存。

5）尾气操作

煅烧炉排出的尾气在出口处点燃，经填料塔水洗后放空。

二、二氧化铀络合法生产四氟化铀的影响因素

在二氧化铀络合法生产四氟化铀的工艺过程中，影响最终产品四氟化铀的主要包括四氟化铀水合晶体的沉淀和四氟化铀水合晶体的干燥与煅烧过程。

1. 影响四氟化铀沉淀质量的因素

影响四氟化铀沉淀质量的因素包括温度、氢氟酸过剩量、络合液中 U^{4+}浓度、氢氟化时间、搅拌强度和陈化时间等。

（1）温度

随着温度的升高，四氟化铀的溶解度增大，溶液的过饱和度降低，有利于四氟化铀细晶体的溶解和长大，四氟化铀中结晶水含量和滤饼水含量显著下降，因此温度升高粗晶体含量和产品密度相应的增大。但是，并非是氢氟化温度越高越好。

生产实践证明：氢氟化温度在 65～80 ℃范围内，可以得到晶体致密、粒度合适、堆密度适宜的稳定四氟化铀水合晶体。

（2）氢氟酸过剩量

生产实践证明：随着氢氟酸过剩量的升高，四氟化铀沉淀物的堆密度降低，滤饼的水含量增加；氢氟酸过剩量太小，则铀的直接收率降低，杂质的净化效果差。

因此，氢氟酸过剩量控制在 3.0～6.0 g/L。

（3）络合液中 U^{4+}浓度

生产实践证明：络合液中 U^{4+}浓度低于 250 g/L 时，沉淀析出的四氟化铀晶体粒度小、堆密度小、滤饼含水量高；络合液中 U^{4+}浓度高于 350 g/L 时，沉淀析出的四氟化铀晶体颗粒也细小、堆密度小、滤饼含水量高。

因此，络合液中 U^{4+}浓度控制在 250～350 g/L。

（4）氢氟化时间

生产实践证明：氢氟化反应时间太短，容易产生很细的糊状沉淀，铀的沉淀也不完全；氢氟化反应时间太长，也不利于沉淀物颗粒长大，且降低了设备能力。

因此，氢氟化时间控制在 2.5～3.0 h。

（5）搅拌强度

生产实践证明：搅拌强度过低时，沉淀槽中料液浓度和温度不均匀，局部过饱和度增大，

四氟化铀沉淀细颗粒量增加,易生成松散的聚集体沉淀;搅拌强度过高时,消耗的功率增大,易于把长大的四氟化铀颗粒打碎,导致粗颗粒两降低。

因此,控制搅拌强度在 0.51～1.10 W/L。

(6) 陈化时间

实践证明:陈化时间延长,细晶体含量降低,粗晶体含量增加,四氟化铀产品堆密度提高。但是,陈化时间延长,不仅拉长了生产周期,而且四氟化铀沉淀物也会发生水化而使颗粒变细。

因此,陈化时间控制在 1.5～3.0 小时。

2. 影响四氟化铀干燥的因素

影响四氟化铀干燥的因素包括温度、物料性质、进料速度和排风量等。

(1) 温度

实践证明:随着干燥的升高,四氟化铀产品中水含量降低,而氟化铀酰含量升高。但是干燥温度过高,会使设备腐蚀加剧,产品中铁、镍和铬的杂质含量增加。干燥温度过低,虽然可以得到氟化铀酰含量低的产品,但是干燥时间长,降低了设备的生产能力。

因此,干燥温度一般控制在 250 ℃以下。

(2) 物料性质

实践证明:当四氟化铀沉淀滤饼的湿度和酸度太大时,物料流动性差,进料困难,需要的干燥时间也延长,产品中氟化铀酰含量也随之增加,设备腐蚀加重,产品中铁、镍含量增高。

因此,干燥前四氟化铀沉淀滤饼的含水量要小于 11%,洗水酸度要小于 0.4 当量。

(3) 进料速度

实践证明:如果进料速度太快,则物料在炉内的厚度增加,水蒸发时间延长,产品中水含量增加;如果进料速度太慢,则炉壁温度上升,易产生“过烧”现象,氟化铀酰含量也会增加,设备生产能力降低。

因此,进料速度控制使干燥炉的填充系数在 0.07～0.15。

(4) 排风量

根据生产经验,干燥炉的排风量控制炉尾负压在 0.4～1.3 kPa。

3. 影响四氟化铀煅烧的因素

影响四氟化铀干燥的因素包括温度、煅烧时间、物料中原始水含量、氢气流量、料层厚度等。

(1) 温度

实践证明:在煅烧过程中,随煅烧温度的升高,产品中氟化铀酰含量增加,当煅烧温度达 450 ℃,氟化铀酰含量达到最大值。超过 450 ℃,氟化铀酰含量反而下降。

因此,煅烧温度一般控制在 450～500 ℃。

(2) 煅烧时间

实践证明:当随着煅烧时间延长,产品中含水量降低,但是二氧化铀和氟化铀酰含量增加。

因此,在转炉内四氟化铀的煅烧时间控制在 10 分钟左右。

(3) 物料中原始水含量

生产实践证明:随着物料中原始水含量的增加,产品中二氧化铀和氟化铀酰总含量变化很小,而产品中水含量明显增加。

因此,要求煅烧前物料中原始水含量不大于 2.0%。

(4) 氢气流量

生产实践表明:氢气流量过小,煅烧炉内水分压高,不能形成还原气氛,氟化铀酰不能被还原,四氟化铀的脱水速度也降低;氢气流量过大,氢气消耗量增加,物料容易被载带而流失。

因此,煅烧时转炉内的氢气线速度控制在 62～75 m/s。

(5) 料层厚度

生产实践表明:随着煅烧炉内料层厚度的增加,四氟化铀产品中的水含量增加,二氧化铀含量降低。实际生产中,煅烧炉内适宜的料层厚度控制在填充系数为 0.03～0.07。

第九章　六氟化铀氢还原法生产四氟化铀

学习目标：通过学习，了解六氟化铀氢还原法生产四氟化铀的基本工艺原理，熟悉六氟化铀氢氟化法生产四氟化铀的“热壁法”和“冷壁法”工艺流程，掌握六氟化铀氢还原法生产四氟化铀的“冷壁法”生产工艺操作要点和应用范围。

第一节　工艺准备

学习目标：通过学习，了解六氟化铀氢还原法生产四氟化铀的生产工艺原理，知道还原生产工艺的“热壁法”和“冷壁法”工艺流程。

六氟化铀氢还原法生产四氟化铀是加工浓缩六氟化铀和贫化六氟化铀的基本方法。

在将六氟化铀采用气体分离法分离铀同位素时，原料和产品都以六氟化铀的形态存在。在核武器、核反应堆和民用中，不论是浓缩铀还是贫化铀，均以金属铀或二氧化铀的形态被利用。四氟化铀既是六氟化铀转化成金属铀或二氧化铀的中间产物，也是贮藏贫化铀的一种适宜的铀化合物，所以发展一种将六氟化铀转化为四氟化铀的有效方法是必要的。

六氟化铀氢还原法生产四氟化铀就是将六氟化铀转化为四氟化铀的有效方法。

一、六氟化铀氢还原法生产四氟化铀的基本工艺原理

六氟化铀氢还原法生产四氟化铀的反应方程式为：

$$UF_6(气)+H_2(气)\rightarrow UF_4+2HF(气)+288\ kJ/mol$$

由化学反应方程式可以看出，该反应过程为一吸热反应。

但是，实践证明：在温度为 78～100 ℃时，六氟化铀与氢气接触几小时都不发生反应；在温度为 225～250 ℃时，六氟化铀与氢气才开始反应；当温度达到 330 ℃时，六氟化铀与氢气接触 30 分钟后，反应也才进行了一半。反应效果列于表 9-1。

表 9-1　温度对六氟化铀氢还原程度的影响

反应温度/℃	226	250	275	285	292	295	305	312	330
六氟化铀氢还原程度/%	3.8	22.3	40.1	42.5	44.3	44.8	50.5	52.2	58.6

注：气体的接住时间为 30 分钟，氢气与六氟化铀的比值为 5.0:1.0。

有关的研究表明，六氟化铀的氢还原反应，需经紫外线照射或放电作用后才能反应。

就六氟化铀的氢还原，人们采用水、四氟化铀、四氯化铀、氯、溴、碘、二氮化铀、氯化氢、一氯化汞和三氯化铁等作为催化剂进行了试验，其中只有氯化氢的作用最为显著。但是，即或有氯化物存在，反应仍进行的很慢，而且得到的产物是不纯的。

也有研究表明,即使温度达到 500 ℃以上,并加入氯气进行催化,工业上可用的还原结果。为了使还原反应瞬间完成,使反应分子活化,或是改变反应途径,以降低反应的活化能。

二、六氟化铀氢还原法生产四氟化铀的基本工艺流程

根据六氟化铀氢还原法生产四氟化铀发展历史和具体工艺流程,可以分为热壁法和冷壁法。

1. *热壁法*

所谓热壁法,是指反应所需活化能是由反应器热壁供给的一种方法。热壁法试验装置最早由美国人设计。

热壁法的基本流程包括物料供应、反应器和成品系统操作、尾气系统操作等基本操作程序。

热壁法的主要缺点包括:

1) 反应器壁经常产生过热现象;

2) 反应器的结壁现象严重,影响反应器的长期稳定运行;

3) 主反应区随还原反应的进行,主反应区下移;

4) 采用氮气稀释六氟化铀时,增大了氢气用量。

2. *冷壁法*

冷壁法是为了克服热壁法中的物料在反应器结壁问题,也是为了在还原高浓度六氟化铀时,不致因严重的反应器结壁而带来的核临界安全方面的问题,采用的提高反应气体预热温度的办法,借以实现还原过程的连续操作。

提高六氟化铀和氢气两种反应气体的预热温度,实质上是为了引入能量,能直接在反应器入口下面形成一个火焰型反应区,使反应得以在狭小空间瞬间完成,以便从根本上消除反应器结壁问题,实现还原过程的连续操作。

冷壁法的工艺流程与热壁法基本相同,其基本工艺流程如图 9-1 所示。

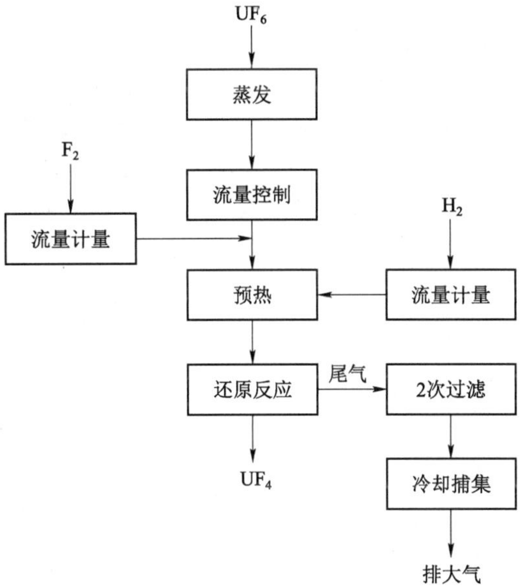

图 9-1　六氟化铀氢冷壁法还原生产四氟化铀工艺流程简图

实践证明:在原料六氟化铀气体进入反应器之前,连续的引入一定量的氟气,利用氢气与氟气反应放出的热量激发氢气与六氟化铀气体反应,使氢气与六氟化铀气体的还原反应在狭窄的火焰束内被激发并瞬间完成,可以消除反应器结壁现象,还原过程的连续操作就能实现。因此,在实际工艺中一般采用冷壁法。

第二节 工艺运行操作

学习目标:通过学习,了解六氟化铀氢还原法生产四氟化铀中“冷壁法”的生产工艺操作基础知识,掌握冷壁法生产操作的基本要点。

在六氟化铀氢还原法生产四氟化铀的两种具体工艺方法中,“热壁法”与“冷壁法”的工艺流程基本相同,而“冷壁法”较“热壁法”具有一定的优势,更有利于工艺运行操作,在这里我们介绍以下“冷壁法”工艺操作要点和主要影响因素。

一、“冷壁法”的工艺操作

冷壁法的工艺流程与热壁法基本相同,主要包括物料供应、反应器及成品系统、尾气过滤处理等三个工序。

1. 物料供应操作

反应气体是在装有 6 根ϕ6.35 的蒙乃尔合金管的管式预热器中进行加热。六氟化铀和氢气的预热器由镍铬合金电阻丝制成的加热管束,其管长分别为 1 888 mm 和 1 422 mm。

(1) 六氟化铀供料操作

液态六氟化铀原料从钢瓶转移到间歇式蒸发器中,对蒸发器加热控制六氟化铀的温度在 93.3～107.8 ℃、压力在(0.241～0.041 4)$\times10^6$ Pa(表压)的条件下蒸发,通过压力自动控制阀进入稳压器,再经锐孔板和流量控制阀,保证六氟化铀气体的压力和流量稳定。

(2) 氢气和氟气供料操作

氢气和氟气均用孔板流量计计量后,氟气加入到六氟化铀流量控制阀后面的管道中。

反应气体是在装有 6 根ϕ6.35 的蒙乃尔合金管的管式预热器中进行加热。六氟化铀和氢气的预热器由镍铬合金电阻丝制成的加热管束,其管长分别为 1 888 mm 和 1 422 mm。

2. 反应器和成品系统操作

(1) 反应器操作

反应器为立式管状反应器,尺寸为ϕ6.35,高度为 3 350 mm。反应器分为五个区域,每个区域都装有电加热器和冷却蛇管,冷却介质为空气。反应温度实行自动控制。

在进行“冷壁法”六氟化铀氢还原生产四氟化铀操作时,预热过的六氟化铀气体、氟气和氢气之中,氢气先通过喷嘴环隙加入反应器,然后氟气通过喷嘴中心管引入,最后加入六氟化铀气体。

当加入六氟化铀气体时,紫红色的火焰白热化,经过短时间以后,涡旋中的绿色四氟化铀颗粒使火焰变暗。反应器壁用强制的对流空气进行冷却,以保持反应器壁的温度足够低,抑制反应产物结壁。同时,安装于反应器侧壁的振动器将反应器连续振动,防止细软的粉末积聚在反应器壁上。

(2) 成品系统操作

反应产物85%～90%的四氟化铀产品,通过蒙乃尔合金弹簧箱和螺旋输送器连续输入到四氟化铀接收器。

3. 尾气系统操作

反应后的工艺尾气,其主要成分为氟化氢和过量的氢气,经气-固分离后进入初级金属过滤器,然后再经过多孔金属过滤器进行二次过滤和化学捕集器进行捕集,最后进入三个冷却捕集器。

金属过滤器的温度控制在 150 ℃以上,以便最大限度地减少四氟化铀粉末对氟化氢的吸附和防止氟化氢冷凝。

冷却捕集器安装在乙醇浴中,在冷却捕集器中冷凝回收部分氟化氢,未冷凝的气体惊水洗涤器除去气体混合物中残余的氟化氢后,排入大气。

二、"冷壁法"工艺操作参数

"冷壁法"工艺操作参数可以在较大范围内变动。表 9-2 列出了"冷壁法"工艺操作的几个关键参数。

表 9-2 "冷壁法"工艺操作的关键参数

序号	项目	控制参数范围
1	气流通过喷嘴的速度/(m/s)	15.2～41.0
2	反应器壁温度/℃	93～204
3	六氟化铀气体和氢气进入反应器温度/℃	93～204
4	六氟化铀气体进料速率/(kg/h)	4.53～11.4
5	氢气过剩量(按化学计量)/%	100～500
6	氟气流量/(g/kgUF_6)	50～800

三、"冷壁法"工艺影响因素分析

在表 9-2 所控制的工艺参数和操作条件下,生产的产品四氟化铀含有 20×10^{-6} 的金属杂质,其堆密度为 3.0～3.5 g/cm^3。

当氟气流量较低时,六氟化铀不能完全还原为四氟化铀,产品中含有少量的中间氟化物,出口气体中含有一定量的六氟化铀;相反,在较高的氟气流量时,则反应温度会过高,因而反应器壁会产生少量的烧结物。四氟化铀的堆装密度随着氟气加入量的增加而增大。氟气速率对氢还原六氟化铀生产四氟化铀产品堆装密度的影响列于表 9-3。

表 9-3 氟气速率对氢还原六氟化铀生产四氟化铀产品堆装密度的影响

序号	氟气速率/(g/kgUF_6)	四氟化铀的堆装密度/(g/cm^3)
1	30	2.19
2	40	2.59

续表

序号	氟气速率/(g/kgUF_6)	四氟化铀的堆装密度/(g/cm^3)
3	45	2.68
4	50	2.89
5	55	2.99
6	60	3.09
7	70	3.58
8	75	3.69

由于“冷壁法”过程要消耗价格昂贵的氟气,所以此法适用于高浓铀产品的转化加工。对于低浓铀和大量的贫化铀的转化加工,采用该法是不经济的。

第十章　六氟化铀水解法生产四氟化铀

学习目标：通过学习，了解六氟化铀水解法生产四氟化铀的基本工艺原理，熟悉六氟化铀水解法生产四氟化铀的工艺流程，掌握六氟化铀水解法生产四氟化铀生产工艺的方法。

在核燃料循环过程中，将六氟化铀采用气体分离法分离浓缩铀同位素时，原料和产品都以六氟化铀的形态存在。在核武器、核反应堆和民用中，不论是浓缩铀还是贫化铀，均以金属铀或二氧化铀的形态被利用。四氟化铀既是六氟化铀转化成金属铀或二氧化铀的中间产物，也是安全贮藏铀产品的一种适宜的铀化合物。

在核燃料循环技术领域中，以六氟化铀为原料，通过水解、还原、沉淀、干燥和煅烧等工艺过程，可以制备出铀浓缩度不同的四氟化铀产品。

第一节　工艺准备

学习目标：通过学习，了解六氟化铀水解法生产四氟化铀的生产工艺原理，知道六氟化铀水解法生产四氟化铀的基本工艺流程。

一、六氟化铀水解法生产四氟化铀的基本工艺原理

根据六氟化铀的物理和化学性质可知，六氟化铀易于气化，与水发生水解反应，其水解反应方程式为：

$$UF_6(g)+H_2O(l) \rightarrow UO_2F_2(l)+2HF(l)$$

在一定的温度下，当溶液中存在 Cu^{4+} 时，SO_2 气体可将酸性溶液中的 UO_2^{2+} 还原为 U^{4+}，U^{4+} 再与 HF 反应，使铀以四氟化铀水合晶体的形式沉淀析出。其反应方程式为：

$$UO_2^{2+}+SO_2+4HF \rightarrow UF_4\downarrow +SO_4^{2-}+4H^+$$

由于气态六氟化铀是一种带刺激性的有毒物质，所以六氟化铀的水解操作应在较低温度下进行，并应尽量增大气、液两相接触面积使水对六氟化铀的吸收比较完全。在处理浓缩六氟化铀时，应当特别注意临界安全控制问题。

沉淀析出 UF_4 水合晶体后，通过沉淀、干燥和煅烧，可以生产出四氟化铀产品。

二、六氟化铀水解法生产四氟化铀的基本工艺流程

六氟化铀水解法生产四氟化铀的工艺流程，包括六氟化铀的气化水解、催化还原-沉淀制取四氟化铀晶体、四氟化铀水合晶体的干燥和煅烧三个基本部分。其具体工艺流程图如图 10-1 所示。

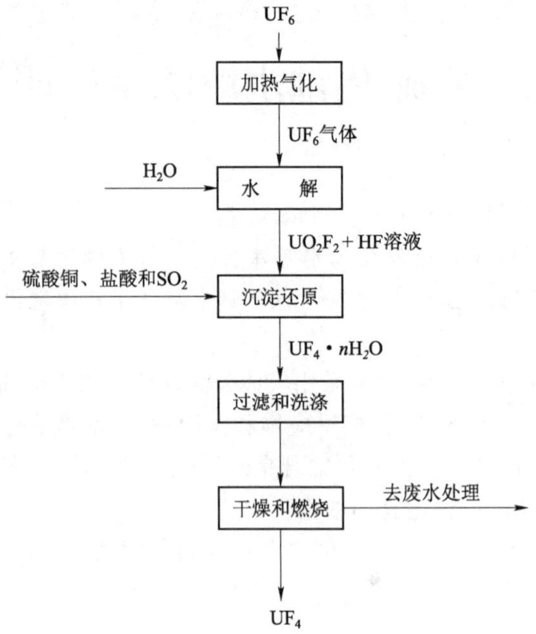

图 10-1 六氟化铀水解法生产四氟化铀的工艺流程简图

第二节 工艺运行操作

学习目标：通过学习，了解六氟化铀水解法生产四氟化铀的生产工艺操作基础知识，熟悉水解法生产操作的基本要点，掌握水解法生产工艺基本参数和影响因素。

在六氟化铀水解法生产四氟化铀的工艺中，六氟化铀水解后，向水解生成的氟化铀酰和氟化氢的水溶液中加入 Cu^{2+}，在 SO_2 的作用下，将 U^{6+} 还原成 U^{4+}，然后经氢氟酸沉淀制备出 UF_4 晶体，经过过滤、洗涤和煅烧生产出无水四氟化铀产品。六氟化铀水解法制备四氟化铀，沉淀结晶均匀，易于过滤和洗涤，制备出的四氟化铀产品堆密度大。但是，在 U^{4+} 料液制备和四氟化铀沉淀析出的生产过程中，溶液中加入盐酸和催化剂 Cu^{2+} 离子，在一定程度上会影响四氟化铀产品的质量，含 Cl^- 废水也难以处理。

一、六氟化铀水解法生产四氟化铀的基本工艺操作

1. 六氟化铀的气化和水解操作

六氟化铀的水解操作，可以间断进行，也可以连续进行，一般采用连续操作运行。六氟化铀连续式水解操作过程可以分为鼓泡式水解过程和混合喷嘴式水解过程。

(1) 鼓泡式水解过程

水解槽为鼓泡式水解过程的工艺主体设备，一般由有机玻璃或蒙乃尔合金制成。在进行水解操作前，在水解槽和尾气吸收塔内要先注入一定量的水。

1）加热气化

首先将输送六氟化铀气体的管道加热到 65～80 ℃，将装有六氟化铀原料的钢瓶加热到 95～100 ℃。

2）管道抽真空

启动真空泵，将输送管道的真空度控制在 5.3～13.8 Pa 范围内。

3）原料输送

待管道和阀门充分干燥后，打开六氟化铀钢瓶的出口阀门，使六氟化铀气体通过管道输送到水解岗位。在六氟化铀气体输送的过程中，要控制好管道的保温。

4）水解操作

打开水解槽入口锥形阀，通过控制调节锥形阀的开度，适当控制通入水解槽的六氟化铀通入速度并通过调节水解槽的加水量，使水解槽的温度不大于 80 ℃。

（2）混合喷嘴式水解过程

混合喷嘴为混合喷嘴式水解过程的工艺主体设备，一般由蒙乃尔合金制成。六氟化铀的水解是在混合喷嘴中连续进行的。

1）管道清洗置换操作

用氮气清洗置换六氟化铀供料管线。

2）加热气化操作

将六氟化铀钢瓶和管线分别加热到 105 ℃和 93 ℃，要控制好管道的保温。

3）原料输送操作

启动循环泵将水溶液送入喷嘴，并打开六氟化铀钢瓶出口阀门向喷嘴中心通入六氟化铀气体。

4）水解操作

水溶液从喷嘴环隙进入，六氟化铀和水溶液在喷嘴混合室中混合并发生水解反应。通过控制喷嘴小孔，控制六氟化铀气体流量在 25 kg/h 左右，通过循环泵将加水速度控制在 77～81 L/h。水解生成的氟化铀酰和氢氟酸通过流入贮槽内。

为避免喷嘴小孔被氟化铀酰结晶堵塞，六氟化铀的温度应保持在 100 ℃左右，六氟化铀钢瓶的压力应保持在 208.9 Pa。

2. 水解液的催化还原、沉淀制取四氟化铀操作

沉淀槽是水解液的催化还原、沉淀制取四氟化铀工艺的主体设备，它是一个炭钢衬胶槽。

（1）水解液的催化还原操作

1）水解液供料操作

开启塑料泵，将一定量的水解液打入沉淀槽内。

2）水解液加热操作

开启蒸汽阀门，将蒸汽经气-液分离器后通入沉淀槽中的水解液中，对每个启动搅拌器进行搅拌。

3）催化还原操作

按照化学计量计算结果，加入一定量的硫酸铜和 1.5～2.0 当量浓度的盐酸，并通过取样

分析,控制溶液中 Cu^{2+}离子浓度在 5.0～5.6 g/L。

当溶液的温度达到 80 ℃时,打开加热后的二氧化硫钢瓶阀门,二氧化硫气体经缓冲器和转子流量计后,连续鼓入溶液中。二氧化硫气体的鼓入流量不宜过大,可采用间歇式、固定流量式和递减速度式等方法进行控制调节。

二氧化硫的用量为化学计量的 1.5 倍,催化还原操作的温度 80～95 ℃。

(2) 水解液的沉淀操作

1) 水解液取样分析

水解液在催化还原操作 6 小时后,取样分析溶液中的铀离子浓度。

2) 沉淀操作确认

当铀离子浓度小于 3.0 g/L 时,即可认为溶液中的铀已经沉淀完全。

3) 出料操作

关闭二氧化硫和水蒸气阀门,打开沉淀槽底放料阀,将四氟化铀沉淀浆体放到过滤器中进行过滤。出料完毕后,停止搅拌。

4) 滤饼洗涤操作

将四氟化铀沉淀浆体经过滤器甩干后的滤饼,用 60 ℃的去离子水进行淋洗。反复淋洗操作 4～5 次后,取样分析滤饼中的铜含量,当铜含量小于 30×10^{-6} 时,洗涤结束。

洗净的滤饼送去干燥、脱水,母液和淋洗水经铵盐沉淀、硅胶吸附后排放。

3. 四氟化铀的干燥和煅烧操作

四氟化铀的干燥和煅烧操作是在浅盘脱水器中进行的。浅盘脱水器是四氟化铀干燥和煅烧工艺的主体设备,它是由"新 1 号合金"($00Cr_{16}Ni_{75}Mo_2Ti$)制成的。

(1) 物料装炉操作

将四氟化铀滤饼均匀放在浅盘脱水器上,然后将料盘分层放入炉管内,将炉管推入马弗炉内进行加热。

(2) 物料干燥脱水操作

在马弗炉内通入氢气用作保护气体,将马弗炉温度调节上升到 250 ℃,在 250 ℃下恒温干燥 2.5 小时。

(3) 物料煅烧操作

在物料干燥脱水操作完成后,将马弗炉温度调节上升到 500 ℃,在 500 ℃下恒温煅烧 30 分钟,便可得到含水量小于 0.2%的四氟化铀产品。

根据四氟化铀批处理量的大小和临界安全的要求,四氟化铀滤饼的干燥煅烧过程也可以在转炉或流化床等反应器中完成。

二、六氟化铀水解法生产四氟化铀的影响因素

在六氟化铀水解法生产四氟化铀过程中,特别是在催化还原、沉淀制取四氟化铀操作中,溶液的反应温度、溶液中的铀浓度、溶液中的 Cu^{2+}离子浓度、溶液中的 Cl^-离子浓度等因素,对反应的操作影响比较显著。

1. 反应温度的影响

反应温度对六氟化铀水解法生产四氟化铀的生产速率影响显著。

当反应温度较低（<73 ℃）时，虽然二氧化硫气体在溶液中的溶解度较大，但是反应速率很慢，生成的四氟化铀水合晶体中的水含量较高，经过干燥煅烧后形成的四氟化铀产品振实密度较小。

当反应温度较高（>103 ℃）时，由于二氧化硫气体在溶液中的溶解度较小，还原反应速率也较慢，生成的四氟化铀水合晶体中的水含量也较高，经过干燥煅烧后形成的四氟化铀产品振实密度也较小。

因此，在催化还原、沉淀制取四氟化铀操作中，为制备质量较好的四氟化铀产品，控制反应温度控制在 80～95 ℃范围之内.

2. *溶液中的铀浓度影响*

实验证明，水解液中的铀浓度对四氟化铀的生成速率和四氟化铀中的铜含量影响分析结果列于表 10-1。

表 10-1　铀浓度对四氟化铀沉淀的影响

水解液中的铀浓度/(g/L)	四氟化铀的表观生成速率/(gU/(L·h)	四氟化铀中的铜含量/(μg/g)
80	24	50
100	25	56
150	24	<100

由表 10-1 中数据可以看出，在四氟化铀沉淀析出过程中，水解液中的铀浓度对四氟化铀的生成速率几乎没有影响，但是对四氟化铀产品中的铜含量影响较大：随水解液中的铀浓度的增大，四氟化铀产品中的铜含量上升。

因此，在生产实践中，水解液中的铀浓度一般控制在 200 g/L 左右。

3. *溶液中的 Cu^{2+} 离子浓度影响*

作为催化剂的 Cu^{2+}离子，其浓度对四氟化铀沉淀的生成速率和杂质含量的影响较大。其影响关系数据列于表 10-2。

表 10-2　溶液中的 $Cu2^{+}$离子浓度对四氟化铀沉淀的影响

水解液中 Cu^{2+}浓度/(g/L)		9	7	5	3
四氟化铀的表观生成速率/(gU/(L·h)		33	29	26	11
四氟化铀中的杂质含量/(μg/g)	Cu^{2+}	92	79	56	24
	SO_4^{2+}	<300	<300	<300	<300

由表 10-2 中数据可以看出，在四氟化铀沉淀析出过程中，随着溶液中铜离子的增加，四氟化铀的生成速率增大，四氟化铀沉淀物中的铜含量也随之增大。

因此，在生产实践中：在间歇式催化还原设备操作中，一般控制水解液中的铀浓度在 100～200 g/L 的范围内，溶液中的铜离子浓度控制在 5.0～5.6 g/L 范围内；在连续式催化还原设备操作中，按 Cu：U=0.2～0.3（摩尔比）加入硫酸铜比较合适。

4. 溶液中的 Cl^- 离子浓度影响

在催化还原反应操作中,盐酸的浓度对四氟化铀沉淀的影响列于表 10-3。

表 10-3 盐酸的浓度对四氟化铀沉淀的影响

盐酸浓度/(mol/L)	四氟化铀的表观生成速率/(gU/(L·h)	四氟化铀中的铜含量/(μg/g)
0.5	33	147
1.0	32	62

由表 10-3 可以看出,随着盐酸浓度的增大,四氟化铀的表观生成速率稍有下降,四氟化铀中的铜含量明显降低。但溶液中的盐酸浓度不宜过高,盐酸浓度过高时,不仅会使四氟化铀的表观生成速率下降,还会增大废液处理量。

因此,在生产实践中,沉淀草中的盐酸浓度一般控制在 1.5～2.0 mol/L。

第十一章　培训和指导

学习目标：通过学习，了解制定培训计划的基本原则，掌握理论培训和工艺操作培训方法的相关知识，能够对初级工、中级工、高级工和工人技师现场进行正确的技能操作指导。

第一节　理论培训

学习目标：通过学习，了解理论培训的基本内容，知道理论培训计划和培训方案的编制内容，掌握理论培训的基本方法。

一、培训计划

1. 培训计划制定的原则

（1）适应性原则

专业设计要主动适应行业发展的需要。教师在广泛调查相关行业现状和发展趋势的基础上，根据其对技能人才规格的需求，积极引入行业标准，确定专业的发展方向和人才培养目标，构建“知识-能力-素质”比例协调、结构合理的课程体系，使培训计划具有鲜明的时代特征，逐步形成能主动适应社会发展需求的专业群。

（2）发展性原则

培训计划的制订必须体现技能人才的教育方针，努力使全体学员实现“理论扎实，实操技能达标”的要求，同时要使学员具有一定的可持续发展的能力，充分体现职业教育的本质属性。

（3）应用性原则

制定专业培训计划应根据培养目标的规格设计课程，课程内容应突出以培养技术应用能力为主旨。基础理论课以必须、够用为度，以讲清概念、强化应用为培训重点；专业课程要加强针对性和实用性，同时要使学员具有一定的自主学习能力和实操能力。

（4）整合性原则

制定专业培训计划要充分考虑校内外可利用的培训资源的合理配置。选修课程在培训计划中要占一定的比例。各门课程的地位、边界、目标清晰，衔接合理，培训内容应有效组合、合理排序，各系可根据自身的优势，在培训内容、课程设计和培训要求上有所侧重，发挥特色。

（5）柔性化原则

各专业培训计划应根据社会发展和行业发展的实际，在保持核心课程相对稳定的基础上及时调整专业课程的设计或有关的培训内容，对行业要求变化具有一定的敏感性，及时体现科技发展的最新动态和成果，妥善处理好行业需求的多样性、多变性和培训计划相对稳定性的关系。

(6) 实践性原则

制定专业培训计划要充分重视职业技能教育更注重学员技能培养的特点,加强实践环节的培训。实践培训学时应达到规定的比例,实验培训要减少演示性和验证性实验,增加实习实训学时,实践课程可单独设计,使学员获得较系统的职业技能训练,具有较强的实践能力。

(7) 产学研相结合原则

产学研结合是培养技能型人才的基本途径,培训计划的制定和实施应主动争取企事业单位参与,各专业培训计划应通过专业建设指导委员会的讨论和论证,使培训计划既符合教育培训规律又能体现生产单位工作的实际需要。

2. 培训方案

培训方案是培训目标、培训内容、培训指导者、受训者、培训日期和时间、培训场所与设备以及培训方法的有机结合。培训需求分析是培训方案设计的指南,一份详尽的培训分析需求就大致勾画出培训方案的大概轮廓,下面就培训方案组成要素进行具体分析。

(1) 培训目标的设置

培训目标是培训方案的导航灯。应明确了解员工未来需要从事某个岗位,若要从事这个岗位的工作,现有员工的职能和预期职务之间存在一定的差距,消除这个差距就是我们的培训目标。有了明确的培训总体目标和各层次的具体目标,对于培训指导者来说,就确定了施教计划,积极为实现目的而培训;对于受训者来说,明了学习目的之所在,才能少走弯路,朝着既定的目标而不懈努力,达到事半功倍的效果。

培训之后,可对照此目标进行效果评估。

(2) 培训内容的选择

一般来说,培训内容包括三个层次,即知识、技能和素质培训。

1) 知识培训

这是组织培训中的第一个层次。知识培训有利于理解概念,增强对新环境的适应能力,减少企业引进新技术、新设备、新工艺的障碍和阻挠。同时,要系统掌握一门专业知识,则必须进行系统的知识培训,如要成为"X"型人才,知识培训是其必要途径。虽然知识培训简单易行,但容易忘记,组织仅停留在知识培训层次上,效果不好是可以预见的。

2) 技能培训

这是组织培训的第二个层次,这里技能指使某些事情发生的操作能力,技能一旦学会,一般不容易忘记。招收新员工,采用新设备,引进新技术都不可避免要进行技能培训。因为抽象的知识培训不能立即适应具体的操作,无论你的员工有多优秀,能力有多强,一般来说都不可能不经过培训就能立即操作的很好。

3) 素质培训

这是组织培训的最高层次,此处"素质"是指个体能否正确的思维。素质高的员工应该有正确的价值观,有积极的态度,有良好的思维习惯,有较高的目标。素质高的员工,可能暂时缺乏知识和技能。但他会为实现目标有效地、主动地学习知识和技能;而素质低的员工,即使掌握了知识和技能,但他可能不用。

上面介绍了三个层次的培训内容，究竟选择哪个层次的培训内容，是由不同的受训者具体情况而决定的。一般来说，管理者偏向于知识培训与素质培训，而一般职员倾向于知识培训和技能培训，它最终是由受训者的“职能”与预期的“职务”之间的差异决定的。

（3）培训资源的选择

培训资源可分为内部、外部资源。在众多的培训资源中，选择何种资源，最终要由培训内容及可利用资源来决定。

1）内部资源

包括组织的领导，具备特殊知识和技能的员工。

组织内的领导是比较合适的人选。首先，他们既具有专业知识又具有宝贵的工作经验；其次，他们希望员工获得成功，因为这可以表明他们自己的领导才能；最后，他们是在培训自己的员工，所以肯定能保证与培训有关。无论采取哪种培训方式，组织的领导都是重要的内容培训资源。具备特殊知识和技能的员工也可以指导培训，当员工培训员工时，由于频繁接触，一种团队精神便在组织中自然形成，而且，这样做也锻炼了培训指导者本人的领导才能。

2）外部资源

包括专业培训人员，学校，公开研讨或学术讲座等。

当组织业务繁忙，组织内部分不出人手来设计和实施员工的培训方案，那么就要求诸于外部培训资源。工作出色的员工并不一定能培训出一个同样出色的员工，因为培训有其自身的一些规律，外部培训资源恰好大多数是熟悉成人学习理论的培训人员。外部培训人员可以根据组织来量体裁衣，并且可以比内部培训资源提供更新的观点，更开阔的视野。但外部资源也有其不足之处，一方面，外部人员需要花时间和精力用于了解组织的情况和具体的培训需求，这将提高培训成本；另一方面，利用外部人员培训，组织的领导对具体的培训过程不负责任，对员工的发展逃避责任。

外部资源和内部资源各有优缺点，但比较之下，还是首推内部培训资源，只是在组织业务确实繁忙，分不开人手时，或确实内部资源缺乏适当人选时，才可以选择外部培训资源，但尽管如此，也要把外部资源与内部资源结合使用才最佳。

（4）确定受训对象

岗前培训是向新员工介绍组织规章制度、文化以及组织的业务和员工。新员工来到公司，面对一个新环境，他们不太了解组织的历史和组织文化，运行计划和远景规划、公司的政策、岗位职责，不熟悉自己的上司、同僚及下属，因此新员工进入公司或多或少都会产生一些紧张不安。为了使新员工消除紧张情绪，使其迅速适应环境，企业必须针对上面各个岗位进行岗前培训，岗前培训内容决定了受训者只能是组织的新员工，对于老员工来说，这些培训毫无意义。

对于即将升迁的员工及转换工作岗位的员工，或者不适应当前岗位的员工，他们的职能与既有的职务或预期的职务出现了差异，职务大于职能，对他们就需要进行培训。对他们可采用在岗前培训或脱产培训，而无论采用哪种培训方式，都是以知识培训、技能培训和素质培训确定了不同受训者。在具体培训的培训需求分析后，根据需要会确定具体的培训内容，根据需求分析也确定了哪些员工缺乏哪些知识和技能，培训内容与缺乏的知识及技能相吻合即为本次受训者。

(5) 培训时机的选择

培训时机的选择,什么时候需要就什么时候培训,这道理是显而易见的,但事实上,做到这一点并不容易,往往步入一些误区。下面做法就是步入误区,许多公司往往是在时间比较方便或培训费用比较便宜的时候进行培训。如许多公司把计划定在生产淡季以防止影响生产,却不知因为未及时培训而造成了大量次品、废品或其他事故,代价更高;再如有些公司把培训定在培训费用比较便宜的时候,而此时其实不需要进行培训,却不知在需要培训时进行再培训却需要付出更高的培训成本。员工培训方案的设计必须做到何时需要何时培训,通常情况下,有下列四种情况之一就应该进行培训。

1) 新员工加盟组织

大多数新员工都要通过培训熟悉组织的工作程序和行为标准,即使新员工进入组织时已拥有了优异的工作技能。他们必须了解组织运作中的一些差别,很少有员工刚进入组织就掌握了组织需要的一切技能。

2) 员工即将晋升或岗位轮换

虽然员工为组织的老员工,对于组织的规章制度、组织文化及现任的岗位职责都十分熟悉,但晋升到新岗位或轮换到新岗位,从事新的工作,则产生新的要求,尽管员工在原有岗位上干得很出色,对于新岗位准备得却不一定充分,为了适应新岗位,则要求对员工进行培训。

3) 由于环境的改变,要求不断地培训老员工

由于多种原因,需要对老员工进行不断培训。如引进新设备,要求对老员工培训技术;购进新软件要求员工学会安装和使用。为了适应市场需求的变化,组织都在不断调制自己的经营策略,每次调整后,都需要对员工进行培训。

4) 满足补救的需要

由于员工不具备工作所需要的基本技能,从而需要培训进行补救。在下面两种情况下,必须进行补救培训。

① 由于劳动力市场紧缺或行政干预或其他各方面原因,你不得不招聘不符合需求的职员;

② 招聘时看起来似乎具备条件,但实际使用上表现却不尽人意。

培训是指各个组织为适应业务及培育人才的需要,用补习、进修、考察等方式,进行有计划的培养和训练,使其适应新的要求不断更新知识,拥有旺盛的工作能力,更能胜任现职工作,及将来能担当更重要职务,适应新技术革命必将带来的新知识结构、技术结构、管理结构和干部结构等方面的深刻变化。总之现代培训指的是员工通过学习,使其在知识、技能、态度上不断提高,最大限度地使员工的职能与现任或预期的职务相匹配,进而提高员工现在和将来的工作绩效。

二、培训计划的实施

1. 备课

高级技师一般具有较高的专业理论基础,良好的专业操作技能和工作经验,或具有某些方面的技能特长,是企业中从事生产和将先进技术转换成现实生产力的重要力量。高级技师负有对技师及以下技术级别的技术工人进行理论培训、操作技能培训和指导的责任,并在

不同程度上承担着生产现场的管理工作。

高级技师在给不同等级的工人讲课前,必须通过本教程中讲到的根据不同等级相应的专业知识准备培训讲义。但本教程的内容也是有限的,因此,备课时,应该结合本行业、本企业现状出发,对不同学习阶段的知识进行必要的扩展。培训内容还可以涵盖企业文化、价值观及相关的管理制度等。

2. 培训指导的方式

高级技师对较低技术级别的工人培训与指导的方式有多种,可结合生产和工作的实际灵活采用,并在此基础上不断创新,创造出更多行之有效的方法。除了讲课以外,在实际工作当中应该建立“师徒关系”,即一名高级技师带一名或几名新工人,在实践中传授技术的方法。

第二节　生产工艺操作指导

学习目标:通过学习,了解生产工艺操作指导的内容,熟悉生产工艺操作指导的方式,掌握具有培训和指导技师及以下技术级别的四氟化铀生产从业人员操作的能力。

一、操作指导的组织管理

为了使企业的每位员工都能胜任本职工作,掌握四氟化铀制备工艺操作,具备现场操作的能力,必须对他们进行培训,培训的内容由公司制定,培训的内容包括铀纯化转化工艺知识和核安全等方面的基本教育。

1. 培训组织

(1) 公司培训教育中心:负责编制培训大纲和年度培训计划,检查、监督、指导全公司的培训工作。

(2) 人力资源部:负责制订工艺操作培训的要求、频次,并具体组织培训管理工作。

(3) 安全防护处:负责制订职工安全教育培训计划,并组织实施。

(4) 质量处:负责制订质量培训计划,开展质量标准、质量体系及质量管理知识的培训。

2. 培训对象

凡参加四氟化铀制备工艺的调试、运行的人员;公司主、辅工艺操作人员及各级管理人员。上述人员必须实行上岗前培训考试,保证各类人员经培训合格后,具备所从事四氟化铀制备工艺的工作能力和安全生产资格,经资格考核后持证上岗。

3. 培训方式

工艺操作指导的培训方式有下列几种:

(1) 现场操作指导

对培训对象在生产现场进行实地操作指导,使培训对象能够直接接触到生产设备,便于快速掌握工艺操作要点。

(2) 厂内培训

由培训教育中心结合企业和工程项目投运的工作需要,编制年度培训计划,在各专业部门的积极配合和运营单位认真组织落实培训教育的情况下,组织实施。

(3) 外出培训

根据工程需要,派员工学习厂内没有的新技术,例如引进的设备操作,需派人到设备供方现场进行操作培训。

二、操作指导的内容

1. 工艺生产和核安全等方面的基本教育

包括:工艺过程的基本原理,操作的理论和原则;设施总的设计特点,一般的和特殊的运行特点;工艺过程的机械设计特点;工厂的辅助系统;一般操作特点和操作限值;仪表和自动控制系统的特点及其功能和操作;安全系统的设计,包括设备与部件的功能、仪表、信号、联锁、自动和手动的特点;屏蔽、隔离和封闭设计的特点,包括进出口的限制;正常运行程序;应急程序;运行故障处理方法;系统去污程序;辐射防护基本知识,(辐射的性质与来源,控制污染的方法等);辐射监测系统的用途和操作,包括报警和检测设备危险控制原则;安全保护和铀衡算原理和方法;化工安全原理和方法;人员的培训还包括详细的操作程序的准备和评议,以及在有经验的人员指导下进行的工厂实际操作。

2. 专业培训

为保证生产线的安全可靠运行,在生产线投入运行前须对各岗位操作人员进行专业培训。

3. 再培训大纲

在生产厂运行中,为了检查运行人员的能力,将由管理人员经常实行监督,每年要对运行人员的工作情况进行一次全面检查,对运行人员在某些方面的不足应进行再培训。

为了适应工作性质的变化,也应对工作人员实施再培训,以便使他们能胜任新的工作条件。再培训大纲应包括工艺、运行规程等改变时对工作人员实施的再培训。

对所有运行人员的培训资料应予以保存,该资料将用于再培训,正式的再培训按企业厂规定每运行二年进行再培训一次。

(1) 知识培训

如化工理论、放射化学、辐射防护等基本知识与基本标准的培训学习,以及安全法规的教育培训等。

(2) 特殊工种培训

根据国家标准和国家对特种作业人员(如焊工、无损探伤检验人员、辐射防护、吊车工等)的要求,须全部经过培训考试,并取得劳动部门颁发的操作证。培训内容主要包括安全法规、安全技术和实际操作技能等。

第十二章　管　理

学习目标:通过学习,了解技术文献的检索方法和生产管理的基本内容,熟悉生产技术管理基本知识,掌握生产管理和质量管理的基本方法,具有协助部门实施生产计划的能力。

第一节　编写技术文件

学习目标:通过学习,了解科技论文和工艺调试方案的编写要求,掌握科技论文和工艺调试方案的编写方法,具有编写技术论文和工艺调试方案的能力。

一、技术文件的范围

技术文件是指产品实现过程的设计图纸、技术标准等资料。一般情况下,技术文件包括生产运行类工艺技术文件和生产运行准备类工艺技术文件两类。

生产运行类工艺技术文件是指导生产线/工艺生产操作的技术文件。由两级文件构成,一级文件为工艺规程,二级文件包括工序操作规程(含操作单)、异常工况处理规程和定期试验规程。

生产运行准备类工艺技术文件是生产线/工艺在调试前及调试过程中制定的相关技术文件,包括调试大纲、调试方案、调试报告、整改方案和整改验证报告,以及调试阶段的工艺规程和工序操作规程。写好技术文件,离不开科技文献的检索和使用。实际上,技术文件本身也是一种科技文献,如国家颁布的技术标准。

二、科技论文的编写

1. 科技文献的种类

以一定的科技术语来表达人们的技术思想、对自然界的认识和改造情况的文字、图像材料,统称为科技文件。它是生产建设和科学研究活动的记录、依据或总结,是进行科学技术交流必不可少的工具。按照科技文件的性质、用途和形式,可将其分成文字、图像和表格三类。

文字类包括科学论文、技术报告、计算书、说明书、技术标准、综合评述、技术鉴定证书、科技协作合同和专利申请书文件等。其中,科技论文是以特定的概念和严密的逻辑论证来表达某一科研成果的文字材料,是科技文件中用得较为广泛的一种;技术报告是表达技术思想和技术成果的文字材料,它常常可以起到与论文同样的作用;计算书是一种确定技术指标和计算构建物、产品等的设计数据和配方的文字材料;说明书是说明建筑对象、工业产品等的设计、施工、用途、外形、结构等情况的文字材料,如设计说明书、安装说明书、产品说明书、设备使用说明书,各种计算的说明书和合理化建议说明书等;技术标准是对产品和零部件的质量、规格、生产过程及检验方法等所做的技术规定,是从事生产和建设的共同的依据,分为国际标准、区域性标准、国家标准、部标准、企业标准,以及基础标准、产品标准、方法标准等;技术鉴定证书具有统一的格式,它是对某一技术成果(如新产品、新材料、新设备等)的鉴定结论,是申报发明、进行批量生产的依据;科技协作合同,是双方或多方为了完成某一特定的科技任务而共同签订的表达各自的权利和义务的契约,如科研(研制)合同、新产品试制合同和科技咨询合同等;专利申请文件规定有统一的格式,它是为了取得发明创造专利权而向专利局呈报的载有科研发明内容的文字材料;综合评述则是对某一科技领域在一定时期的进展情况进行总结的综合性情报材料,它在一定程度上反映着作者的见识和水平。

图像类包括图样和录像两种。其中,图像时用特定的制图方法绘制在平面上的物体图或其他专业的直线和曲线图,如机械制造业中常用的系统图(示意图)、总图、外形图、装配图、安装图、零件图、表格图及在建筑业中常用总平面图、平面图、剖面图、透视图、大样图、竣工图等。录像则是一种记录科技内容的手段,它有灵活、方便、贮存信息密度大等优点。

表格类包括明细和一览表,其中,明细表式用来记载产品中所包含的零件、部件、组件的名称和数量的,可用于进行产品的制造、统计、组套、编制计划等,一览表又叫汇总表,是为了一定的用途在明细表的基础上整理而成的。

2. 科技文献的编写要求

科文献的文面要求,包括文字、代号、符号、公式及标点的运用等。在书写时,字迹要工整易辨,切勿潦草。简化汉字应以国务院最新发布的简化汉字为准,切忌写别字、错字。外文字母应以 Times New Roman 形式书写。

文件中的科技名词和术语,应采用通用的统一名词,避免用俗名或地方性名称,并注意同一份文稿内以及其他符号、代号,也应该符号国家的有关法令和标准。在书写各类符号、代号时,不能与文字夹杂使用,如“钢轨每米重量”不能写出“钢轨每 m 重量”,“其长度应大于链环宽度”不能写成“其长度应＞链环宽度”,“铁的百分含量”不能写成“铁的%含量”等。

计量单位应按国家规定,尽量采用国际单位制。计量单位在文字叙述中用中文名称,在公示、图表中则用符号。如果有同一计量单位的一系列数值时,可仅在最末的数字后面列出计量单位符号,如 100、150、200、250 kg。应该注意的是,在使用英制单位时,切勿使用已被淘汰的名称,如英尺不能写成呎,盎司不能写成英两等。

公式应书写在稿面居中位置,公式中符号的意义和计量单位,应注释在公式的下面,每条后加分号,最后用句号。在同一篇文稿中,所使用的符号意义应该相同。一篇文稿中有两个以上的公式时,应在公式后面以带圆括号的阿拉伯数字顺序编号,公式与顺序号之间亦可用“……”连接。公式很长时,最好在等号或两相间+、-号处转行。

文件中的标点符号应正确使用,书写清楚,标注于规定位置。句号(。)、逗号(,)、顿号(、)、分号(;)、冒号(:)、问号(?)、感叹号(!)、以及括弧()与引号(“”)的一半约占一格位置,前三种置于格内左下方,后五种置于格内正中,引号则置于格内上方正中处;破折号(—)与省略号(……)占两格,居中书写,如在行末而仅余一格时,外面用双引号(“”),里面用单引号(‘’);括号外面套括号时,外面用[ ],里面用()。

在复合单位中用作分隔号时,采用圆点(·),居中书写,不单占一格(如千瓦·小时);表示外文缩写时，写于字母的右下方（如巴普洛夫 M.A.），小数点亦用圆点，写于两数字之间偏下处，不单占一格（如 92.8%）。

连字符（或称连接号）采用对开短线，写于字间，不占一格（如 GB/T 19000—2000，磁选-浮选流程）。中外文之间一般不用连字符（如 X 射线不写成 X-射线，α 铁不写成 α-铁）。

（1） 数字的表示方法

数目字从两位到四位一律用阿拉伯数字书写，每两个数码占一格。万以上的，单位用汉字，数字用阿拉伯数字。数量单位应以汉语习惯为准，即用万进制，不用千进制。如 70 万吨你不能写成 700 千吨；12 500 万元可写成 1.25 亿元，但不能写成 125 百万元。在某些情况下，则一般用中文数字表示。例如，10 以内的数字，如“每批任选一个做实验”“重新热处理最多不超过三次”；表示次数的数字，如第五位、第十届年会；不定数，如七、八百人，几十万吨；专门名词、人名、地名、书名、成语、习惯用语中的数字，如五年计划，兰州市等。

数字中的小数，必须写出小数点前定位的“0”。数值的有效位数应全部写出，如级差为 0.25 的数列，数列中的每一个数均应精确到小数点后第二位，即正确的写法是 1.50，1.75、2.00，而不能写出 1.5、1.75 和 2。

表示偏差范围的数值，应按下列方式书写：即 20±2 mm（不能写成 20 mm±2 mm），$20\pm_{1}^{2}$ mm，$80_{\ 0}^{+2}$ kg（不能写成 $80\pm_{0}^{2}$ kg）；正确的表达为 $75\text{kg}_{-20g}^{+50g}$。

包括年、月、日、时、分、秒的时间，均用阿拉伯数字表示，如 1984 年 1 月 5 日；8 点 15 分。但世纪、年代以及不定数，则一般用中文书写，如 20 世纪 80 年代，七、八月间，四年多时间。书写年份一概用全数，不得省略，如 1980 年不能写出 80 年，1950～1960 年不能写出 1950～1960 年。

表示数字的增加与减少，要注意用词和概念。例如，增加过去的两倍，即过去为一，现在为二；增加二倍，即过去为一，现在为三；增加了两倍，即过去为一，现在为三；超额 20%，即原料是 100，现在是 120；降低到 80%，即定额是 100，现在是 80；降低了 20%，即定额是 100，现在是 80。按汉语习惯，不能用“降低（减少）百分之几”或“降低（减少）几分之几”。因为减少一倍就意味着一减一等于零，所以，减少几倍是不可理解的。

（2） 试验曲线的绘制

用实验曲线图表示实验结果，具有简明、直观、容易比较等优点，它是科学论文、技术报告等科技文件的重要组成部分。绘制试验曲线图通常要经历选择图纸、坐标分度、按数描点、依点画线和图的标记等几个步骤。

画图前应选择合适的图纸。常用的图纸有指教坐标纸、对数坐标纸和三角形坐标纸等几种。在选择坐标纸时，应考虑其质量能否满足长期保存的要求、透明度或不透明度是否合乎以后晒图或描图的需要、图纸的颜色对将来复制有无影响以及疏密是否得当等因素。

坐标分度，是指沿坐标轴规定的每一单位长度所代表的数值。分度应遵循易读、匀称以及尽量使图形呈直线的原则。一般说来，以 x 轴为自变量，y 轴为因变量，以 1、2、4、5 及 10 的若干次幂的分度易读，以 3、6、7、9 及若干次幂的分度难读。所谓匀称，是指图像的位置应居中、美观。此外，坐标的分度对图的形状影响很大。即同一组试验数据，当分度不同时，会描绘出不同形状的线条，由于直线简单易画，因此在分度时应尽量使图像呈直线。

为了节省篇幅和便于比较，变量相同的几根曲线可以合并在一幅图上，并在图中加标记说明，以便使读者无需查阅正文就能读懂。变量不同的曲线经过处理也可以绘制到同一幅图上。

(3) 表格的绘制方法

表格是表示试验数据的另一种重要形式,其优点是形式紧凑,便于查找、对比,可以表示多个变数。凡是难以用图表示的,都可以用表格表示。

表格无固定的形式,应根据内容以紧凑、易读为准。表内的数据的对应要对齐,空位画一横线"—",表示没有数据。暂时无法列出数据时,可留空位,亦示与有横线相区别。表内上下行数字相同时,应重复写,不能用"〃"代替。上下栏文字相同时,下栏可写"同上";左右栏相同时,右栏可写"同左"。表内文字较短时,应居中列出。如果文字较多需转行,头行应缩一格。表内文中也需正确使用标点,但最后一律不用标点。

根据版面要求,表格的形式互换,即将竖为横,将横为竖。

3. 科技论文编写方法

(1) 标题的拟定

标题是文内容的高度概括,是文章内容的 "窗口",是读者寻觅有用资料的向导,同时也是图书、资料管理人员进行分类时的重要依据。为此,标题应具备准确性、简洁性和鲜明性。

准确性就是用词要恰如其分,反映实质,表达出研究的范围和达到的深度。例如像"不锈钢的机械性能"这类的标题,就不准确,过于笼统。因为不锈钢的种类很多,究竟指的是哪一种类没有反映出来。所以,按照文章的内容,应将该标题改为"Ni、Ti 和 Mo 对 18-8 不锈钢的机械性质的影响"。简洁性是指在能把内容表达清楚的前提下,标题应越短越好,以便于记忆。但也不能为了追求短而标新立异。如像"Q"这类的标题,虽然只有一个字,不能再短了,但它不能反映出文章的实质内容,令人费解,图书、资料管理人员也无法根据标题进行分类。有的标题过长,但删掉一些字以后,内容又表达不清楚。遇到这种情况,可以采用设置主标题与副标题的办法处理。

所谓鲜明性,就是要一目了然,不费劲,无歧义,便于引证、分类。在拟定文章标题时,必须注意便于引证、分类。文章的标题很含糊,就会给图书管理人员和情报人员做索引、分类时带来极大的不便,分不清文章是属于哪个范畴,是否与自己的研究方向有关。例如,"关于米勒的维纳斯的考察"这样的标题,就很像是美术方面的文章,其实不然,它是人类工程学方面的论文。这个标题的弊端就在于缺少反映文章内容的关键词。如果在标题中加入"人体工程学",将上述标题改为"关于米勒的维纳斯体的人类工程学的考察",就可以使该标题具有鲜明性,不致引起的混淆。

(2) 摘要的编写方法

摘要又叫提要、概要、简介等,他是文章主要内容的摘录。衡量一篇摘要是否合乎要求,主要看它是否简短、精粹、完整。所谓简短就是指篇幅短,最短的只十几个字,长的为 300～500 字。除另有要求,一般摘要的字数应为正文的 5%～10%。国际标准化组织 5966 号文件建议,一篇摘要不要超过 250 个单词。精粹是指摘要中要包含文章内容的精华。而完整则是指它可以独立成篇。有一种检索性刊物—文摘杂志,专门刊登摘要,为读者提供线索,可以循此找到原著。

摘要的种类很多,有报道性摘要、指示性摘要、倾向性摘要、题录示摘要、电报式摘要和分析性摘要等。其中,最常用的有报道性摘要和指示性摘要。以下仅就这两种摘要的写法予以简单介绍。

报道性摘要很长，一般在 300 字左右，应用性研究的科学论文适于写成这种摘要。摘要中应包括目的、范围、试验方法与装置、结果和结论，其中结果和结论是重点。

指示性摘要只叙述报告内容的精华，而不涉及研究方法、结果和结论，其篇幅通常只有 30～50 字。科学论文和以数学解析为主的论文，以及综述、科研总结报告等，一般都写成这类摘要。

(3) 前言的编写方法

前言有名引言、绪言、绪论、引子等，它的作用是引出所论问题的来龙去脉，回答为什么要写论文，以提起读者的注意。为此，前言中应包括研究的背景、目的、范围、方法和取得的成果的意义等。

其中，背景是指该项研究在以往的开展情况、前人或近来已经做了哪些工作、现在进展到何种程度以及还有哪些问题尚待解决(即存在哪些知识空白)，使读者了解到该项研究在所属领域中所处的位置和重要程度。目的则是回到为什么要开展这项研究，使读者可以据此判断是否有必要阅读该文。范围就是指研究所涉及的范围，或所取得成果的适用范围。方法则是指研究所采用的试验方法或试验途径(只写试验方法的名称后即可，无需展开)。意义就是自我评价，可根据文章的内容来决定写还是不写。在自我评价中，试验“世界先进水平”“前所未有”“国内外独创”“填补空白”等一类的词语时，一定要谨慎，不可言过其实，要实事求是，做到名副其实。

前言贵在言简意明，条理清晰，容易理解。切记不要用“众所周知”“大家知道”一类词汇做开头。因为论文的读者对象是本行业的专家，它们读论文的目的是学习、查找、运用最新的观点和成果，而不是重新学习“众所周知”或“大家知道”的老生常谈。

前言的篇幅因文章的性质而异。一般说来，学位论文的前言较长，有的可近万字；而在杂志上发表的科学论文或技术报告，其前言都比较短，一万字的文章只需 300 字即可。

(4) 正文的编写方法

正文是文章的主题，其写法因文章的内容而异，没有固定的形式，以实验研究为主的技术报告或科学论文，其正文一般应记述以下内容：

实验所用的原材料及其制备方法、化学成分和物理性能；

实验所用的设备、仪器、装置等。如果是通用设备，只需注明规格型号即可；如果是自制设备，则需要给出实验装置图，并应详细说明测试、计量所用仪器的精度。

说明实验所采用的方法及实验的全过程，指出操作上应该注意的关键之处，自己设计的新方法应该详细介绍，但要突出重点，只写出主要步骤。如果是采用他人的方法，只需说明其方法的名称，并在右上角注出参考文献的序号，易被读者查找。

以上三点详细程度，应以读者能再现实验，并得出与文中相符的结果为准。如果是公开发表的文章，凡涉及专利及保密方面的内容，则均应删除。因为科技文献既有学术上的馈赠性的一面，又有在技术上的专利性的一面。所以，涉及专利和保密的内容，应使用代号或用轮廓图来表示试验装置的关键部位，也可只提供外观的图片等。

试验结果与分析。试验结果包括试验中测得的数据和观察到的现象。试验结果需进行整理和加工，从中选出最能反映事物本质的数据或现象，并制成图、表或拍成照片。分析时指从理论上对试验取得的结果进行剖析和解释，阐明自己的新发现或新见解。在实验结果与分析中还要说明结果的可信度、再现性、误差、与理论或解析结果的比较、经验公式的建立,指出尚存在的问题以及今后发展的可能性。

试验结果与分析可以结合起来写,内容较多时也可以分开写,自成一节。在理论性或解析性文章中,这部分内容主要是论证。

(5) 结尾的编写方法

结尾是指文章正文之后的结论、结语、结言、总结等。它是整个研究过程的结晶,是全篇文章的精髓,是读者最关心的部分。写结论应注意以下几点:

① 抓住本质,揭示事物发展的客观规律和内在联系;

② 重点突出,观点鲜明;

③ 评价恰当,不得超出文章正文所涉及的范畴;

④ 文字凝练、准确,不要复述前面的结果与分析,不要使用“大概”“可能”“大约”“差不多”之类的模棱两可的词,得不出明确的结论时,要指明有待进一步探讨。

结尾一般都很简短。一万字的文章,其结尾通常只有 300~500 字,甚至更少,而且多数是采用条款的形式。

(6) 参考文献的作用及编写要求

参考文献是技术报告和科学论文的重要组成部分,一般置于结尾之后。它具有三个作用:

分清成果的归属,哪些成果是自己取得的,哪些是引用他人的,以免造成都是作者的成果的错觉;

为读者提供查找原著的线索;

提供科学依据,使读者确信文章内容。

凡是文中引用他人的文章,论点、图以及数据等,均应在引用处按先后次序标明数码,并在参考文献项目中列出参考文献的出处。引用时如果已写明文献的作者,可用方括号将作者名字右上角的数码括起来。如果未写明文献的作者,可在引用内容的句末的右上角标明数码,并用方括号括起来。

参考文献的来源包括一般期刊、会议记录及资料汇编、技术报告、档案资料、学位论文、书、专利、未发表的资料以及私人通信等。目前,参考文献的书写格式尚无统一的规定,但一般的要求是将著录事项书写齐全,使读者能据此找到原著。

三、工艺调试方案

在工程项目中,使已安装的部件和系统投入运行并进行性能验证,以确认设备、设施、系统是否符合设计要求,是否满足性能标准的过程,并消除在此期间所发现的缺陷的过程称为调试。为规范作业,调试需编制调试方案。调试方案规定的内容应简明扼要,通俗易懂,便于调试人员掌握和实施。并应注意配套性和完整性,与相关计划、文件、标准和规程的内容应协调一致。调试方案的编制必须贯彻确保质量及安全生产的原则,同时考虑经济上的合理性及现有技术水平和设备条件。其编制依据为:

——适用的国家标准、行业标准和企业标准;

——相关设计文件和图纸(含变更);

——公司规章制度;

——相关工艺技术文件；
——其他参考资料。
调试方案的编制要素如图 12-1 所示。

××××工程××××联动调试方案(版次：×)

目 次

1 概述 …… 1
1.1 工程项目建设概况 …… 1
1.2 工艺流程简述 …… 1
1.3 编制目的 …… 1
2 编制依据 …… 1
3 术语和定义、代号 …… 1
3.1 术语和定义 …… 1
3.2 代号 …… 1
4 调试目的 …… 2
5 调试原则及先决条件 …… 2
5.1 调试的基本原则 …… 3
5.2 调试先决条件 …… 3
6 调试内容及方法 …… 4
6.1 概述 …… 4
6.2 调试内容及方法 …… 6
6.2.1 ××工序 …… 6
6.2.2 ×××工序 …… 7
6.2.3 ×××××工序 …… 8
6.2.4 ×××工序 …… 9
7 调试计划 …… 10
8 调试组织机构 …… 11
8.1 调试组织机构及职责 …… 11
8.2 调试人员组成 …… 13
8.3 调试人员资格及要求 …… 14
9 放射性废物管理 …… 17
10 调试质量保证 …… 17
11 调试安全管理 …… 17
11.1 工业和化学安全 …… 19
11.2 辐射安全 …… 21
11.2.1 放射性工作场所的分区 …… 21
11.2.2 辐射防护措施 …… 22
11.2.3 人员剂量监测 …… 22
11.3 应急响应与处置 …… 23
12 调试验收准则 …… 24

图1 ×××××× …… 3
图2 ×××××××× …… 4

表1 ×××××× …… 6
表2 ××××××× …… 8

图 12-1 调试方案要素图

图 12-1 列出了工程项目调试方案的一般编写内容，在编制具体项目的调试方案时，可根据具体工程项目的特点，结合使用。

第二节 技术管理

学习目标:通过学习,了解生产管理的基本内容,掌握四氟化铀生产过程中产品收率的计算方法,具有对生产线进行经济分析和物料衡算的能力。

一、生产技术管理

技术管理的主要内容包括工艺技术文件的编制与发布、岗位(工序)工艺纪律监督检查、技术状态管理工艺变更管理等基本内容。

1. 工艺技术文件的编制与发布

(1) 明确需建立生产工艺规程和岗位(工序)工艺操作规程的生产线或生产装置,并标明其技术文件的状态、版本(调试版、试运行版、正式运行版)、发布时间等;

(2) 生产工艺规程的编制由生产车间负责,编制完成后,交生产运行部进行初步审核,审核内容主要包括技术文件格式、技术参数、流程符合性等,返车间进行修改后,交生产运行部组织分公司内部评审。生产运行部按照内部评审会的意见修改后,报有限公司主管部门组织进行评审,评审通过后由有限发布施行;

(3) 岗位(工序)操作规程的编制由生产车间负责,编制完成后交生产运行部进行初步审核,返车间进行修改后,交生产运行部组织分公司内部评审。生产运行部按照内部评审会意见修改后发布施行,并报有限公司主管部门备案;

(4) 结合生产线的技术、设备改造和工艺参数的调整情况,对已发布生产工艺规程和岗位(工序)操作规程进行更改页、修订或升版,对调整的工艺参数和内容进行固化。

2. 岗位工艺纪律监督检查管理

工艺纪律是企业生产管理的基本制度,是企业生产、安全、质量等的基本保证。加强工艺纪律管理,保证企业生产线工艺参数能够严格按照工艺规程、操作规程等相关技术文件要求进行控制。

(1) 监督检查的实施

1) 工艺纪律监督检查分为定期检查和不定期检查。

2) 生产运行部结合分公司生产线运行情况,制定工艺纪律监督检查计划。分公司工艺纪律监督检查计划以月度为检查周期,每月至少对分公司所有生产线进行 2 次全面检查。根据生产线运行需要,可安排随机抽查。监督检查情况必须进行详实记录。

3) 在工艺纪律监督检查过程中,被检查单位应积极配合,并如实反映情况,不得以任何理由阻止、干涉检查人员履行监督检查职责。

检查结束后,陪同人员须在检查表上签字确认。

4) 在生产线运行过程中,如遇产品质量严重不稳定、工艺发生重大变更、大量使用新员工、产品首批生产和生产线试运行等特殊情况,应增加监督检查频次。

5) 在工艺纪律监督检查过程中,检查部门对违反工艺纪律的行为应当面指出、及时纠正,组织责任单位在3个工作日内完成监督检查情况汇总,并将检查结果反馈被检查单位,提出明确的整改要求和整改期限;被检查单位应按要求对问题进行关闭。

6）监督检查过程中，若某控制参数超限或发生工艺事故，生产运行部检查发现而运行单位检查没有发现，在当月评奖/考核会上按本办法予以考核。

另外，根据检查结果应定期对工艺纪律执行情况在分公司范围内进行通报。

（2）工艺纪律监督检查内容

1）工艺技术文件的完备性，即工艺技术文件应覆盖所有生产线或生产装置；

2）工艺技术文件的有效性，即工艺技术文件应满足生产工艺实际；

3）各种工艺技术文件之间的一致性，以及工艺技术文件和现场操作的符合性；

4）关键工序、特殊工序控制；

5）技术状态管理；

6）生产现场操作程序执行和工艺参数控制情况（全面检查）；

7）临时工艺技术文件的审批、执行和监督检查。

（3）工艺控制参数管理

生产线开车、运行和停车管理，必须严格按照生产工艺规程和岗位（工序）操作规程执行。根据对生产安全、产品质量和运行稳定等影响程度的不同，将工艺控制参数分为A、B类两种控制参数。

1）A 类控制参数，是指对生产安全性或产品质量稳定性有重大影响，必须严格控制的工艺参数。

2）B 类控制参数，是指对生产安全性、产品质量稳定性以及运行稳定性有较大影响，需要严格控制的参数项。

B类控制参数按照生产工艺规程、岗位（工序）操作规程规定项目和指标控制范围执行。

3. 技术状态管理

技术状态管理的核心是控制技术状态的更改，确保更改的正确性、合理性、经济性和协调性，对正式批准的更改，凡涉及的技术文件，都应按更改的要求及时修订或修改。

（1）技术状态更改管理

技术状态更改分为Ⅰ类、Ⅱ类和Ⅲ类。

Ⅰ类涉及产品的性能和功能、外形尺寸、质量及其他重要要求的更改，更改后对产品质量造成影响，或更改后会对技术状态项及其零部件的互换性、使用手册、维修手册等产生重大影响。

Ⅱ类涉及工艺参数、工艺过程、原材料等方面的更改，更改后对产品质量没有影响，如设备更新后的工艺参数调整或为提高自动化水平、节能降耗等墓地开展的工艺优化等方面的更改。

Ⅲ类仅涉及勘误译印、修正描图、统一标注方法等编辑性更改，或者进一步明确技术要求等不影响满足产品要求或产品质量的更改或补充。

（2）技术状态管理记录

1）记录各技术状态项的标识号、现行已批准发放的技术状态文件及其标识号、留存状态及实施状况；

2）记录每一项技术状态更改的提出与审批过程情况，包括分析论证、验证、批准或不批准及更改的实施情况；

3) 记录每次更改的内容,确保对初始确定基线的可追溯性;

4) 记录技术状态审核的结果,包括不符合的状况和最终处理情况。

4. 工艺变更管理

工艺变更包括工艺参数变更和工艺系统变更两大类。

(1) 工艺参数变更

1) 工艺参数变更条件

生产线工艺技术、生产能力、工艺系统或设备等条件发生改变,原有工艺控制项目或控制范围不能满足安全稳定运行要求,或不能保证产品质量稳定时,必须及时变更工艺控制参数,以满足工艺控制要求。

2) 工艺规程参数变更程序

① 由责任单位向生产运行部提出书面申请,生产运行部进行现场核实,报分公司主管领导并组织讨论、研究、审定后,向有限公司主管处室提出申请,经有限公司主管部室同意批准后,遵照执行。

② 若涉及工艺技术变更复杂或工艺控制条件变动较多时,由生产运行部组织编制试验方案,并上报有限公司主管处室同意后,按照试验方案开展验证试验。验证试验一般控制在1～6 个月。验证试验完成后,由生产运行单位编制验证试验报告,提交生产运行部审核,分公司主管领导批准后上报有限公司主管部室。

3) 岗位(工序)操作规程涉及的工艺参数变更程序

① 由责任单位向生产运行部提出书面申请(文件更改通知单见附表 5),生产运行部审核,报分公司主管领导并组织讨论、研究后,由分公司主管领导批准后遵照执行,同时向有限公司主管处室报备。

② 若涉及工艺技术变更复杂,或工艺控制条件变动较多时,由生产运行部组织编制试验方案,并上报分公司主管主管领导批准后,开展验证试验。验证试验一般控制在 1～6 个月。验证试验完成后,由生产运行单位编制果验证报告上报生产运行部。

若涉及工艺技术变更简单,或工艺控制条件个别变动时,经过效果验证后应在月度运行分析报告中总结说明。

(2) 工艺系统变更

1) 变更条件

生产线进行工艺技术提升、工艺路线改进、生产能力调整、工艺系统优化等,原有工艺系统、设备不能满足生产安全、稳定运行要求,或对产品质量有影响时,必须及时进行工艺系统、设备变更。

2) 变更程序

① 由责任单位提出变更申请,分公司工艺、设备、安全、质量、物资等部门会签后,报分公司主管领导批准后实施,同时向有限公司主管处室进行口头汇报。

② 若涉及工艺系统变更、整改项目较为复杂时,由生产运行单位编制变更整改方案,经生产运行部审核,报分公司主管领导并经组织讨论、研究确定,由分公司主管领导批准后实施,同时向有限公司主管处室报备。

③ 大型整改项目按照整改方案实施完成后,应根据制定的试验验证方案要求进行

效果验证。验证实验一般控制在1～6个月，由生产运行单位编制效果验证报告上报生产运行部。

二、产品收率的计算

在理想状况下的氢氟化生产过程中，投入一定量的原料二氧化铀，根据理论反应，就会有相对应的一定量四氟化铀的产出，产率是 100%，收率也就是 100%。但是在实际操作中，很难达到 100%的转化率，产率也很难达到 100%，甚至收率更低。

1. 转化率

转化率是参加反应的原料量与投入反应器的原料量的百分比。它表示原料被转化的程度，转化率的大小，说明参加反应的原料量的多少。转化率越大，参加反应的原料越多，反之则越少。一般情况下，投入反应器的原料不可能完全参加反应，因此，转化率就不会为100%。其三者的关系为：

参加反应的原料量=投入反应器的原料量-未反应的原料量

二氧化铀的转化率可按下式计算：

$$转化率=\frac{参加反应的原料量}{投入反应器的原料量}\times 100\%$$

以一次投入反应器的原料量计的转化率，称为单程转化率。原料量的单位为千克(kg)或千摩(kmol)。

2. 产率

在规定的生产条件下，会同时发生不同的反应，即主反应和副反应，除得到目的产物之外，还有副产物。为了表明反应的实际效果，衡量参加主、副反应的原料量之间的关系，通常用产率表示：

$$产率=\frac{生成目的产物所消耗的原料量}{参加化学反应的原料量}\times 100\%$$

原料量的单位是千克(kg)或千摩(kmol)。

3. 收率

转化率和产率是从不同角度来表示某一反应的进行情况。转化率仅表示投入的原料量在反应过程中的转化程度，它不表明这些生成物是目的产物，还是副产物。产率只说明被转化的原料中生成目的产物的程度，但不说明有多少原料参加了反应。但在实际生产中，总希望在获得高转化率的同时，也要获得较高的产率。为了描述这两方面的关系，常采用收率这个概念：

某产物的收率=原料的转化率×目的产物的产率×100%

或

$$某产物的收率=\frac{参加反应的原料量}{投入反应器的原料量}\times\frac{生成目的产物所耗原材料}{参加反应的原料量}\times 100\%$$
$$=\frac{生成目的产物所耗原材料}{投入反应器的原料量}\times 100\%$$

在生产过程中，想要获得高收率的四氟化铀，往往要控制好各个工艺过程，如反应温度、氟化氢浓度等。

4.消耗定额

是指生产单位产品所消耗的原料量,即每生产 1 t(或千克)四氟化铀所消耗的二氧化铀量或氟化氢量。

$$消耗定额=\frac{原料量}{产品量}$$

工厂中消耗定额包括原料、辅助材料及动力等。消耗定额的高低,说明生产工艺水平的先进与否及操作技术水平的高低,高产低耗,才能降低成本。

三、核材料闭合衡算

1.核材料平衡区(MBA)和物项控制区(ICA)

铀纯化转化区应设置核材料平衡区(以下简称平衡区)和物项控制区,以满足对核材料定位、识别、盘存和控制的要求,及时探知核材料的丢失。

(1) 核材料平衡区

平衡区划分应遵循以下原则:

1) 平衡区的大小应便于核材料准确测量,有利于核材料衡算管理;

2) 应尽量与实体边界相一致,平衡区之间应避免互相交叉;

3) 应有利于采用封隔/监视措施,以减少测量工作量和保证核材料流量测量的完整性;

4) 平衡区的划分可考虑企业商业敏感数据的保密性。

以下是对某天然铀纯化转化厂房的分区举例,具体分区如下:

MAC1 平衡区:原材料入口区。

MAC2 铀纯化生产区:二氧化铀生产厂房。

MAC3 铀转化生产区:六氟化铀生产厂房。

MAC4 铀回收区:含铀废液处理厂房。

MAC5 UF_6贮存区:六氟化铀产品库。

(2) 关键测量点

关键测量点是确定核材料流量或存量的部位,按照工艺流程工序的划分设置。流动测量点是生产工艺过程中的物料流量测量点。关键测量点分为:流动关键测量点和盘存关键测量点。盘存测量点是生产工艺过程中的物料滞留在工艺设备、管道等位置的现场测量点。流动关键点用阿拉伯数字标识,盘存关键测量点用大写英文字母表示。

(3) 物项控制区

铀纯化转化厂应在核材料接收、发运以及库房对核材料设置物项控制区,将核材料作为件料进行控制。物项控制应满足以下条件:

1) 核材料必须是装在有标识的容器内,容器应加上封记;

2) 只有授权的人员能进入物项控制区,对该区定期进行检查;

3) 建立封记应用的管理规程,应包括封记的储存、控制、使用和处置等内容;

4) 对物项的状态进行记录,记录内容应包括物项的物理和化学形态、材料量(包括元素量和同位素量)、封记和物项的标识号等。

2. 核材料管理

(1) 核材料调入

核材料接收应在物项控制区进行，应建立和实施核材料调入管理规程：

1) 检查发运文件，按发货单核实物项的标识，检查包装和封记的完整性，核查物项数。

2) 由核材料衡算管理员负责对测量数据进行登记并填写核材料接收记录和报告，作为技术支持性文件保存，收货文件应有负责人签字。

3) 核材料重量数据原则上以发方数据为准，收方应复核物项重量。但进行核材料闭合衡算时，应采用自己的测量数据。如果收发差超过 2 倍收发差的标准偏差，则说明存在显著性差异。

4) 当发现物项标识不清、密封破损等异常现象或出现显著统计性差异或收发差超过双方合同中规定的限值时，铀纯化转化厂应通知发方进行调查。

(2) 核材料调出

核材料发运应在物项控制区进行，应建立和实施核材料调出管理规程：

1) 核材料发运时，应检查发运物项的核材料数量、标识和封记等；

2) 在发货后，核材料衡算管理员应填写核材料发运记录和报告。

(3) 核材料内部转移

铀纯化转化厂应建立和实施核材料内部转移管理规程：

1) 核材料衡算管理员应对内部转移的核材料数量等情况进行记录，并在记录上签字；

2) 完成转移后，应对平衡区账目进行更新。

(4) 核材料贮存

铀纯化转化厂应建立和实施核材料贮存管理规程：

1) 记录所贮存的全部核材料的标识、数量和位置的信息，贮存模式应规范化，以方便实物盘存。

2) 贮存 UF_6、U_3O_8、UO_2、ADU、UF_4 和固、液废物等材料的容器和钢桶应规格化和定型化，为测量和管理提供方便。

3) 贮存核材料的容器应加上封记。

(5) 核废物管理

1) 固体废物，按可回收固体废物和不可回收固体废物分类包装后，经无损分析方法检测后记录其核材料数量，对可回收的氟化渣、炭化渣等装入容器，经测量后，密封登记，送往废物库暂存。对不可回收进行暂存或埋藏。

2) 对生产过程中产生的废水，经回收处理符合排放标准后，予以排放。对连续排放废液及废气应定期取样分析或在线测量，并登记其核材料数量。

3) 废物作为已知损失进行平衡结算。

3. 核材料测量

(1) 测量范围

铀纯化转化厂应对所涉及的原料(如 U_3O_8)、中间产品(如 UO_3 粉末、UO_2 粉末、UF_4 粉末等)、最终产品(UF_6)和过程中滞留的核物料以及固体、液体及气体的排放物中的核材料进行测量。

(2) 核材料测量系统

为测量接收、发运、生产过程及库存的核材料量,满足核材料衡算管理的要求,铀纯化转化厂必须建立完整可靠的测量系统。

建立测量系统时应考虑下列内容:

1) 依据各类被测核材料的类型和特性建立测量方法;

2) 核材料衡算对测量方法精度的要求;

3) 测量仪器的技术要求及维修方法;

4) 标定仪器仪表标准标定方法;

5) 测量的质量控制及仪器仪表维护方法;

6) 取样方法。

(3) 测量方法

1) 铀纯化转化厂为散料核设施,核材料测量过程包括取样、总体测量和分析测量。总体测量包括物项的重量或体积的测量,分析测量包括物料中元素浓度和同位素成分的分析。

2) 选择测量方法时,首要考虑的是测量方法的精确度和准确度应满足国家对核材料评估中 MUF 测量不确定度的要求。主要测量方法见下表 12-1。

表 12-1 铀转化厂核材料衡算测量方法表

序号	测量方法	执行标准	备注
1	重量法	衡器、计量传递标准	固体总量测量
2	质谱法	企业标准	丰度测量
3	电位滴定法	GB/T 13070—2004 铀矿石中铀的测定 电位滴定法	成分测量
4	体积法	企业标准	液面或料面测量,液体总量测量
5	衰变法	企业标准	气体损失测量

3) 测量系统应尽可能采用规范化的取样方法及标准分析方法,建立严格的记录制度,使测量数据具有良好的可追溯性,并能提供可靠的支持性文件。

4) 测量分析部门应根据有关标准及规定编制测量方法程序手册。其中应包括:总体测量、取样、化学分析、无损检测方法的详细内容和要求;测量方法变更记录;标定标准及标定方法说明等。

5) 工艺管道滞留量没有直接测量手段,相关流动测量点的测量值,在生产试运行阶段,与按照投入产出之间的差值估算进行比较,验证测量的可行性、有效性。

6) 针对固体样品的不均匀性,设置专用固体粉末取样器。固体样采用每批取样一个,混匀,取样量在 50 g 左右。

7) 液体样采用每类液体取一个样的方法取样。按照核材料的不同液体形态,采用适宜的液体取样器,通常每槽液体一个样,取样量 50 mL。

8) 放射性废气中铀浓度控制在 20 $\mu g/m^3$,分析仪器选用 CAM-1 型放射性气溶胶监测仪,α 探测下限小于 0.05 Bq/m^3,β 探测下限小于 3 Bq/m^3。仪器探测效率如下:

① 4π 探测效率(α)：$\eta_\alpha(1) \geqslant 0.15$　　$\eta_\alpha(2) \geqslant 0.20$

② 4π 探测效率(β)：$\eta \geqslant 0.05$

四、核材料实物盘存

(1) 盘存规程

实物盘存是核材料衡算管理的基础，是证实核材料存在的手段。铀纯化转化厂应建立实物盘存的规程，严格按规定的要求进行实物盘存。

(2) 盘存频度

1) 铀纯化转化厂的盘存频度每年不得少于一次，但连续两次盘存间隔时间不得超过十四个月。

2) 遇到下列情况时必须进行盘存：

① 转入新的批量生产前；

② 发生重大事故，影响核材料衡算正常进行。

(3) 盘存的组织及实施

盘存的组织和实施应严格按规定的要求进行，但应使盘存的组织安排对生产运行的干扰减至最少，并能满意地完成实施计划。

1) 职责分工

核材料管制办公室应组织制定书面盘存程序，规定盘存原则及步骤，并组织有关部门贯彻执行。

① 铀纯化转化厂盘存负责人必须熟知盘存区，并掌握盘存要求及方法。其主要职责为规划组织负责和实施实物盘存。为此应授予其停车、开车、中断物流和记录的权利以及在盘存过程中的生产管制权，以保证盘存顺利进行。

② 铀纯化转化厂盘存领导小组必须熟知该平衡区的核材料存在的形态及运行状况。按分级盘存规定全面负责盘存事务，并授予其处理有关组织盘存和实施盘存的权限。但是不经铀纯化转化厂盘存负责人批准，不得偏离盘存程序及原则。

③ 平衡区盘存小组在平衡区盘存负责人领导下，具体负责完成编制盘存清单、贴标签、实施测量和填报数据等工作。为保证实物盘存按盘存规则准确进行，该小组至少由两人组成，其中一人必须熟知本平衡区的情况，另一成员来自其他部门，以监盘员的身份参加实物盘存。未经铀纯化转化厂盘存负责人批准，盘存小组无权偏离盘存规则。

2) 物流和记录的截止

盘存时，物流必须与相应的记录在特定时刻同时截止。特定时刻的选择应以确定的衡算周期为依据，使核材料盘存量确实代表了盘存时刻的核材料存在量，而该量要准确地反映在相应的盘存记录上。

① 核材料收发和废物排放、丢弃的截止。

按盘存规则，在选择的特定时刻，一切收、发或废物排放、丢弃活动都应停止。如特别需要，必须经铀纯化转化厂盘存负责人批准后，才能进行收、发或丢弃，并且在收货记录上应注明该材料量不计入本次实物盘存，而在发货记录上应注明该材料量列入本次实物盘存之内。废物排放、丢弃活动原则上应在盘存特定时刻前完成。

② 记录截止。

收、 发及排放、丢弃的记录,在特定截止时刻前完成最后一批收、发记录后应截止,并为核材料衡算周期提供数据。

3) 盘存准备工作

① 制定盘存日程表,编写盘存细则,准备盘存标签和表格。

② 对参加盘存的工作的人员,进行针对性的培训,布置具体任务及执行方法。

③ 各级盘存负责人会同有关质检管理部门,核实采用的测量装置、标定记录和试验记录,确保测量装置的性能完好性。

④ 参加盘存的各级负责人应提前检查各自负责的盘存区,以便发现问题时,有足够的时间采取改正和补救措施。

⑤ 以件料形式的核材料,诸如固体废物桶、成品桶等应摆放整齐,分区存放,便于清点,并且要检查封记,核对标签与记录。

⑥ 以散料形式的核材料,事前应归类分级,并转化为易测量的形态,便于盘存。

4) 实物盘存的实施

严格按盘存细则办事,由盘存小组逐项核对物项、标签,并填写盘存表格。

① 实物盘存物项的核材料量必须是测量值。

② 实物盘存时应唱报唱记,验证标签,不允许发生漏盘、重盘、漏记、重记。

③ 经核对盘存记录与实物无误后,编制盘存结果文件。

④ 解除截止令前,铀纯化转化厂盘存负责人应会同平衡区负责人核查该平衡区内所有物项是否正确贴好标签,并以随机取样的方法核对盘存清单所列数据与标签内容的一致性。如发现差异,应立即采取修正措施。

⑤ 核对所有收、发过程与记录的时间是否严格遵守特定的截止时间规定,如发现问题应立即纠正。

5) 盘存后的活动

实物盘存结束后应尽快核算盘存结果及完成数据调整。配合盘存需要的取样

分析工作,要尽力做到及时性。并且对舍入差进行调整,最终进行 MUF 调整。

五、核材料衡算账目与报告

铀纯化转化厂应按国家规定的频度和时限提交报告,其核材料记录与报告应完整、及时、准确、规范,数据应具有可追溯性。记录系统应及时反映设施中核材料的动态分布。

(1) 运行记录(源数据)

① 运行记录包括:确定核材料数量及组成变化的操作数据记录、容器和仪表的标定数据、取样分析数据、测量质量控制数据、随机误差和系统误差数据、实物盘存数据及事故记录数据。

② 运行记录格式,应根据具体操作来设计,但日期、操作结果记录及操作责任者签字是必不可少的。

(2) 衡算记录(账目)

铀纯化转化厂应以平衡区为基础建立完整的核材料账目,包括总账、存量变化日志和存量变化文件,详细记录各类核材料的位置、性质和数量。根据需要,在盘存关键测量点建立各类核材料的辅助账。

① 总账:平衡周期内所有核材料存量变化记录的汇总,它代表核材料账面存量,平衡区应建立不同类型核材料的各类总账。

② 辅助账:盘存关键测量点存量的汇总。

③ 存量变化日志:对于核材料品种较多、存量变化频度高的单位,可建立各类核材料存量变化日志,按照存量变化日期逐行记入每个存量变化文件的变化总量。

存量变化日志的月累计量,按月记入平衡区各类总账。

④ 存量变化文件:根据运行记录逐项记入存量变化的每个物项的识别号和材料量,每个存量变化文件的总量应记入各类总账、辅助账和存量变化日志。

(3) 衡算报告

核材料衡算报告至少应包括下列内容:

① “核材料交接统计报表”(R01)

当核材料进行国内转移时,调出单位应在核材料转移发生时填报“核材料交接统计报表”(R01)。调入单位应对调出单位寄送的“核材料交接统计报表”(R01)进行确认、盖章,并填报调入单位的核材料测量数据。

② “核材料出入境统计报表”(R02)

当核材料进行出入境国外转移时,核材料持有单位应填报“核材料出入境统计报表”(R02)。

③ “核材料库存变化统计报表”(R03)

当核材料发生国内转移、国外转移和其他类型的核材料存量变化时,核材料持有单位应填报“核材料库存变化统计报表”(R03)。

④ “核材料库存统计报表”(R04)

在核材料平衡周期末完成核材料实物盘存后,核材料持有单位应填报“核材料库存统计报表”(R04)。

⑤ “核材料平衡统计报表”(R05)

在核材料实物盘存后完成材料平衡结算时,核材料持证单位应填报“核材料平衡统计报表”(R05)。

六、核材料衡算管理及评价

(1) 核材料衡算及评价的条件

① 所有进入核材料衡算的数据,必须是实测值,而所用测量系统的误差必须是已知的。

② 所有数据具有可追溯性,并具有可靠的技术性文件。

(2) 衡算评价

铀纯化转化厂应在平衡周期末进行核材料平衡结算:

① 设施测量系统误差传递总标准偏差应符合衡算导则要求即 $\sigma_{MUF} \leqslant 0.3\%$;

② 当 $MUF \geqslant 2\sigma_{MUF}$,达到闭合衡算;

③ 当 $MUF > 2\sigma_{MUF}$ 时,铀纯化转化厂应重新检查盘存结果、账目记录以及测量和测量质量控制系统,对可能的未测量的存量(如滞留量、废弃物)进行调查;

④ 如果MUF大于国家规定的核材料衡算控制目标量时,应严格调查,并将结果以书面形式上报国家核安全局。

(3) 铀-235 的 MUF 评价

铀纯化转化厂核材料衡算重点为金属铀,可用铀元素的 MUF 和 σ_{MUF} 来评价。

七、生产运行经济分析

利用成本核算及其他有关资料,分析成本水平与构成的变动情况,研究影响成本升降的各种因素及其变动原因,寻找降低成本的途径。成本分析是成本管理的重要组成部分,其作用是正确评价企业成本计划的执行结果,揭示成本升降变动的原因,为编制成本计划和制定经营决策提供重要依据。

1. 成本分析方法

成本分析的主要内容包括:成本计划完成情况的分析、技术经济指标变动对成本影响的分析、主要产品单位成本分析等。方法主要有:对比分析法、比率分析法、趋势分析法、因素分析法等。

在进行成本分析中可供选择的技术方法(也称数量分析方法)很多,企业应根据分析的目的,分析对象的特点,掌握的资料等情况确定应采用哪种方法进行成本分析。在实际工作中,通常采用的技术分析方法有对比分析法,因素分析法和相关分析法等三种。

(1) 对比分析法

对比分析法是根据实际成本指标与不同时期的指标进行对比来揭示差异,分析差异产生原因的一种方法。在对比分析中,可采取实际指标与计划指标对比,本期实际与上期(或上年同期,历史最好水平)实际指标对比,本期实际指标与国内外同类型企业的先进指标对比等形式。通过对比分析,可一般地了解企业成本的升降情况及其发展趋势,查明原因,找出差距,提出进一步改进的措施。在采用对比分析时,应注意本期实际指标与对比指标的可比性,以使比较的结果更能说明问题,揭示的差异才能符合实际。若不可比,则可能使分析的结果不准确,甚至可能得出与实际情况完全不同的相反的结论。在采用对比分析法时,可采取绝对数对比,增减差额对比或相对数对比等多种形式。

比较分析法按比较内容分为:

1) 比较会计要素的总量;

2) 比较结构百分比;

3) 比较财务比率。

(2) 因素分析法

因素分析法是将某一综合性指标分解为各个相互关联的因素,通过测定这些因素对综合性指标差异额的影响程度的一种分析方法。在成本分析中采用因素分析法,就是将构成成本的各种因素进行分解,测定各个因素变动对成本计划完成情况的影响程度,并据此对企业的成本计划执行情况进行评价,并提出进一步的改进措施。采用因素分析法的程序如下:

1) 将要分析的某项经济指标分解为若干个因素的乘积。在分解时应注意经济指标的组成因素应能够反映形成该项指标差异的内在构成原因;否则,计算的结果就不准确。如材料费用指标可分解为产品产量,单位消耗量与单价的乘积。但它不能分解为生产该产品的天数,每天用料量与产品产量的乘积。因为这种构成方式不能全面反映产品材料费用的构成情况。

2）计算经济指标的实际数与基期数(如计划数,上期数等),从而形成了两个指标体系。这两个指标的差额,即实际指标减基期指标的差额,就是所要分析的对象。各因素变动对所要分析的经济指标完成情况影响合计数,应与该分析对象相等。

3）确定各因素的替代顺序。在确定经济指标因素的组成时,其先后顺序就是分析时的替代顺序。在确定替代顺序时,应从各个因素相互依存的关系出发,使分析的结果有助于分清经济责任。替代的顺序一般是先替代数量指标,后替代质量指标;先替代实物量指标,后替代货币量指标;先替代主要指标,后替代次要指标。

4）计算替代指标。其方法是以基期数为基础,用实际指标体系中的各个因素,逐步顺序地替换。每次用实际数替换基数指标中的一个因素,就可以计算出一个指标。每次替换后,实际数保留下来,有几个因素就替换几次,就可以得出几个指标。在替换时要注意替换顺序,应采取连环的方式,不能间断;否则,计算出来的各因素的影响程度之和,就不能与经济指标实际数与基期数的差异额(即分析对象)相等。

5）计算各因素变动对经济指标的影响程度。其方法是将每次替代所得到的结果与这一因素替代前的结果进行比较,其差额就是这一因素变动对经济指标的影响程度。

6）将各因素变动对经济指标影响程度的数额相加,应与该项经济指标实际数与基期数的差额(即分析对象)相等。

(3) 相关分析法

相关分析法是指在分析某个指标时,将与该指标相关但又不同的指标加以对比,分析其相互关系的一种方法。企业的经济指标之间存在着相互联系的依存关系,在这些指标体系中,一个指标发生了变化,受其影响的相关指标也会发生变化。如将利润指标与产品销售成本相比较,计算出成本利润率指标,可以分析企业成本收益水平的高低。再如,产品产量的变化,会引起成本随之发生相应的变化,利用相关分析法找出相关指标之间规律性的联系,从而为企业成本管理服务。

(4) 差额计算法

差额计算法是因素分析法的一种简化形式,它利用各个因素的目标值与实际值的差额来计算其对成本的影响程度。

(5) 比率法

比率法是指用两个以上的指标的比例进行分析的方法。它的基本特点是:先把对比分析的数值变成相对数,再观察其相互之间的关系。常用的比率法有以下几种。

1）相关比率法 由于项目经济活动的各个方面是相互联系,相互依存,又相互影响的,因而可以将两个性质不同而又相关的指标加以对比,求出比率,并以此来考察经营成果的好坏。例如:产值和工资是两个不同的概念,但它们的关系又是投入与产出的关系。在一般情况下,都希望以最少的工资支出完成最大的产值。因此,用产值工资率指标来考核人工费的支出水平,就很能说明问题。

2）构成比率法 又称比重分析法或结构对比分析法。通过构成比率,可以考察成本总量的构成情况及各成本项目占成本总量的比重,同时也可看出量、本、利的比例关系(即预算成本、实际成本和降低成本的比例关系),从而为寻求降低成本的途径指明方向。

3）动态比率法 动态比率法,就是将同类指标不同时期的数值进行对比,求出比率,以分析该项指标的发展方向和发展速度。动态比率的计算,通常采用基期指数和环比指数两种方法。

2. 产品单位成本分析的意义

产品单位成本分析的意义,在于揭示各种产品单位成本及其各个成本项目的变动情况,查明单位成本升降的具体原因。

3. 成本分析的任务

(1) 正确计算成本计划的执行结果,计算产生的差异;

(2) 找出产生差异的原因;

(3) 正确对成本计划的执行情况进行评价;

(4) 提出进一步降低成本的措施和方案。

4. 产品单位成本分析的内容

产品单位成本分析包括两个方面的内容:

1) 单位成本完成情况的分析

单位成本完成情况的分析是根据“产品单位成本表”上的有关数据资料以及其他有关资料,首先分析单位成本实际数与基准数的差异,确定单位成本是升高还是降低了,升降幅度是多少;然后再按成本项目分别进行比较分析,考察每个项目的升降情况;最后,可针对某些主要项目的升降情况,做进一步深入的分析,查明引起项目成本升降的原因。

2) 经济指标变动对单位成本的影响分析

5. 主要产品单位成本分析

对全部产品成本计划完成情况进行总括分析后,还应对主要产品的单位成本进行具体的分析,从而确定成本升降的原因,提出进一步改进的措施。

产品单位成本分析一般是先将产品单位成本的实际数与计划等指标进行比较,计算其差异额和差异率,然后在此基础上,分析各主要成本项目产生差异的原因。

单位材料费用受材料消耗数量和材料价格两个因素的影响,其计算公式如下;

$$\text{单位产品材料费用}=\text{单位产品原料消耗量}\times\text{材料单价}$$

各因素变动对材料费用影响,计算公式如下:

$$\begin{aligned}&\text{材料耗用量变动对单位成本的影响}\\&=\sum[(\text{材料实际单位耗用量}-\text{材料计划单位耗用量})\times\text{材料计划单价}]\end{aligned}$$

$$\begin{aligned}&\text{材料价格变动对单位成本的影响}\\&=\sum[(\text{材料实际单价}-\text{材料计划单价})\times\text{材料实际单位耗用量}]\end{aligned}$$

6. 单位成本分析的步骤

构成产品成本的项目多而复杂,我们仅以主要项目如材料费用、工资费用、制造费用等,作为代表性项目进行分析,说明其分析的步骤和方法。

(1) 费用项目的分析

对单位产品成本中材料费用影响的基本因素,是单位产品材料耗用量和材料单价。它们对单位产品影响的计算公式如下:

$$\text{材料耗用量变动的影响}=\sum[(\text{实际单位耗用量}-\text{基准单位耗用量})\times\text{基准价格}]$$

$$材料单价变动的影响=\sum(实际单价-基准单价)\times实际耗用量$$

上式中的“基准数”指的是计划数、定额数、上年实际平均、历史或行业先进水平等数值。

(2) 资费用项目的分析

对单位产品成本中工资费用影响的因素，是单位产品工时消耗量和小时工资额。它们对工资费用升降的影响可用下列计算公式：

工时消耗量变动的影响

$$=\sum[（实际单位工时消耗量-基准单位工时消耗量）\times基准小时工资额]$$

小时工资额变动的影响

$$=\sum[（实际小时工资额-基准单位工资额）\times实际单位工时消耗量]$$

(3) 制造费用项目的分析

对产品成本中制造费用影响的基本因素，是单位产品工时消耗量(或其他分配标准)和小时费用分配率(或其他分配率)。其分析的计算公式为：

小时工资额变动的影响

$$=\sum[（实际单位工时消耗量-基准单位工时消耗量）\times基准小时费用分配率]$$

小时费用分配变动的影响

$$=\sum[（实际小时费用分配率-基准小时费用分配率）\times实际单位工时消耗量]$$